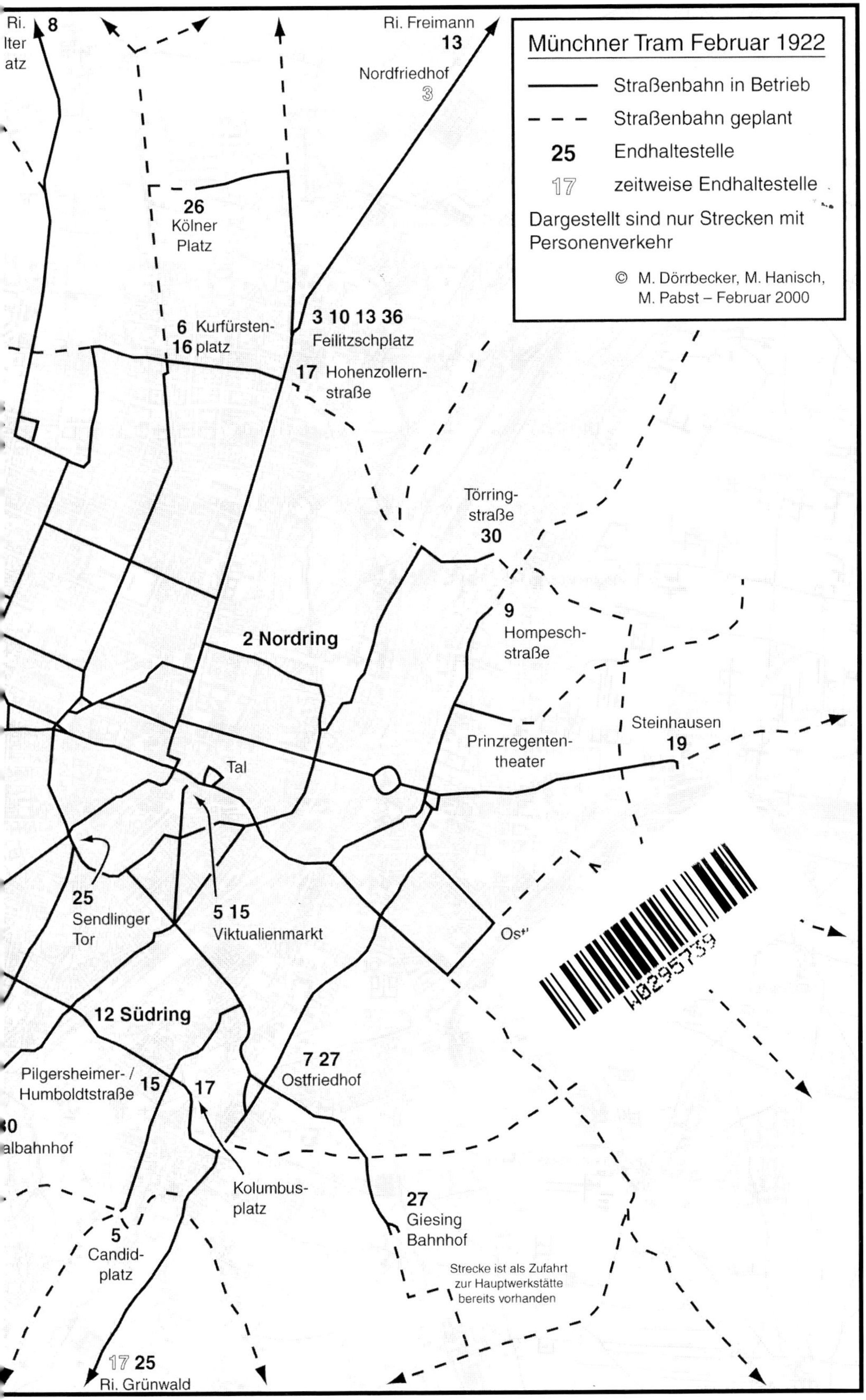

Münchner Tram Februar 1922
Straßenbahn in Betrieb
Straßenbahn geplant
25 Endhaltestelle
17 zeitweise Endhaltestelle
Dargestellt sind nur Strecken mit Personenverkehr
© M. Dörrbecker, M. Hanisch, M. Pabst – Februar 2000
Ri. lter atz 8
Ri. Freimann 13
Nordfriedhof 3
26 Kölner Platz
6 16 Kurfürstenplatz
3 10 13 36 Feilitzschplatz
17 Hohenzollernstraße
Törringstraße 30
9 Hompeschstraße
2 Nordring
Steinhausen 19
Prinzregententheater
Tal
25 Sendlinger Tor
5 15 Viktualienmarkt
Ost
12 Südring
7 27 Ostfriedhof
Pilgersheimer- / Humboldtstraße 15
17
0 albahnhof
Kolumbusplatz
27 Giesing Bahnhof
5 Candidplatz
Strecke ist als Zufahrt zur Hauptwerkstätte bereits vorhanden
17 25 Ri. Grünwald

Martin Pabst, Die Münchner Tram

20/2
K
Westfriedhof
2023
17 Amalienburgstr.
2131

Martin Pabst

Die Münchner Tram

Bayerns Metropole und ihre Straßenbahn

GeraMond

Titelbild: Ein klassischer dreiachsiger Triebwagen des Typs M4.65 am Maxmonument. Linie 27 fuhr hier nur für eine kurze Zeitspanne. Foto: Marcus Niedt

Bild Seite 2: Alt trifft Neu am Karlsplatz (Stachus) – links auf dem neu angelegten überholgleis in der Bayerstraße ein Kurzgelenkzug des Typs P3.16/p3.17 aus den 60er Jahren, rechts ein drei Jahrzehnte jüngerer Niederflurwagen des Typs R2.2.

CIP-Einheitsaufnahme
Die Münchner Tram:
Bayerns Metropole und ihre Straßenbahn /
Martin Pabst – 1. Auflage
München: GeraMond Verlag, 2000
ISBN 3-932785-05-3
NE: Pabst, Martin

ISBN 3-932785-05-3

1. Auflage 2000

Lektorat und Layout: Thomas Kersting
Herstellung: Frank Ladd
Druck: Druckerei Ernst Uhl GmbH & Co., Radolfzell
Printed in Germany

Grußworte

Herbert König

Stadtwerke München, Geschäftsführer Verkehr

Das vorliegende Buch bietet dem Leser einen umfassenden Einblick in Geschichte und Gegenwart der Münchner Straßenbahn. Dieses Verkehrsmittel kann auf eine bald 125jährige Tradition zurückblicken und hat maßgeblich zur hohen Lebensqualität dieser Stadt beigetragen.
Nach jahrelangen Diskussionen über die Zukunft wurde das verbleibende Straßenbahnnetz in den letzten zehn Jahren umfassend modernisiert. Dies reicht von der fast vollständigen Erneuerung des Gleis- und Fahrleitungsnetzes hin bis zum kompletten Ersatz des Wagenparks durch moderne Niederflurwagen. Mit Wiederinbetriebnahme der Linie 17 und dem Bau der Tram-Osttangente von der Wörthstraße zum Ostfriedhof hat die Trambahn neue Verkehrsaufgaben übernommen und stellt heute neben der U- und S-Bahn sowie dem Busnetz einen unverzichtbaren Baustein des öffentlichen Nahverkehrs in der Landeshauptstadt dar. Die alle Erwartungen übertreffenden Fahrgastzahlen der Linie 17 belegen die Richtigkeit dieser Planung, zu der ebenso die Bevorrechtigung einer zeitgemäßen Straßenbahn gegenüber dem Individualverkehr gehört. Auch die weiteren geplanten Neubaustrecken sollen dazu beitragen, die Verkehrsverhältnisse auf Münchens Straßen zu verbessern sowie eine stadtverträgliche und zukunftsweisende Mobilität zu gewährleisten.
Dem für seine Fachkompetenz bekannten Autor spreche ich für dieses überaus gelungene Werk meine Anerkennung aus und der Straßenbahn in und um München wünsche ich eine gute Fahrt weit in das neue Jahrtausend hinein!

Alfons Schweiggert

Schriftsteller und Münchner Turmschreiber

Die Münchner Tram verkehrt nicht nur auf zahlreichen Linien durch die bayerische Landeshauptstadt, sie fährt gleichsam auch durch die Münchner Literatur und Literaturszene, und dies sogar buchstäblich. So veranstaltete der angesehene Autor Paul Wühr 1997 anläßlich seine 70. Geburtstages eine Lesung in einer Trambahn, die sein Verleger für eine Sonderfahrt durch Wührs „Wörterstadt München" gemietet hatte. Seit die Münchner Tram existiert, thematisieren Autoren dieses öffentliche Verkehrsmittel immer wieder in ihren Werken, so Thomas Mann, Oskar Maria Graf und Ludwig Thoma, ebenso die Münchner Autoren Julius Kreis, Karl Valentin, Ernst Hoferichter, Eugen Roth und Emil Vierlinger. Letzterer schrieb für die Volkssängerin Ida Schumacher den köstlichen Monolog einer „Trambahnritzenreinigungsdame". Und wer kennt nicht das Couplet des Humoristen Weiß Ferdl „Ein Wagen von der Linie Acht"? Auch Sigi Sommer, langjähriger Kolumnist der Münchner Abendzeitung und bekannt durch seine Glossen als „Blasius, der Spaziergänger", kam an der Münchner Tram nicht vorbei.
Würde man die Literatur systematisch auf Textstellen und Belege zu diesem Thema durchforsten, könnte zweifellos eine ganze Anthologie damit gefüllt werden, reichlich geschmückt mit treffenden Karikaturen und Illustrationen. Und womöglich existieren auch ein Theaterstück und ein Film, in der die Münchner Tram im Mittelpunkt stehen, ein Musikwerk und Zeugnisse der bildenden Kunst. Auch manches in München entstandene Bonmot bezieht sich auf die Tram. So formulierte der Fernsehjournalist Robert Lembke: „Straßenbahnführer ist ein angesehener Beruf. Er verdient sein Geld im Handumdrehen." Und eine andere Sentenz lautet: „Es gibt genug charakterfeste Männer, die eine Frau nicht sitzen lassen – vor allem im Bus und in der Straßenbahn."
Wenngleich das Thema „Die Münchener Tram im Spiegel der Literatur und Kunst" lediglich gestreift wird, ein Anfang ist allemal damit gemacht. Auch dafür gebührt dem Autor dieses hochinteressanten Buches uneingeschränktes Lob.

Die Tram fährt zu vielen Sehenswürdigkeiten: zu Isartor und Karolinenplatz (links und unten), zu Residenz und Nationaltheater (ganz unten)

Einführung

Die Münchner Tram ist mehr als ein Verkehrsmittel – sie gehört zu München wie Frauenkirche, Deutsches Museum, Oktoberfest und Biergärten. Bis heute umrundet eine ringförmige Strecke die Altstadt und berührt dabei alle drei erhaltenen Stadttore aus dem Mittelalter: Karlstor, Sendlinger Tor und Isartor. Die Tram verbindet Haupt- und Ostbahnhof, sie bedient die großen Theater und umfährt auf eleganten Bögen bedeutende Denkmäler, so am Karolinenplatz, am Maxmonument und Promenadeplatz. Auf vier Brücken, der Max-Joseph-, Maximilians-, Ludwigs- und Reichenbachbrücke, eröffnet sie prächtige Blicke auf die Isar und erschließt zahlreiche Bierkeller. Besucher der Landeshauptstadt nutzen die Tram für eine preiswerte Stadtrundfahrt in authentischer Atmosphäre. Sie fahren mit ihr zur Residenz, zum Deutschen Museum, zu den drei Pinakotheken und zum Nymphenburger Schloß.

Die Beliebtheit der Münchner Tram mag auch auf ihren weiß/blauen Anstrich zurückzuführen sein: Seit Eröffnung der Pferdebahn im Jahre 1876 sind die Wagen in den bayerischen Landesfarben gestrichen. Als der italienische Straßenbahndirektor Graf Erkole Graziadei (1882-1898) sie 1887 in den Stadtfarben lackieren wollte, kam es zu einem wahren Volksaufstand – „Schwefelgelb" und „Totenschwarz" wollten die Münchner nicht hinnehmen. Im Jahr 1999 wiederholte sich die Aufregung, als sich das gewohnte Weiß/Blau bei den neuen Straßenbahnwagen in Weißaluminium und Taubenblau verändert hatte. Als die Straßenbahn in den 80er Jahren im Zuge des U-Bahn-Ausbaues stillgelegt werden sollte, wurden spontan 100 000 Unterschriften für den Erhalt der Tram gesammelt. Schließlich stimmten 1991 alle Stadtratsfraktionen für den Ausbau des Straßenbahnbetriebes.

Die 125 Jahre alte Münchner Tram steht für die Beständigkeit und Lebendigkeit der Stadt. Sie verkörpert die für München so charakteristische Synthese aus Tradition und Fortschritt. Denn die weiß/blaue Tram war nie ein Museumsstück, sondern stets ein zukunftsträchtiges, leistungsfähiges Verkehrsmittel. Schon vor dem Ersten Weltkrieg war sie mit ihren großen Triebwagen und fortschrittlich trassierten Außenstrecken vorbildlich. 1990 zählte München zu den ersten deutschen Städten, in denen Niederflurfahrzeuge in Dienst gestellt wurden. Das aktuelle Verkehrskonzept weist der Straßenbahn neue Aufgaben zu: So soll sie leistungsfähige Querverbindungen herstellen und dadurch das Stadtzentrum und die Schnellbahnen entlasten. Auch im 21. Jh. wird die Münchner Tram das Stadtbild prägen und den Menschen die Wege erleichtern.

Dieses Buch stützt sich auf zahlreiche frühere Veröffentlichungen und hat ihnen viel zu verdanken. Soweit es möglich war, habe ich zusätzliche Quellen ausgewertet und neue Gesichtspunkte einbezogen. Hierbei wurden interessante Erkenntnisse gewonnen, so z.B. über frühe Obusprojekte der Stadt und über Hitlers Straßenbahnplanungen. Ziel dieser Veröffentlichung ist es, die Münchner Tram als Bestandteil der Stadt und der Lebenswelt ihrer Bewohner zu zeigen. Sie wendet sich nicht nur an Technik- und Bahnfreunde, sondern auch an historisch, kulturell und verkehrspolitisch Interessierte, an Fahrgäste, Bürger und Besucher der Landeshauptstadt.

Für ihre Hilfe danke ich herzlich Maximilian Dörrbecker, Martin Hanisch, Matthias Hintzen, Thomas Krauß, Klaus Onnich, meinem Bruder Klaus Pabst, Philipp Reindl, Lutz Uebel sowie allen Bildgebern.

Viel Freude bei der Lektüre dieses Buches und stets gute Fahrt mit der Münchner Tram wünscht

Dr. phil. Martin Pabst

Inhalt

1. Die Ära der Pferde- und Dampftram (1876–1900)

Der geschlossene Pferdebahnwagen 44 auf der Weißen Linie (Hoftheater – Rosenheimer Berg), aufgenommen am Maxmonument

Die Gründung des Deutschen Reiches im Jahr 1871 und die anschließende „Gründerzeit" gaben der Hauptstadt des Königreichs Bayern wichtige wirtschaftliche Impulse. Aus der beschaulichen Residenzstadt wurde eine süddeutsche Metropole. Wie ein Magnet zog München Zuwanderer aus der näheren und weiteren Umgebung an. Benachbarte Gemeinden wurden sukzessive eingemeindet. Zählte München im Jahr 1871 erst 170 000 Einwohner, so waren es 1900 schon knapp 500 000.

Eine wesentliche Voraussetzung für diese Entwicklung war der Anschluß der Stadt an das Eisenbahnnetz. Bereits am 25. August 1839 war der erste Teilabschnitt der Privateisenbahn nach Augsburg von München nach Lochhausen eröffnet worden. Im Jahr 1849 war der spätere „Centralbahnhof" (Hauptbahnhof) fertiggestellt, der den ersten, abgebrannten Bahnhof am Marsfeld ersetzte. In diesen Kopfbahnhof wurden die westlichen Strecken eingeführt. Zur Aufnahme der östlichen Strecken entstand 1871 der Bahnhof Haidhausen (ab 1876 „München-Ostbahnhof"). Eine direkte Verbindung zwischen beiden Bahnhöfen konnte aus baulichen Gründen nicht angelegt werden. Sie entstand erst 1972 im Rahmen des S-Bahn-Netzes. Ersatzweise wurde 1871 ein „Südring" mit dem Bahnhof Thalkirchen (ab 1876 „München-Südbahnhof") angelegt. Später kam ein „Nordring" für den Güterverkehr hinzu.

Mit Eingemeindung der Kleinhandwerker- und Taglöhnergemeinden Haidhausen, Au und Giesing (1854) veränderte sich die Sozialstruktur der Stadt. Nach der Reichsgründung entstanden in München verschiedene industrielle Großbetriebe, so im Westend die Gummiwerke von Robert Metzeler, in Thalkirchen die Kühlmaschinenfabrik von Carl von Linde, in der Hirschau die Maschinenfabrik Maffei und in Neuhausen die Krauss'sche Maschinenfabrik. Das Viertel südlich des Bahnhofs, das Westend, Laim und Sendling entwickelten sich zu Arbeiter- und Industrievierteln. Die Altstadt verlor ihren Wohncharakter und wandelte sich zu einem Büro- und Geschäftsviertel. Für das gehobene Bürgertum entstanden im Lehel und im 1892 eingemeindeten Bogenhausen repräsentative Villenviertel.

Ein besonderes Flair entwickelte Schwabing. Kurzzeitig wurde die Gemeinde eine selbständige Stadt, bevor sie 1890 zusammen mit Neuhausen eingemeindet wurde. Studenten und Professoren der Universität und Technischen Hochschule zogen dorthin wegen der niedrigen Mietpreise. Künstler und Literaten bevölkerten die Kaffeehäuser Schwabings. Jenseits des Siegestores herrschte ein freiheitlicher und lebendiger Geist, weswegen auch Exilanten und Revolutionäre dort Zuflucht suchten – von Hitler bis Lenin.

München war führende Kunststadt im Deutschen Reich, bis es nach der Jahrhundertwende von Berlin überflügelt wurde. Entsprechend war auch das Selbstverständnis der Stadt – bis ins 20. Jh. hinein wurde die Industrialisierung vom Magistrat eher gebremst als gefördert. Ihre negativen Folgen machten sich auch in München bemerkbar und wurden

Vom Promenadeplatz wurde 1876 die erste Pferdebahnlinie zur Nymphenburger/Maillingerstraße eröffnet

durch erhebliche kommunale Anstrengungen gelindert. Trotz der unaufhaltsamen Fortschritts genoß München den Ruf einer vergleichsweise gemütlichen und kunstsinnigen Großstadt. Stellvertretend für diese Eigenschaften stand der leutselige Prinzregent Luitpold (reg. 1886–1912), der nach dem tragischen Tod von König Ludwig II. (reg. 1864–1886) den geisteskranken König Otto I. vertrat.

Mit dem wirtschaftlichen Aufschwung entstand ein Bedürfnis nach öffentlichen Transportmitteln. Am 16. Juni 1861 eröffnete der Kutschenunternehmer Michael Zechmeister die erste regelmäßig verkehrende Pferdeomnibuslinie. Doch boten die schweren „Groschenwagen" mit ihren großen, eisenbereiften Rädern keinen befriedigenden Fahrkomfort. Wesentlich vorteilhafter waren schienengebundene Pferdebahnen. Der geringere Rollwiderstand ermöglichte eine ruhigere Fahrt, fassungsstärkere Fahrzeuge und eine geringere Zahl von Zugpferden. Ein Pferd konnte einen 5 Meter langen, mit 40 Fahrgästen besetzten Wagen ziehen. Das Verkehrsmittel hatte seinen Ursprung in den USA. In Europa fuhr 1854 in Paris die erste Pferdebahn.
Bereits 1861 suchte der Deutschamerikaner S. A. Beer um eine entsprechende Konzession nach. Doch wurde sie vom Magistrat als verfrüht abgelehnt. Zu dieser Zeit verfügte noch keine deutsche Stadt über ein solches Verkehrsmittel – 1865 machte Berlin-Charlottenburg den Anfang. Im Februar 1869 genehmigte der Münchner Magistrat einem Magdeburger Konsortium den Bau einer Pferdebahnlinie vom Bahnhof über den Sendlinger-Tor-Platz zur Isar einschließlich zweier Zweiglinien nach Schwabing und Nymphenburg. Wegen Geldschwierigkeiten kam die Anlage aber nicht zustande. In der Altstadt ließ der Magistrat keine Linien zu, da er die Straßen für zu eng und verwinkelt hielt. Anders als in vielen Städten hatte man sich in München dazu entschlossen, das historische Stadtbild nicht grundsätzlich zu verändern.
Die West-Ost-Trasse zwischen Karlsplatz und Isartorplatz war nur wenige Meter breit und wies schmale Gehsteige auf. Noch problematischer war die enge und kurvige Nord-Süd-Verbindung zwischen Odeonsplatz und Sendlinger-Tor-Platz, die Achillesferse des Verkehrs in München. Die breiten Ausfallstraßen Ludwig- und Lindwurmstraße besaßen keine natürliche Fortsetzung ins Stadtzentrum. Jahrzehntelang wurde nach einer befriedigenden Lösung gesucht.

In der Gründerzeit wurden zahlreiche Konzessionsgesuche für Pferdebahnen beim Magistrat eingereicht. Stadtbaurat Arnold Zenetti studierte bestehende Systeme im Deutschen Reich und empfahl schließlich die Anlage einer Pferdebahn außerhalb der Altstadt. Den Zuschlag erhielt der belgische Ingenieur Edouard Otlet, der bereits in Prag und Wiesbaden Pferdebahnen angelegt hatte. Am 26. März 1876 genehmigte Bürgermeister Dr. Alois von Erhardt den Bau dreier Linien.
Die erste Linie vom Promenadeplatz über Karlsplatz, Bayerstraße, Bahnhofplatz, Dachauer Straße

bis zur Ecke Nymphenburger/Maillingerstraße, der damaligen Stadtgrenze, wurde am 21. Oktober 1876 eröffnet. Sie war 2,8 km lang und in geringfügig erweiterter „Normalspur" (1440 mm) ausgeführt. Die Münchner Neuesten Nachrichten (MNN) berichteten:

„Vormittags 10 Uhr fand die feierliche Eröffnungsfahrt der Münchener Tramway Ed. Otlet statt. Auf dem Promenadeplatz hatte sich eine speziell geladene Gesellschaft, bestehend aus dem 1. Bürgermeister, dem kgl. Polizeidirektor von Feilitzsch, verschiedenen Mitgliedern der städtischen Kollegien, Beamten, Journalisten, Technikern etc. eingefunden. Es rollten sieben mit sehr hübschen, mutigen Pferden bespannte elegante Waggons heran, in welche sich die Versammlung verteilte. Die Signalpfeifen der sechs in blaue Uniform gekleideten Kondukteurs ertönten und die Fahrt begann. In ca. 20 Minuten hatte der Zug sein Ziel, die Endstation der Burgfriedensgrenze an der Nymphenburger Straße erreicht. Nach raschem Umspannen der Pferde erfolgte sofort die Rückfahrt auf dem Nebengeleise und langte der Zug kurz vor 11 Uhr wieder auf dem Ausgangspunkte an. Als um 11 Uhr sodann der allgemeine Bahnbetrieb seinen Anfang nahm, waren die sämtlichen Waggons von dem zahlreich versammelten Publikum sofort sehr rasch besetzt."[1]

Am Gründungstag der Münchner Straßenbahn wurden acht Wagen eingesetzt, die im Abstand von fünf Minuten verkehrten. Befördert wurden 5 092 Fahrgäste; die erste Tageseinnahme betrug 568 Mark und 85 Pfennige. 48 Pferde waren vorhanden. Binnen zwei Jahren verwirklichte Otlet das vertraglich vereinbarte Netz weitgehend. An einigen Stellen ragten die Gleise über die Pflasterkante empor, weswegen der Magistrat Nachbesserung verlangte. Die ausländische Gesellschaft war nicht beliebt: Otlet sprach überhaupt kein Deutsch, sein französischer Direktor Treize-Dreys (1876-79) nur ein paar Worte. Auf Wunsch des Magistrats wurde die Pferdebahngesellschaft naturalisiert: Am 25. August 1882 übernahm eine „Münchner Trambahn AG" das auf drei Linien angewachsene Netz und verpflichtete sich zu Erweiterungen. In München hieß die Straßenbahn „Trambahn", kurz „Tram". Schaffner waren „Kondukteure", und in der elektrischen Ära sprach man nicht von Trieb- und Beiwagen, sondern von „Motorwagen" und „Hängern".

Die Nachfolgegesellschaft erweiterte das Netz in zwei Etappen (1882/83 und 1888–97). Zwischen 1895 und 1897 vollzogen sich der Bau der letzten Pferdebahnstrecken und die Elektrifizierung des Netzes parallel. Zwei Neubaustrecken in der Altstadt waren besonders umstritten: Erst 1888 gab der

Erst ab 1888 durfte die Pferdebahn die wichtige Verbindung Karlsplatz – Marienplatz – Isartorplatz befahren. Im Bild ein Sommerwagen der Gelben Linie zum Hauptbahnhof

Magistrat seinen Widerstand gegen eine Pferdebahn vom Karlsplatz über Neuhauser, Kaufinger Straße, Marienplatz und Tal zum Isartor auf: Beinahe 80 Jahre lang bedienten Straßenbahnen die „klassische Trasse", den am dichtesten frequentierten Abschnitt des Münchner Verkehrsnetzes. Noch heftiger war der Widerstand gegen den Lückenschluß zwischen Promenadeplatz und Hoftheater (Nationaltheater). Der Streit um dieses Tramprojekt wurde zu einem Dauerthema im Karneval. Schließlich kam die Verbindung 1897 zustande.

Im Sommer 1890 wurde die vom Magistrat geforderte „Ringlinie" fertiggestellt. Gekennzeichnet mit roten Schildern, fuhr sie fortan vom Bahnhofsplatz via Sendlinger-Tor-Platz, Isartorplatz, Maxmonument, Galeriestraße, Ludwigstraße, Theresienstraße und Augustenstraße zurück zum Bahnhofplatz. Diese Ringführung blieb bei der elektrischen Straßenbahn als „Nordring" bis 1943 erhalten.

Schon früh erkannte man in München die Bedeutung entlastender Ringverbindungen. Bereits 1888 hatten die MNN eine als Eisenbahn trassierte „Ring- oder Gürtelbahn" gefordert. Dabei kritisierten sie die Staatsbahn, die ihren Südring auf möglichst direktem Weg gebaut habe, „ohne daß irgend eine bewußte Rücksicht auf die Stadtinteressen genommen ward".[2] Der Gedanke ist bis heute aktuell: Die 1991 beschlossene „Integrierte ÖPNV-Planung"

Das Netz der Pferde- und Dampftrambahn von 1896. Letztere fährt bereits auf neuer Strecke (Arnulf-/Spaten-/Blutenburgstraße)

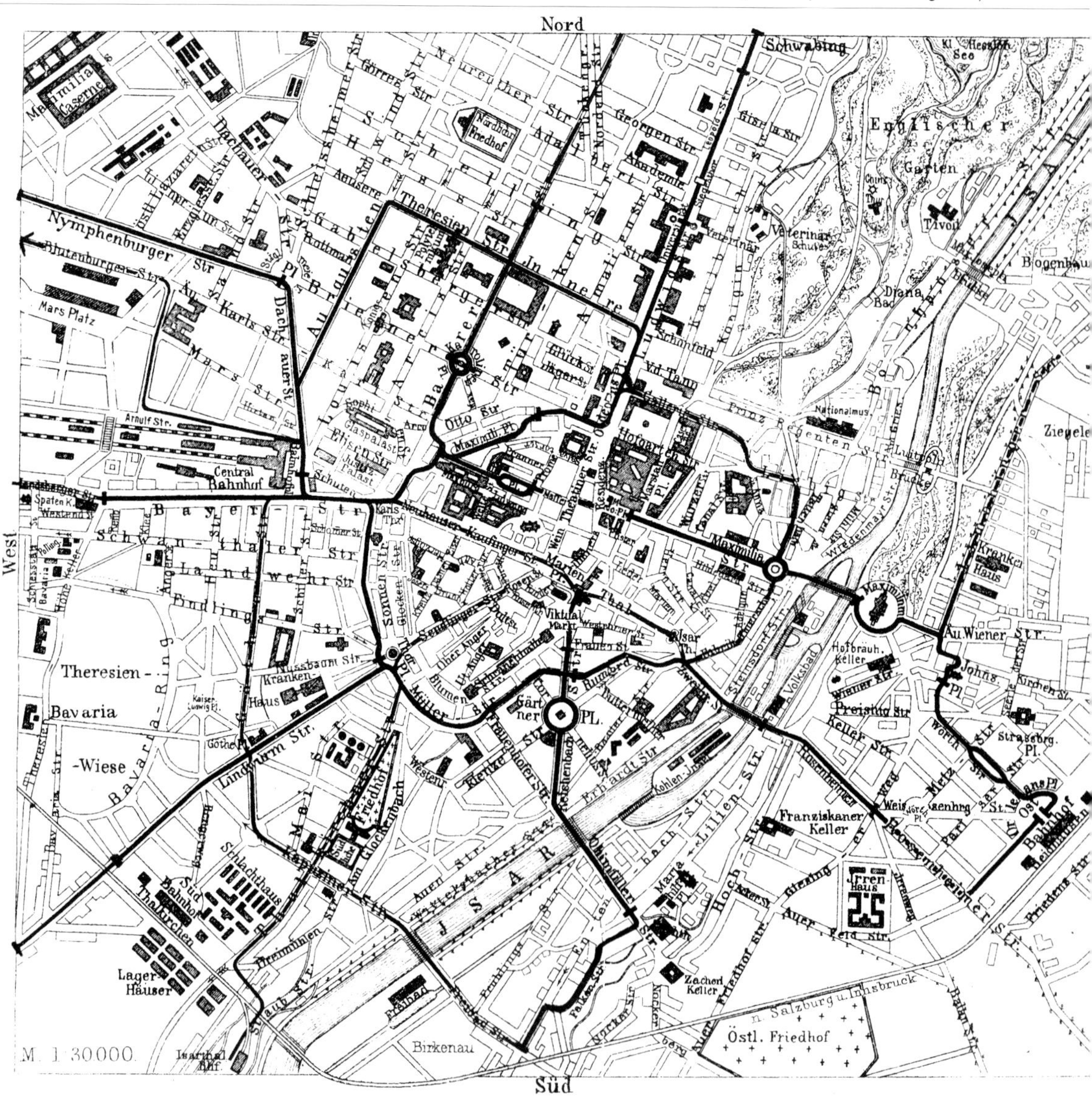

Um 1899 gehört der Karlsplatz noch den Fußgängern und den Sommerwagen der Pferdebahn

sieht die Anlage tangentialer Straßenbahnverbindungen vor.
Nach weitgehender Fertigstellung des vertraglich vereinbarten Grundnetzes wurden ab 1892 neue Linien oder Verlängerungen auf Kosten der Stadt gebaut. Die ersten „gemeindlichen Linien" waren zwischen Färbergraben und Isartalbahnhof sowie zwischen Hauptbahnhof und Giesing angelegt worden. Im Jahr 1892 wurden neun Pferdebahnlinien betrieben:

Weiß	*Grünwaldpark (Neuhausen) – Karlspl. – Promenadepl. – Adalbertstr.*
Rot	*Ringlinie*
Grün	*Landsberger/Barthstr. – Karlspl. – Schwabing*
Weiß	*Hoftheater – Maxmonument – Ostbahnhof – Rosenheimer Berg*
Grün	*Frauenstr. – Au – Freibadstr./Giesing*
Blau	*Karlspl. – Sendling*
Gelb	*Hbf. – Marienpl. – Ismaninger Str.*
Grün	*Färbergraben – Isartalbahnhof*
Weiß	*Hbf. – Giesing*

Die Betriebslänge betrug 40,014 km, davon nur 5,72 km eingleisig. Der letzte eingleisige Abschnitt im Linienbetrieb der Münchner Tram (Keller-/Steinstraße – Stein-/Milchstraße in Haidhausen) wurde im Oktober 1940 beseitigt. Auch die ersten beiden Wendeschleifen wurden bereits zur Pferdebahnzeit angelegt: 1884 am Promenadeplatz und 1889 am Max-II-Denkmal.

Feste Haltestellen waren anfangs unbekannt. Am 27. August 1877 bemängelten die MNN: „Anläßlich des Unfalles, welcher sich gestern vor dem Karlstor ereignete, können wir uns die Bemerkung nicht versagen, daß bei der bisherigen Tramway-Praxis in München, wonach das Ein- und Aussteigen an jedem beliebigen Punkte während der Fahrt zulässig ist, schwere Gefährdungen als nahe gelegt erachtet werden müssen. Es dürfte sich dringend empfehlen, wie in anderen Städten (z.B. in Paris) in entsprechenden Abständen eigene Punkte für das Ein- und Aussteigen, also sog. 'Haltestellen', zu bestimmen."
Der höchste Pferdebestand wurde 1894 mit 758 Pferden erreicht. An verschiedenen Steigungen, wie z.B. am Hackerberg, am Sendlinger Berg oder zwischen Stiglmaierplatz und Sandstraße, standen zusätzliche Vorspannpferde bereit. Bisweilen mußten auch die Passagiere schieben helfen. Besondere Vorsichtsmaßnahmen wurden in der steigungsreichen Rosenheimer Straße vom Magistrat angeordnet:

Trauerkarte zur Einstellung der letzten Pferdebahn zwischen Promenadeplatz und Leopold-/Hohenzollernstraße

„Wegen der bedeutenden Steigung werden als Sicherheitsmaßnahmen im Einverständnis mit der k. Polizeidirektion angeordnet, daß beim Haus No. 7 der Rosenheimerstraße ein eigener Bahnwärter aufgestellt wird, welcher durch einen Glockentelegraph in die Lage versetzt wird, die Ankunft eines Tramwaywagens den übrigen Fuhrwerken anzuzeigen, auf daß bergab möglichst langsam gefahren wird. Weitere Anordnungen bleiben für den Bedürfnisfall vorbehalten."[3] Der Dienst der Kutscher auf den offenen Plattformen war hart: Die Arbeitszeit betrug – bei einigen Zwischenpausen – von fünf Uhr morgens bis ein Uhr nachts. Pro Tag wurden 2,40 Mark bezahlt.

Mit dem über lange Jahre gültigen Fahrpreis von 10 Pfennig pro erste Teilstrecke war eine Pferdebahnfahrt für die damalige Zeit recht teuer. „Correspondenzbillette" (Umsteigefahrscheine) wurden 1879 eingeführt, Schülermonatskarten 1882. Die 1883 eingeführte Metermarke zur Ermittlung der Kinderfreifahrt blieb noch bis 1935 in Gebrauch.

Mit Einführung des elektrischen Betriebes ab 23. Juni 1895 ging die Pferdebahnära schnell zu Ende. Am 15. August 1900 wurde der letzte Wagen auf der Strecke Promenadeplatz – Barer Straße – Hohenzollern- / Leopoldstraße feierlich verabschiedet. Kurioserweise pendelte aber noch bis zum 1. November zwischen Großer Wirt und Nordfriedhof eine Pferdetram.

Wie auch in vielen anderen Städten, sahen die Münchner im Verschwinden der Pferdebahn das symbolische Begräbnis eines Zeitalters.

Als die Münchner Trambahn AG ausgediente Zirkuspferde kaufte, malten sich die satirischen Blätter die Folgen aus

Die Dampftramway

Neben der Pferdebahn verfügte München über zwei weitere Verkehrsmittel: eine Dampftrambahn nach Nymphenburg und eine elektrische Pionierbahn zum Ungererbad.

Nymphenburg war bis 1900 eine selbständige Gemeinde vor den Toren der Stadt. Das Nymphenburger Barockschloß mit seinem großen Park war eine vielbesuchte Sehenswürdigkeit. Die im Konzessionsvertrag vorgesehene Pferdebahnverlängerung von der Nymphenburger/Maillinger Straße nach Nymphenburg kam nicht voran, da die Strecke recht lang und das Fassungsvermögen der Wagen begrenzt war. Die Münchner Trambahn AG legte daher eine Dampftramlinie an. Am 9. Juni 1883 begann der fahrplanmäßige Betrieb. Die fauchende Attraktion war so groß, daß die Münchner von beiden Seiten in die Wagen hineinstürmten. Regelmäßig kam es zu Rippenstößen und Fußtritten. Die Schaffner reagierten mit drakonischer Härte und pferchten die Fahrgäste wie Schafe in die Wagen. Die Dampftramway gehörte zu den ersten ihrer Art im Deutschen Reich und war die erste ihrer Art in Süddeutschland. Im Volksmund hieß sie die „Firmpatenbahn", denn viele Firmpaten pflegten ihre Schützlinge zu einem Ausflug nach Nymphenburg einzuladen.

Die kleinen Lokomotiven zogen bis zu fünf Beiwagen. Die Dampftram verkehrte von früh 7.30 Uhr bis abends 9 Uhr, vormittags stündlich, nachmittags halbstündig, an Sonntagen alle 20 Minuten. Bis Neuhausen zahlte man 10, bis Neuwittelsbach 15 und bis Nymphenburg 20 Pfennig. Die Geschwindigkeit war zunächst auf 8 km/h begrenzt. 1886 genehmigte das Staatsministerium des Kgl. Hauses zwischen Stiglmaierplatz und Neuhausen 12 km/h, auf der restlichen Strecke sogar 16 km/h.

Die Abfahrtsstelle mit Wartehalle befand sich in der Brienner Straße, östlich des Stiglmaierplatzes. Auf dem gemeinsamen benutzten Anfangsstück in der Nymphenburger Straße genossen die Dampftramzüge wegen ihrer höheren Geschwindigkeit gegenüber der Pferdebahn Vorfahrt. Auf Höhe der heutigen Landshuter Allee kreuzte die Dampftram niveaugleich die Eisenbahnstrecke nach Landshut. Nach deren Verlegung entfiel 1892 die Kreuzung. In Nymphenburg endete die Dampftram im Garten der Wirtschaft Hochbräu.

Mit Eröffnung des Nymphenburger Volksgartens im Mai 1890 erhöhte sich das Fahrgastaufkommen beträchtlich. Die Dampftramway endete direkt vor dem arkadenumsäumten Haupteingang in der Hochstraße (heute Notburgastraße). Gemäß den Anzeigen der Direktion war der im Ersten Weltkrieg aufgegebene Volksgarten das „Größte Vergnügungs-Etablissement Deutschlands". Bei Großveranstaltungen wie dem Journalisten- und Schriftstellerfest im Juli 1890 konnten die Dampftramzüge

Bereits vor der Jahrhundertwende wurde in den „Fliegenden Blättern" die kommende Verkehrskatastrophe beschworen

Stolz hat das Personal vor einem Dampftramwayzug am Nymphenburger Volksgarten Aufstellung genommen

die Menschenmassen nicht mehr bewältigen: „Von Mittags 1 Uhr bis Abends 8 Uhr waren die alle 12 Minuten nach Nymphenburg geführten Züge der Dampftrambahn vollgepropft. Die Erstürmung der Waggons an der Briennerstraße ist kaum zu schildern; da gab es zerbrochene Schirme, gequetschte Hüte und zerrissene Roben bei jeder Fahrt. Das Personal der Trambahn, die polizeilichen Organe hatten alle Energie aufzubringen, um größere Unfälle zu verhüten. Der Volksgarten war bald sehr belebt und zählte die Menge, als um 4 Uhr das Konzert anfing, schon mindestens acht Tausend. Die Trambahnzüge konnten ganz unmöglich Alles befördern, Privatequipagen, Droschken, Fiaker, Omnibusse, Hotelwagen und Velozipeds waren in Menge thätig, um die Gäste zuzuführen." Wenn der Andrang zu groß wurde, sperrte die Polizei kurzerhand den Betrieb der Dampftramway.

In die Schlagzeilen geriet die Dampftramway, als es am 7. Juli 1890 an der Kreuzung Winthir-/Romanstraße zu einem Zusammenstoß mit der Kutsche von Prinzregent Luitpold kam. Dessen Leibkutscher

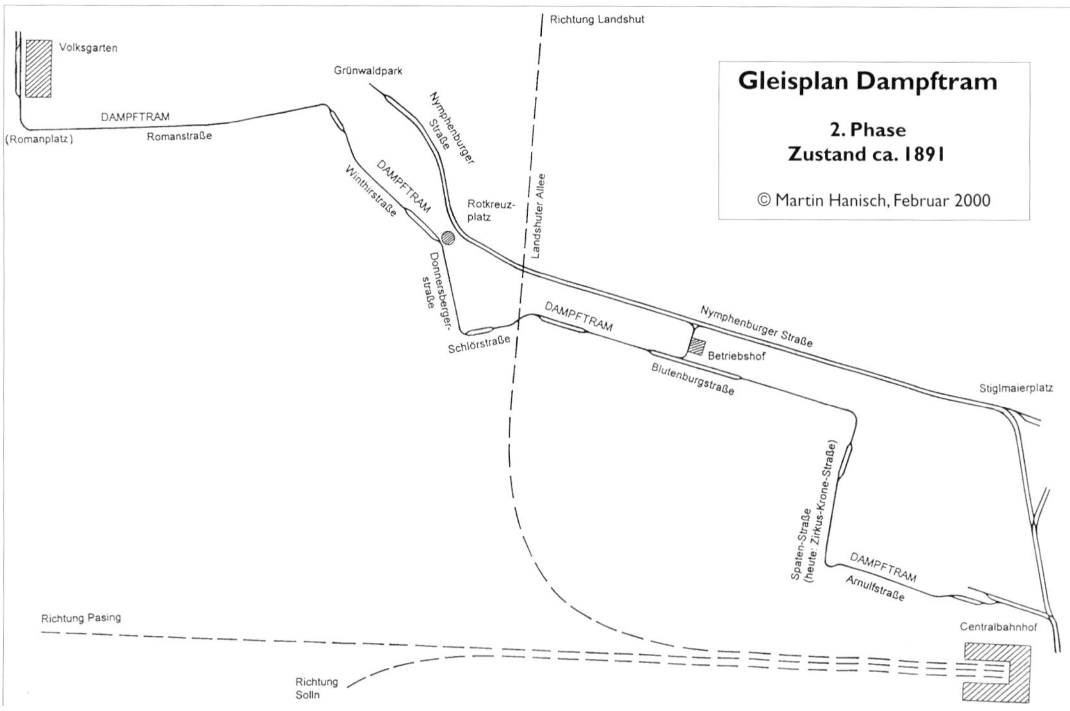

Ein Dampftramwayzug vor dem Haupteingang des Volksgartens

hatte noch vor der herannahenden Bahn die Kreuzung überqueren wollen. Am nächsten Tag schrieben die MNN:

„Ein entsetzliches Unglück drohte gestern abend 6 Uhr dem bayerischen Königshause und dem ganzen bayerischen Volke! Seine kgl. Hoh. der Prinzregent geriet nämlich auf seiner gewohnten Fahrt nach Nymphenburg durch einen Zusammenstoß seines Wagens mit der Dampftrambahn in Neuhausen in höchste Lebensgefahr und entging nur mit knapper Not dem Tode durch Überfahren (...) die Dampftrambahn streifte die hinteren Räder der Hofequipage und warf diese um. Seine kgl. Hoheit der Prinzregent und Oberst Zoller wurden aus dem Wagen geschleudert, ebenso stürzten der Leibjäger und Kutscher vom Bock. Nur dadurch, daß der Maschinist des Dampftrambahnwagens sofort energisch bremste und den Zug zum Stehen brachte, wurde ein entsetzliches Unglück verhütet."[4]

Im gleichen Jahr einigte man sich darauf, die Bahn aus der vielbefahrenen Nymphenburger Straße herauszunehmen und in ruhigere Parallelstraßen zu verlegen – nicht gerade zur Freude der Anwohner der Blutenburg- und Winthirstraße. Diese forderten eine Umstellung der Linie auf Pferdebetrieb: „Der Rauch aus den kleinen Lokomotiven verpeste die Luft auf unerträgliche Weise, ganz abgesehen von dem hervorgerufenen Lärm durch Pfeifen und Glockensignale."[5] Gleichzeitig mit der Verlegung wurde die Pferdebahn durch die Nymphenburger Straße bis zum Grünwaldpark in Neuhausen verlängert. Einen Monat vor der letzten Pferdetram, am 14. Juli 1900, dampfte der letzte Dampftramwayzug nach Nymphenburg.

Vor der Jahrhundertwende wurden weitere Dampftramlinien projektiert. So schrieben die MNN am 28. März 1886 enthusiastisch:

„Gar viele sind derer, welche das Isarthal von Grünwald aus aufwärts nur der Sage nach kennen. München mit seinen 260 000 Einwohnern wird es daher freudig begrüßen, daß der entscheidende Schritt zur Verwirklichung des Projektes einer Trambahn nach Wolfratshausen und Leoni endlich gethan wurde: Die Konzession zur Tracirung ist heute ertheilt worden!"

Die schmalspurige Dampftrambahn sollte vom Sendlinger Tor über den Südbahnhof nach Thalkirchen führen, die bestehende Vollbahn nach Holzkirchen kreuzen und von dort über Solln, Pullach, Baierbrunn, Ebenhausen, Schäftlarn, Icking und Wolfratshausen den Endpunkt Leoni am Starnberger See erreichen. Die Personenwagen sollten zweistöckig (!) ausgeführt werden, wobei unten die 2. und oben die 1. Klasse vorgesehen war. Mit einem umfangreichen Frachtverkehr wurde gerechnet. Das von den Herren Zeiller jun., Böhringer und Mayerhofer beantragte und vom Bankhaus Sigmund Klopfer zu finanzierende Projekt kam jedoch nicht zur Ausführung. Die Unternehmer verkauften die

Konzession an die neugegründete Lokalbahn-AG, die 1891 eine normalspurige Vollbahn nach Wolfratshausen eröffnete: die später bis Kochel verlängerte „Isartalbahn".
Weitere Dampftrampläne beinhalteten eine Außenringlinie um die Vororte sowie eine Überlandlinie zum Ammersee. Doch je mehr sich der elektrische Betrieb in den deutschen Städten durchsetzte, desto stiller wurde es um die Dampftraktion.

Die elektrische „Ungererbahn"

Mit der elektrischen „Ungererbahn" schrieb München Verkehrsgeschichte: Nach den Anlagen in Groß-Lichterfelde bei Berlin (1881) und Frankfurt am Main – Offenbach (1884) war es die dritte elektrische Straßenbahn im Deutschen Reich. Am 1. Juli 1886 eröffnete der geschäftstüchtige Ingenieur August Ungerer eine elektrische Straßenbahn zu seinem Schwimmbad in Schwabing. Wie die von Siemens & Halske bei Berlin erbaute Bahn entnahm sie den Strom über die Fahrschienen. Die elektrische Ausrüstung wurde von der Nürnberger Elektrizitäts AG, vormals Schuckert & Co. geliefert.

Die rund 1,2 km lange Linie begann gegenüber der Freystraße und verlief neben der noch von Ulmen gesäumten Landshuter Straße (heute Ungerer Straße). Hinter der heutigen Danziger Straße bog sie in das Schwimmbadgelände ein. In Inseraten von „Ungerers Würmbad" war zu lesen: „Unsere elektrische Bahn verkehrt täglich, auch bei Regenwetter, vormittags von 9 bis 1, nachmittags von 2 bis 9 Uhr, bei Bedarf länger. Völlig gefahrlos!!!" Die beiden Endstellen waren erhöht angelegt. Der Strom wurde jeweils erst ein Stück dahinter an nicht zugänglicher Stelle zugeführt. Beim Losfahren löste der Fahrer die Bremse, und der Wagen rollte gemächlich einige Meter abwärts, bis er Strom bekam.
Zwei grüne Triebwagen mit goldverzierten Linien sowie zwei Sommerbeiwagen waren im Einsatz. Pro Jahr beförderten sie immerhin rund 150 000 Fahrgäste. Doch schließlich waren sie der rasch wachsenden Nachfrage nicht mehr gewachsen. Im Juni 1895 wurde die elektrische Bahn eingestellt und am 17. Juli desselben Jahres durch eine Verlängerung der Pferdebahn auf der verbreiterten Landshuter Straße ersetzt. Ungerer und zwei weitere Schwabinger Honoratioren gaben eine Ausfallbürgschaft bei etwaigen Verlusten – es war Münchens erste „Garantiestrecke".

Endbahnhof und Remise der Ungererbahn mit einem Zweiwagenzug. Das Gebäude mit dem Uhrturm stand noch bis 1944

Eröffnung von Strecken*)

21.10.1876	Promenadepl. – Karlspl. – Bayerstr. – Centralbahnhof (= Hbf.) – Dachauer Str. – Nymphenburger/Maillingerstr.
29.06.1877	Karlspl. – Sonnenstr. – Sendlinger-Tor-Pl.
01.09.1877	Sendlinger-Tor-Pl. – Müllerstr. – Rumfordstr. – Isartor
06.09.1877	Schillerdenkmal – Odeonspl. – Ludwigstr. – Leopoldstr./Burgfrieden (heute Leopold-/ Nikolaistr.)
19.09.1877	Isartor – Zweibrückenstr.
06.10.1877	Schillerdenkmal – Lenbachpl.
06.10.1877	Hbf. – Bayerstr. – Rennbahnstr. (heute Martin-Greif-Str.) (provisorisch bis 15.10., ab 15.11. endgültig)
07.03.1878	Zweibrückenstr. – Rosenheimer/Lilienstr.
21.06.1878	Rosenheimer/Lilienstr. – Weißenburger Str. – Ostbahnhof
09.12.1878	Leopoldstr./Burgfrieden – Schwabing/Großer Wirt (heute Münchner Freiheit)
16.09.1882	Hoftheater (heute Nationaltheater) – Maxmonument – Max-Weber-Pl. – Wörthstr. – Ostbahnhof
03.10.1882	Frauen-/Reichenbachstr. – Gärtnerpl. – Reichenbachbrücke – Ohlmüller-/Falkenstr.
22.10.1882	Dachauer/Augustenstr. – Augustenstr. – Theresienstr. – Ludwig-/Theresienstr.
12.11.1882	Sendlinger-Tor-Pl. – Lindwurmstr./Bahnübergang (ab 16.11.1883 durch neue Unterführung verlängert)
01.12.1882	Lenbachpl. – Karlstr. – Barer Str. – Barer/Schellingstr.
09.01.1883	Ohlmüller-/Falkenstr. – Falkenstr. – Pilgersheimer/Freibadstr.
09.06.1883	Nymphenburger/Maillingerstr. – Nymphenburger Str. – Romanstr. – Nymphenburg/Volksgarten (Dampftram, ab 1.11.1890 Pferdebahn)
29.06.1884	Lindwurmstr./Unterführung – Lindwurm-/Aberlestr.
01.07.1886	Landshuter (heute Ungerer)/Freystr. – Ungererbad (Elektr. Ungererbahn)
12.11.1887	Isartorpl. – Fabrikstr. (heute Thierschstr.) – Maxmonument (Isartorpl. – Fabrik-/Obermaierstr. bereits als Betriebsgleis vorhanden)
05.05.1888	Kohleninsel (heute Museumsinsel) – südl. Ausstellungsportal (für Ausstellung)
05.05.1888	Bahnhofpl. – Luisenstr. – Sophienstr. – Karlspl. (für Ausstellung)
19.05.1888	Barer/Schellingstr. – Barer/Adalbertstr.
16.06.1888	Karlspl. – Marienpl. – Isartor
25.11.1888	Bayer/Rennbahnstr. (heute Martin-Greif-Str.) – Landsberger Str. -Landsberger/ Barthstr.
19.10.1889	Gasteig – Wiener Pl. – Max-Weber-Pl.
10.11.1889	Rosenheimer/Franziskanerstr. (heute Rosenheimer Pl.) – Orleansstr. – Ostbahnhof (Streckenverlegung)
08.07.1890	Maxmonument – Fabrikstr. (heute Thierschstr.) – Triftstr. – Liebigstr. – Bruderstr. – Galerie-/Ludwigstr.
01.11.1890	Arnulfstr. (heute Hbf/Flügelbf. Nord) – Spatenstr. (Anfangsstück heute Zirkus-Krone-Str.) – Blutenburgstr. – Schlörstr. – Donnersbergerstr. – Winthirstr. – Romanstr. (Dampftram; Streckenverlegung)
03.05.1891	Schlößchen Neuhausen (heute Rotkreuzpl.) – Grünwald-Park (heute Neuhausen)
23.05.1891	Bahnhofpl. – Arnulfstr. (heute Hbf/Flügelbf. Nord)
01.05.1892	Sendlinger Str./Färbergraben – Sendlinger-Tor-Pl. – Südfriedhof – Reifenstuel-/ Dreimühlenstr.
01.06.1892	Reifenstuel-/Dreimühlenstr. – Isartalbahnhof
21.09.1892	Hbf./Bayerstr. – Goethestr. – Häberlstr. – Kapuzinerstr. – Humboldt-/Pilgersheimer Str.
28.06.1894	Lindwurm-/Aberlestr. – Harras – Neuhofen (alte Plinganserstr. [heute Fallstr.]/ Schöttlstr.)
01.07.1894	Barer/Adalbertstr. – Belgrad-/Hohenzollernstr. (heute Kurfürstenpl.)
17.07.1895	Schwabing/Großer Wirt (heute Münchner Freiheit) – Nordfriedhof/Südportal
24.07.1895	Belgrad-/Hohenzollernstr. (heute Kurfürstenpl.) – Hohenzollern-/Leopoldstr. (als Depotzufahrt schon vorhanden)
01.09.1895	Humboldt-/Pilgersheimer Str. – Kolumbuspl.
07.08.1896	Max-Weber-Pl. – Ismaninger/Höchlstr.
08.11.1896	Tal – Viktualienmarkt – Frauen-/ Reichenbachstr.
27.07.1897	Promenadepl. – Maffeistr. – Perusastr. – Hoftheater (heute Nationaltheater)
17.11.1897	Trift-/Liebigstr. – Wagmüllerstr. – Galeriestr. (heute Unsöldstr.) – Galerie-/Bruderstr. (Streckenverlegung)
27.11.1897	Ismaninger-/Höchlstr. – Ismaninger/ Kreppenstr. (heute Hompeschstr.)

Stillegung von Strecken*)

01.11.1888	Bahnhofpl. – Luisenstr. – Sophienstr. – Karlspl. (für Ausstellung)
01.11.1888	Kohleninsel (heute Museumsinsel) – südl. Ausstellungsportal (für Ausstellung)
10.11.1889	Rosenheimer/Franziskanerstr. (heute Rosenheimer Pl.) – Weißenburger Str. – Ostbahnhof (Streckenverlegung)
Juni 1895	Landshuter (heute Ungerer)/Freystr. – Ungererbad (elektr. Ungererbahn)
17.11.1897	Trift-/Liebigstr. – Liebigstr. – Bruderstr. – Galerie-/Bruderstr. Streckenverlegung)
15.07.1900	Arnulfstr./Spatenstr. – Spatenstr. – Blutenburgstr. – Schlörstr. – Donnersbergerstr. – Winthirstr. (Dampftramstrecke)

*) jeweils ohne Betriebshofzufahrten. Bei den Stillegungen wird jeweils der auf den letzten Betriebstag folgende Tag genannt.

2. Von der Elektrifizierung bis zum Ersten Weltkrieg (1895–1918)

Im neuen Jahrhundert war Bayern noch für zwei Jahrzehnte ein Königreich. Auf Prinzregent Luitpold folgte 1912 sein Sohn, der 1913 als Ludwig III. letzter bayrischer König wurde. Am 8. November 1918 fegte die Revolution das über 700 Jahre regierende Haus Wittelsbach hinweg.

Das ungehemmte Wachstum Münchens verlangsamte sich nach der Jahrhundertwende. „Terraingesellschaften" errichteten in Bogenhausen, Holzapfelkreuth, Solln und Geiselgasteig Villensiedlungen. Stärker als bisher machte sich nun die Industrialisierung im Stadtbild bemerkbar, wenngleich Handel, Banken, Versicherungen und Verwaltung weiterhin dominierten. Weitere Vororte wurden eingemeindet: Nymphenburg, Laim und Thalkirchen 1900, Fürstenried, Moosach, Milbertshofen, Oberföhring und Berg am Laim vor dem Ersten Weltkrieg. Die Arbeiterschaft nahm zu. 1908 wurde das kommunale Verhältniswahlrecht eingeführt, 1914 wurden die Sozialdemokraten zur stärksten Fraktion.

Augenfälligstes Zeichen der neuen Zeit war die Elektrizität. Sie verbesserte die Beleuchtung und stand als leistungsfähige Kraftquelle zur Verfügung. Anläßlich der Elektrizitätsausstellung 1882 im Glaspalast demonstrierte der Ingenieur Oskar von Miller (1855-1934) erfolgreich die elektrische Kraftübertragung über eine große Entfernung. 1891 und 1893 wurden an der Westenrieder- bzw. Muffatstraße städtische Wasserkraftwerke in Betrieb genommen, 1899 folgte beim Isartalbahnhof ein Dampfkraftwerk. Damit waren die Voraussetzungen für einen elektrischen Straßenbahnbetrieb geschaffen.

Bereits 1891 befaßte sich die Trambahn AG mit dem Gedanken der Elektrifizierung und stellte den Gemeindekollegien ein Modell der Nürnberg-Fürther Straßenbahn vor. Am 25. Juni 1894 beantragte der Verwaltungsrat der beiden gemeindlichen Linien die probeweisen Einführung des elektrischen Betriebes, zunächst auf dem Abschnitt Färbergraben – Isartalbahnhof. Am 27. Juli bzw. 8. November stimmten die Stadtkollegien zu. 1895 gab schließlich auch das Kgl. Staatsministerium des Kgl. Hauses und des Äußeren seine Zustimmung, behielt sich aber vor, jederzeit die Umstellung von Oberleitungs- auf Akkumulatorenbetrieb ver-

Münchens erste Elektrische: die 1895 eröffnete Linie Färbergraben – Isartalbahnhof mit einem sechsfenstrigen Z-Triebwagen

Im Gewühl des Viktualienmarktes fährt um 1900 der fünffenstrige Z-Triebwagen 3 Richtung Giesing

langen zu dürfen. Zwischen März und Juni 1895 wurde die Oberleitungsanlage errichtet. Am 17. Juni fand eine genaue technische Überprüfung statt, und von 17.–22 Juni fuhren die elektrischen Wagen im Probebetrieb ohne Fahrgäste, wie auch heute noch vor Eröffnung einer neuen Strecke üblich. Die MNN berichteten am 19. Juni über die am Vortag veranstaltete „offizielle Probefahrt", zu der u.a. eine Regierungskommission, angeführt von dem kgl. Oberregierungsrat im kgl. Staatsministerium des Innern Ranck und dem Regierungsrat an der kgl. Kreisregierung Fürst, der Generaldirektor der kgl. bayer. Staatseisenbahnen Ebermayer, der Polizeidirektor Frhr. von Welser, der Lokalbahndirektor Lechner, die beiden Bürgermeister Borscht und Brunner sowie Vertreter ortsansässiger und auswärtiger Trambahnen und Elektrizitätsgesellschaften sowie Journalisten gekommen waren:

„Eine dichtgedrängte Menge Neugieriger belagerte auf der langen Strecke die Geleise, um das erstmalige interessante Schauspiel zu sehen. (...) Die Wagen, mit Tannenguirlanden, Kränzen und Fähnchen in den bayerischen und Münchener Stadtfarben auf's Reichste geschmückt, sind aus der Wagenfabrik von J. Rathgeber hervorgegangen und zeichnen sich durch solide Bauart und einfache Eleganz aus. Sie haben 16 Sitz- und 12 Stehplätze, versenkbare Fenster und den begrüßenswerthen Vorzug eines sehr breiten Ganges zwischen den Sitzbänken sowie äußerst geräumige Plattformen. (...) Die Wagen fahren äußerst ruhig und geräuschlos." Anschließend unterhielten sich die 200 Gäste im Thomasbräukeller *„bei vorzüglichem Stoff und ausgezeichneter kalter Küche über die neue elektrische Trambahn"* und zeigten sich beeindruckt von den Leistungen des menschlichen Geistes, *„der den elektrische Strom entfesselt, ihn wieder bändigt*

Durch das Siegestor fährt A-Triebwagen 179 der Grünen Linie nach Schwabing

und gebändigt in den Dienst des Menschen und des Verkehrs stellt."

Der Fahrgastbetrieb begann am 23. Juni 1895. Zunächst fuhren vier elektrische Kurse neben vier Pferdebahnkursen, am 27. Juni wurde der ausschließliche elektrische Betrieb genehmigt. Am 29. Juni wurde erstmals fahrplanmäßig ein Pferdebahnwagen als Anhänger mitgeführt.

Im gleichen Jahr konzipierte die Stadt ein künftiges Straßenbahnnetz.[6] Es sollte aus „Diagonallinien", „Isarparallelen" und „Ringbahnen" bestehen. Die sechs vorgesehenen Diagonallinien entsprachen weitgehend den späteren Linien. Lediglich einige Streckenabschnitte wie z.B. die Verbindung Promenadeplatz – Karmeliterstr. – Ett-/Neuhauserstraße wurden nicht verwirklicht. Isarparallelen waren westlich und östlich der Isar vorgesehen: Holzapfelkreuth – Plinganser Str. – Isartalbahnhof – Baaderstr. – Auenstr. – Isartorpl. – Maxmonument – Tivolistr. – Hirschau – Englischer Garten nördlich des Kleinhesseloher See – spätere Dietlindenstr. – geplanter Nordbahnhof (Höhe Schenkendorfstr.) bzw. Grünwald – Wettersteinpl. – Giesinger Berg – Kolumbuspl. – Entenbachstr. – Mariahilfpl. – Lilienstr. – Gasteig – Max-Weber-Pl. – Bogenhausen – Priel – Oberföhring. Gebaut wurde nur 1906/07 die westliche Isarparallele zwischen Isartalbahnhof und Tivolistraße. Von der geplanten östlichen Isarparallele wurden einzelne Abschnitte als Teil von Diagonallinien gebaut.

Außerdem waren 1895 zwei „Ringbahnen" vorgesehen. Die innere Ringlinie folgte dem bestehenden Pferdebahnring, die äußere Ringlinie sollte auf dem Abschnitt Bayer-/Goethestr. – Goethepl. – Baldepl. – Tegernseer Landstr. – Auer Friedhofstraße (heute Regerstr.) – Rosenheimer Pl. – Weißenburger Str. – spätere Elsässer- und Flurstr. – Einsteinstr. – Mitterweg (heute Trogerstr.) – Herkomerpl. – Tivolistr. – Englischer Garten – Nikolaipl. – Kurfürstenpl. – Leonrodpl. – Rotkreuzpl. – Wendl-Dietrich-Str. – Friedenheimer Brücke – Landsberger Str. – Bayerstr. – Bayer-/Goethestraße verkehren.

Die Münchner Trambahn AG elektrifizierte von August bis Oktober 1895 die Weiße Pferdebahnlinie vom Bahnhofplatz zum Fuß des Giesinger Berges. Ab 1. September 1896 fuhren die Triebwagen weiter bis zum Ostfriedhof. Die Gesellschaft sträubte sich allerdings gegen die Elektrifizierung, da sie die Investitionen für zu hoch erachtete. Sie forderte als Gegenleistung eine Verlängerung der Konzession. Schließlich wurde 1897 mit der Stadt ein Garantievertrag geschlossen: Diese beteiligte sich mit einem Zuschuß an den Kosten der Umstellung und erhielt dafür Einfluß auf die Betriebsführung. Als dritte

Frisch lackiert steht um 1902 der neu abgelieferte A-Triebwagen 246 vor dem „Centralbahnhof", der von Friedrich Bürklein nach Plänen von Friedrich von Gärtner errichtet wurde

Um Fahrdrähte überflüssig zu machen, schleppten von 1900–1906 kleine Akkuloks die Tramwagen vom Schillerdenkmal zum Odeonsplatz

Elektrische folgte am 24. November 1897 die Grüne Linie Heiliggeistkirche – Freibadstraße.
Gegen den Fortschritt regte sich Widerstand. Eine „Vereinigung der Künstler, Architekten und Ingenieure", darunter so bekannte Namen wie Franz v. Lenbach und Friedrich v. Thiersch, erhob „lebhaften Einspruch gegen die durch die Aufhängung vieler Drähte beabsichtigte Verschandelung des Stadtbildes" und forderte ein grundsätzliches Verbot von Oberleitungen.
Damit setzten sie sich bei den Aufsichtsbehörden nicht durch, doch forderte diese die Verantwortlichen auf, nach anderen, weniger störenden Methoden der Stromzuführung zu suchen. Denn auch der Königliche Hof sah die Verdrahtung Münchens mit Mißbilligung.
Bereits 1896 erteilte der Magistrat der Elektrizitäts-AG. vorm. Schuckert & Co. die Erlaubnis, in der Goethestraße einen Versuchsbetrieb mit Stromzuführung von unten einzurichten. In Gleismitte fanden sich in einem Abstand von 3 – 5 Metern Kontaktklötze. Hiervon wurde der Strom mit einem unterirdischen Stromabnehmer abgenommen. Nur die Kontakte im Bereich des fahrenden Triebwagens sollten unter Spannung stehen. Dennoch kam es bereits bei den Probefahrten am 19. Februar 1897 zu einem Unfall, als die Pferde eines Kohlenfuhrwerks einen Stromschlag erhielten. Eines der Tiere stürzte und mußte notgeschlachtet werden. Die Einführung dieses Systems wurde schließlich vom Magistrat abgelehnt, die Anlage 1902 ausgebaut. Als Alternative waren 1897 drei Zweisystemtriebwagen (Fahrdraht/Batterie) angeschafft worden. Wegen der übelriechenden Säuredämpfe wurden die Batterien wieder ausgebaut.

Der 6,5 m hoch aufgehängte Fahrleitungsdraht wurde Standard. Auch die Schweren Reiter, die Elitekavallerie der Königlich-Bayerischen Armee, mußten sich daran gewöhnen: Bei Paraderitten im Stadtgebiet mußten sie fortan mit gezogener Lanze reiten und z.B. die Dachauer Straße ganz meiden. Nur in einem Fall hatten die Kritiker Erfolg: Auf „allerhöchste Veranlassung" verboten die Aufsichtsbehörden auf dem Abschnitt Schillerdenkmal – Odeonsplatz – Galeriestraße die Errichtung einer Oberleitung. Nur provisorisch genehmigt wurde diese in der nördlichen Ludwigstraße bis zum Siegestor. Auf Beschluß der Stadtkollegien vom 25. bzw. 27. Juli 1899 wurde auf dem stromlosen Abschnitt ein komplizierter Schleppbetrieb mit sechs kleinen Akkulokomotiven eingerichtet. Am Schillerdenkmal und in der Ludwigstraße mußten Abstell- und Rangiergleise eingerichtet werden. Der

Die „Rangierbahnhöfe" des Schleppbetriebes gaben Anlaß zu vielen satirischen Zeichnungen

Schleppbetrieb wurde vom 19. Februar 1900 bis 15. März 1906 durchgeführt. Die umständliche „Kuppelei" forderte immer wieder den Spott der satirischen Blätter heraus. Schließlich wurde doch eine durchgehende Fahrleitung genehmigt.
Zur Stromabnahme verwendete die Münchner Trambahn den Stangenstromabnehmer mit Kontaktrolle. Jahrzehntelang war der „Stangerlwagen" ein Synonym für die Tram. Bisweilen sprang die Kontaktrolle vom Draht. Dann mußte das Personal, begleitet von den bissigen Kommentaren der Fahrgäste, das „Stangerl" mit Hilfe der Fangleine wieder einrichten. Anfang der 50er Jahre wurden die heute gebräuchlichen Bügelstromabnehmer eingeführt. Zur Schonung der Schleifstücke muß dabei die Oberleitung in Zick-Zack-Form aufgehängt werden. Der bekränzte, letzte „Stangerlwagen" wurde am 7. Januar 1955 zwischen Viktualienmarkt und Candidplatz verabschiedet. Für viele Münchner war damit ein Stück der alten Zeit zu Ende gegangen.

Die Elektrische hatte nicht nur Freunde. Ein Unbekannter schrieb 1896 unter dem Pseudonym X. B. Liebig: „'Unsere' Trambahn ist ein ziemlich teueres, sehr langsames und bei einigermaßen starkem Verkehrsandrang völlig unzureichendes Beförderungsmittel. (...) 'Unsere' Trambahn durchzieht meist zweigleisig eine Reihe von Straßen, stört den sonstigen Verkehr mehr oder weniger erheblich und wird selber hinwiederum durch den sonstigen Verkehr in ihrer Wirksamkeit beeinträchtigt."[7] Liebig forderte statt dessen die Einrichtung einer Ringeisenbahn sowie einer Schwebebahn zwischen Laim und Ostbahnhof nach Elberfelder Vorbild.
Vor der Jahrhundertwende verfügte München über eine erstaunliche Vielzahl von Verkehrsmitteln: Von 1897–1900 befuhren Pferdebahn, Dampftram, elektrische Tram, Pferdebus und Motorbus die Straßen der Stadt! Von Februar 1901 bis November 1906 fuhr ausschließlich die elektrische Tram, dann kamen wieder Motorbusse hinzu, die nach Anfangsschwierigkeiten in den 30er Jahren zum zweiten Verkehrsträger wurden.
Am 15. August 1900 war die Elektrifizierung im Zentrum beendet: An diesem Tag wurde dort die letzte Pferdebahnlinie Promenadeplatz – Barer Straße – Hohenzollernstraße umgestellt. Im nachhinein war die Elektrifizierung wesentlich teuerer als erwartet gekommen: 4 Mio. Mark hatte die Gesellschaft angesetzt, 8 Mio. Mark kostete sie tatsächlich. Noch im gleichen Jahr wurde ein Ausbauprogramm in Gang gesetzt. Mit Ausnahme von 1903 kamen in jedem Jahr neue Strecken hinzu. 1912 war das Netz im engeren Stadtbereich fertiggestellt. Auf allen Hauptlinien wurde ein 5-Min.-Betrieb angeboten. In der Bayerstraße fuhr werktags sogar pro Minute ein Wagen in jede Richtung.
Die 1904 eröffnete Verlängerung vom Harras nach Holzapfelkreuth war der Heilmann'schen Immobiliengesellschaft zugesichert worden, Gemäß Vertrag hätte die Strecke bereits bis zum 1. April 1902 gebaut werden sollen, doch bei den Gemeindebevollmächtigtenkollegien gab es dagegen Widerstand. Denn der projektierte Bau des Waldfriedhofes war wieder aufgeschoben worden. Schließlich wurde die Strecke doch gebaut. Drei Jahre später wurde der Waldfriedhof eröffnet, wodurch eine genügende Auslastung gesichert war.
Die Straßenbahn war zunächst ein Verkehrsmittel für Besserverdienende. Arbeiter konnten sich eine Fahrt nicht leisten und waren gezwungen, in der Nähe ihrer Arbeitsstätte zu wohnen. Diese Tatsache spiegelt sich auch im späten Betriebsbeginn wider (im Sommerfahrplan ab 7.30 Uhr, im Winterfahrplan ab 8.00 Uhr). Erst 1892 wurde der Beginn der gemeindlichen Linien auf 5.30 Uhr angesetzt.[8]

In der vornehmen Maximilianstraße benutzten viele Bürger die Tram. A-Triebwagen 144 der Gelb/Roten Linie fuhr vom Hauptbahnhof zum Ostbahnhof

Ein seltene Ansicht der Schwabinger Ursulakirche. Aus der Hohenzollernstraße naht A-Triebwagen 185 der Gelben Linie (Schwabing – Promenadeplatz)

Um 1900 kreuzen sich am Marienplatz die beiden A-Triebwagen 52 und 122. Anstelle der Dachschilder verwendeten sie Zusatzschilder, um die Richtung anzuzeigen

Vornehme Quartiere sowie Ausflugsziele erhielten schneller eine Tramverbindung als Arbeiterviertel. 1895 zeigte sich die Münchner Trambahn AG nicht an einer Strecke durch die Arnulfstraße interessiert, da die dort wohnenden Arbeiter sie nicht benutzen würden. Die Einführung verbilligter Tarife für Werktätige wurde wiederholt abgelehnt. Im Unterschied zu heute wurden die Verkehrsspitzen damals im sonntäglichen Ausflugsverkehr erbracht: Im Geschäftsjahr 1901/02 wurden an Werktagen durchschnittlich 117305, an Sonntagen 159118 Fahrgäste befördert![9]

Für die elektrifizierten Linien beschlossen die Stadtkollegien einen Einheitstarif von 10 Pfennig. Mit Vollendung der Elektrifizierung galt er ab 15. August 1900 auf allen Linien. Die Fahrt mit der Tram war damit erheblich billiger geworden. Ein steigendes Defizit führte aber dazu, daß ab 16. Oktober 1904 wieder ein teurer „Sektionstarif" (Teilstreckentarif) eingeführt wurde. Erst nach 1918 wurde die Tram zum Massenverkehrsmittel. Die 5-Pfennig-Abstufung war beim Personal sehr beliebt, da „bessere Leute" ungerade Beträge häufig aufrundeten.

In den Motorwagen durfte nicht geraucht werden. Die Raucher drängten sich im Anhänger zusammen. Stehplätze waren nur auf der Plattform ausgewiesen; im Innenraum waren sie jahrzehntelang untersagt. Die offenen Plattformen ermöglichten ein Auf- und Abspringen während der Fahrt, wenngleich es verboten war. Genaue Kleidervorschriften regelten die Mitfahrt: Männliche Fahrgäste wurden ohne Hut und Jacke nicht befördert. Frauen durften mit oder ohne Hut zusteigen, aber aus Sicherheitsgründen keine Hutnadeln verwenden. Soldaten in Uniform durften sich in der Straßenbahn nicht setzen. Im Winter war die Fahrt recht kalt, denn elektrische Heizungen wurden erst ab 1929 eingeführt.

Die alte Münchner Tram war nicht zamperlfreundlich: Die Mitnahme von Hunden war zunächst untersagt. Als diesbezügliche Forderungen immer wieder abgewiesen wurden, kam es im Juli 1928 zu

Der Karlsplatz mit dem Pavillon als Mittelpunkt bildete zur Jahrhundertwende den Mittelpunkt des Tramnetzes. Rechts ein ehemaliger Pferdebahnwagen. Wohin gehen nur die vielen Leute?

einer Großdemonstration von rund 6000 Hundebesitzern zusammen mit ihren vierbeinigen Lieblingen. Daraufhin wurde die Beförderung von Hunden versuchsweise, ab 1930 dauerhaft gestattet.
Die Trambahner trug blaue Röcke mit zweireihigen Knöpfen und eine silberbetreßte Uniformmütze. Weder Fahrer noch Schaffner konnten sitzen. Erst ab Mitte der 40er Jahren wurden Fahrersitze eingeführt, bei den im Fahrgastfluß betriebenen Großraum- und Gelenkwagen auch Schaffnersitze. Bei den vor 1910 gelieferten Triebwagen waren die Plattformen nach außen offen. Im Winter trugen die Fahrer deshalb knöchellange Übermäntel mit Pelzkragen, Ohrenschützer und fellgefütterte Pelzstiefel. An vielen Kreuzungen mußten sie die Weichen mit einem Stellhebel selbst stellen. An wichtigen Knotenpunkten waren Weichensteller und auch Weichenstellerinnen postiert. Elektrische Weichensteuerungen wurden ab 1910 eingeführt (zunächst mit Fahrdrahtkontakt, ab 1963 mittels Frequenzimpuls, heute über Induktive Meldungsübertragung/IMU). Die Schienen wurden von „Trambahnritzenreinigungsdamen" sauber gehalten. Heute sind Zwei-Wege-Lkw an ihre Stelle getreten. Störungen mußte das Wagenpersonal zunächst selbst beheben – bis hin zu kleineren Entgleisungen. Streckentelefone erleichterten später die Kommunikation, 1966 wurde ein Betriebsfunknetz eingerichtet. Ab 1991 wurde ein rechnergesteuertes Leitsystem in Betrieb genommen.

Die Münchner Straßenbahn wurde schon früh modern trassiert. Ab 1900 wurden planmäßig Kehrschleifen angelegt. Dadurch entfielen sowohl das Wenden des Stangenstromabnehmers als auch das Umkuppeln der Anhänger. 1948 wurde die letzte Umsetzstelle am Candidplatz durch eine Schleife ersetzt. Der Wagenpark konnte nun komplett auf Einrichtungsbetrieb umgestellt werden. Schon früh wurden Strecken auf eigenem Bahnkörper angelegt: 1904 versuchsweise auf der Verlängerung vom Harras nach Holzapfelkreuth (heute Waldfriedhof),

STÄDT. STRASSENBAHNEN MÜNCHEN.

Fahrschein ab Holzapfelkreut (Walderholungsstätte)

Dieser Fahrschein hat nur Gültigkeit, wenn gleichzeitig die Legitimationskarte für die Walderholungsstätte Holzapfelkreut vorgezeigt wird und berechtigt zu einer einmaligen Fahrt unter Benützung der kürzesten Strecke zwischen Holzapfelkreut u. Endpunkt der Fahrt.

09517

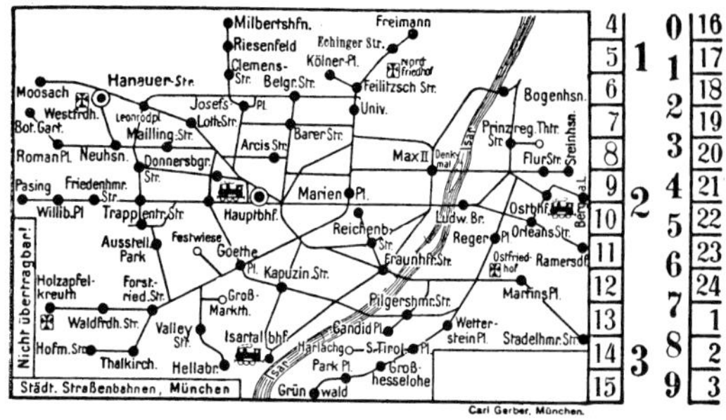

4		0	16
5	1	1	17
6		2	18
7		3	19
8			20
9	2	4	21
10		5	22
11		6	23
12			24
13		7	1
14	3	8	2
15		9	3

6

3 Städt. Straßenbahnen München. 2

5

Fahrschein für die Strecke

7 Thalkirchen (6) — Sendlingertorplatz 8

G №33857

4 1

5

Stadtwerke München • Verkehrsbetriebe

Quittung über 5 Rpf Zuschlag

Großhesselohe • ——— • Parkplatz

Parkplatz • ——— • Grünwald

Willibaldplatz • ——— • Pasing

(Übergangsverkehr)

Bei Störungen kein Ersatz des Fahrgeldes! Wenden!

Carl Gerber, München

Frühe Fahrscheine der Münchner Trambahn

1908 und 1910 auf den Außenlinien nach Pasing bzw. Grünwald, 1912 auf der Linie nach Thalkirchen. Dort kamen Vignol- statt Rillenschienen zum Einbau.

Der Beschluß eines Generallinienplanes wurde lange Zeit hinausgezögert, da die Stadt Bodenspekulationen verhindern und sich nicht festlegen wollte. Erst im Juni/Juli 1905 wurde der bereits im Oktober 1897 in einer ersten Fassung dem Magistrat vorgelegte „Erste Offizielle Generallinienplan" von den Stadtkollegien genehmigt. Er war von der Münchener Trambahn AG und dem Stadterweiterungsbüro ausgearbeitet worden. Vorgesehen waren Erweiterungen in den Außenbezirken sowie die Einrichtung von drei Ringlinien:

Stadtring — *Hbf. – Sendlinger Tor – Isartor – Max-II-Denkmal – Galeriestr. - Ludwigstr. – Theresienstr. – Augustenstr. – Hbf.,*

Großer Ring — *Nikolaipl. – Kurfürstenpl. – Leonrodpl. – Rotkreuzpl. – Kazmairstr. – Ganghofer Str. – Harras – Brudermühlstr. – Giesinger Berg – St. Martin-Str. – Balanstr. – Orleansstr. – Grillparzerstr. - Possartstr. – Englischer Garten – Nikolaiplatz*

Außenring — *Fürstenrieder Str. – Romanpl. – Notburgastr. – Nymphenburger-/Biedersteiner-Kanal – Nordfriedhof – Brandenburgerstr. – Osterwaldstr. – Effnerplatz – Berg am Laim – Ramersdorf - Altharlaching – Thalkirchen – Boschetsrieder Str. - Fürstenrieder Str.*

Der Stadtring war bereits 1890 als Pferdebahn verwirklicht worden. Vom Großen Ring wurde 1920/28 ein erster Abschnitt zwischen Harras und Nikolaiplatz eröffnet. Weitere Teilstücke traten ab 1934 als Autobuslinien hinzu. Der Außenring sollte auf eigenem Bahnkörper schnellstraßenbahnmäßig trassiert werden. Im Norden, Osten und Süden entsprach er weitgehend dem heutigen „Mittleren (Straßen-)Ring".

Von den 1905 geplanten Linien wurden einige noch vor 1914 verwirklicht: Giesing, Steinhausen, Thalkirchen, Westend, Bogenhausen, Grünwald und Pasing. Weitere folgten später: Freimann, Milbertshofen, Moosach, Perlach, Friedhof am Perlacher Forst, Berg am Laim. Hingegen warten die Hirschau, Prinz-Ludwigshöhe, Solln, Neufreimann (Äußere Leopoldstraße), Großhadern, Forstenried,

Am Karlsplatz herrscht um 1910 Hochbetrieb. Links versteckt sich ein moderner B-Triebwagen. Die Türme des Rondells hatten noch Aufsätze

Oberföhrung, Denning und Trudering bis heute auf einen Trambahnanschluß.

Im Jahr 1906 lief der Vertrag mit der Münchner Trambahn AG aus, und die Stadt übernahm den Straßenbahnbetrieb, um das Neubauprogramm tatkräftiger angehen zu können. Der seit 1901 amtierende Direktor Ferdinand Dix wurde auf seinem Posten belassen und prägte die Straßenbahn bis zu seiner Ablösung im Jahr 1916. Er wurde von dem städtischen Verkehrsreferenten Dr. Kühles tatkräftig unterstützt. Auch im langjährigen Ersten Bürgermeister Dr. Wilhelm von Borscht, der von 1893–1919 amtierte, hatte die Tram stets einen Förderer.

Eine wesentliche Neuerung waren die arabischen Liniennummern. Bisher hatte es nur inoffizielle römische Nummern gegeben, die nicht an den Wagen angebracht waren. Nach der Reorganisation des Liniennetzes mit Beginn des Winterfahrplanes 1906/07 fuhren folgende Linien:

1 *Nymphenburg – Rotkreuzpl. – Marienpl. – Ostbahnhof*
2 *Hbf – Sendlinger Tor – Isartor – Max-II-Denkmal – Galeriestr. - Ludwigstr. – Theresienstr. – Augustenstr. – Hbf. (Nordring)*
3 *Hbf. – Maximilianspl. – Odeonspl. – Schwabing/Bandstr., Pendelbetrieb Feilitzschstr. (heute: Münchner Freiheit) bis Nordfriedhof*
4 *Neuhausen – Stiglmaierpl. – Karlstr. – Lenbachpl. – Promenadepl. - Maximilianstr. – Max-Weber-Pl. – Ostbahnhof*
5 *Heiliggeistkirche – Gärtnerpl. – Freibadstr.*
6 *Leopold-/Hohenzollernstr. – Kurfürstenpl. – Barer Str. – Karlspl. – Harras - Neuhofen – Boschetsrieder Str.*
7 *Schleißheimer/Georgenstr. – Josephpl. – Augustenstr. – Hbf. – Sendlinger-Tor-Pl. – Fraunhoferstr. – Ostfriedhof*
8 *Schleißheimer/Georgenstr. – Riesenfeld (Milbertshofen)*
9 *Bogenhausen – Tal – Karlspl. – Landsberger Str.*
10 *Rindermarkt – Sendlinger-Tor-Pl. – Isartalbahnhof*
11 *Rotkreuzpl. – Marienpl. – Ostbahnhof*
12 *Hbf. – Goethepl. – Ostfriedhof – Max-Weber-Pl. – Maximilianstr. – Promenadepl. – Hbf. (Südring)*
14 *Westfriedhof – Neuhausen – Stiglmaierpl. – Karlstr. – Lenbachpl. - Promenadepl.*
15 *Heiliggeistkirche – Gärtnerpl. – Ostfriedhof*
16 *Leopold-/Hohenzollernstr. – Kurfürstenpl. – Barer Str. – Karlspl. – Harras*
17 *Schleißheimer/Georgenstr. – Josephspl. – Augustenstr. – Hbf. – Goethepl. – Humboldt-/Pilgersheimer Str. (- Ostfriedhof)*
18 *Waldfriedhof – Sendling (Harras) – Sendlinger-Tor-Pl. (- Rindermarkt)*
20 *Max-II-Denkmal – Oettingenstr. – Max-Joseph-Brücke*

Das Liniensystem blieb über viele Jahrzehnte gültig. Sein Grundprinzip war die Bildung von Liniengruppen wie z.B. 1/11/21/31. Für die Straßenbahn war der Nummernbereich von 1–39 vorgesehen. Mit Ausnahme der Nummer 33 wurden alle Ziffern genutzt. Hinzu trat von 30. November 1942 bis 14. Februar 1944 die legendäre Tramlinie 44 (Ramersdorf – Willibaldplatz), von der kein einziges Foto bekannt ist. Kurzfristige Sonder- und Ausflugslinien wurden seit 1921 mit Buchstaben bezeichnet. Seit Inkrafttreten des Münchner Verkehrs- und Tarifverbundes (1972) sind die einstelligen Nummern der U- und S-Bahn vorbehalten. Der Straßenbahn sind nun die Ziffern 10–29, dem Stadtbus die Ziffern 30-199, dem Überlandbus die Ziffern 200–9999 zugewiesen. Die später durch das Lied des Volkssängers Weiß Ferdl berühmt gewordene Linie 8 war 1906 nur eine unbedeutende Anschlußlinie. Auf der gut 2 km langen Pendelstrecke im Münchner Norden hielten zwei Triebwagen den Betrieb aufrecht. Erst am 6. Dezember 1935 wurde die 8er zur Nord-Süd-Hauptlinie.

Im August 1906 wurden feste Haltestellen mit Emailletafeln aufgestellt. Weiße Tafeln mit schwarzer Schrift verwiesen auf Pflichthaltestellen, rote Tafeln mit weißer Schrift auf Bedarfshaltestellen. Im gleichen Jahr gaben die Polizeibehörden endlich den Widerstand gegen die Vollendung der Nord-Süd-Verbindung vom Odeonsplatz über die Theatiner- und Weinstraße zum Marienplatz auf. Ab 27. November 1907 fuhr die Linie 10 von Schwabing auf direktem Weg zum Sendlinger Tor. Aufgrund der engen Innenstadtstraßen war man mit der genannten Lösung aber nie zufrieden. Immer wieder gab es Versuche, Omnibusse anstelle der Straßenbahn einzusetzen.

Im Jahr 1906 wurde erstmals das Oktoberfest auf der Theresienwiese durch Sonderlinien der Straßenbahn bedient. Hierfür waren zwei Abzweigstrecken eröffnet worden: im Süden von der Lindwurmstraße über die Herzog-Heinrich- und Kobellstraße zum südlichen Bavariaring (heute Esperantoplatz), im Norden von der Bayerstraße über Rennbahnstraße (heute Martin-Greif-Str.), Schwanthalerstraße und Kleestraße (heute Hermann-Ling-Str.) zurück in die Bayerstraße. Die südliche Anbindung wurde 1908 über die Festwiese bis zum Fuß der Bavaria verlängert und 1924 wieder bis zum Bavariaring verkürzt. Die nördliche Anbindung erhielt 1926 einen weiteren Bogen bis zum Wiesneingang am Brausebad. Der Abschnitt Lindwurmstraße – Bavariaring wurde 1942 stillgelegt. Auf der verbleibenden Wiesnstrecke fuhren letztmals im September/Oktober 1983 Sonderwagen, die seit 1957 die sinnige Bezeichnung W trugen. Seit 1984 bewältigt die U-Bahn den Großteil des Wiesnverkehrs.

Münchens erste Überlandstraßenbahnlinie wurde am 16. Dezember 1908 eröffnet: Die neue Linie 29 fuhr vom Karlsplatz über die Landsberger und Agnes-Bernauer-Straße zum Pasinger Marienplatz. Das westlich Münchens gelegene Pasing war eine selbständige Stadt und wurde erst 1938 eingemeindet. Nach dem Vorbild der Verträge mit Schwabing und Milbertshofen war am 27. Januar 1908 ein „Garantievertrag" mit der Stadt Pasing und der Terraingesellschaft Neu-Westend abgeschlossen worden. Die Linie wurde im Außenbereich auf Hochgleis angelegt und mit Hecken abgeschirmt. In diesem Abschnitt erreichte sie in den 20er Jahren eine mittlere Reisegeschwindigkeit von 18 km/h.

Zu besonderen Anlässen fuhr ab 1908 die Sonderlinie 15 bis vor die Füße der Bavaria

Ein C-Triebwagen zieht einen zum Lazarettwagen umgebauten Beiwagen

Zwischen Friedenheimer Brücke und Pasing/Knie nahm die Linie nicht den direkten Weg über die Landsberger Straße, sondern durchquerte Neu-Friedenheim und Laim im Zuge der Agnes-Bernauer-Straße. Bei der Eröffnung fuhr die Linie 29 dort noch durch Wiesen. Den Pasinger Marienplatz umrundet sie bis heute auf einer Platzschleife mit dem engsten Gleisradius Münchens (r=14,5 m bei der Ausfahrt). Pasing war im Jahr 1908 noch ländlich geprägt und war für die Münchner ein beliebtes Ausflugsziel. Sonderwagen wurden einst auf einem langen Abstellgleis in der Pasinger Bodenseestraße hinterstellt. Bis zur Eingemeindung Pasings wurden ab der Stadtgrenze Zuschläge verlangt. Als zweite Außen- und Garantielinie wurde am 12. August 1910 die ins Isartal führende Linie 25 eröffnet (siehe ausführlich S. 119 ff.).

Im Vorfeld der Gemeindewahlen von 1911 veröffentlichte der Generalanzeiger der MNN Klagen der Bevölkerung über die Straßenbahn. Kritisiert wurde „ein bedenklicher Fiskalismus" der Stadt, der wichtige Neubaustrecken verhindere. Im Interesse der Stadtentwicklung müßten neue Linien gebaut werden, auch wenn sie sich nicht sofort rentieren würden. Kritisiert wurde auch die kleinliche Haltung der Polizei, die jahrelang die Schließung der Verbindung durch die Theatinerstraße verhindert habe und keine Anhängewagen auf dieser Linie genehmigen wolle. Außerdem wurde für Benutzer der Nachtzüge und für Konzertbesucher ein Nachtwagenverkehr (von 0–2 Uhr) nach dem Vorbild Dresdens gefordert: Daß die letzten Wagen genau um Mitternacht vom Stadtzentrum abfahren würden, sei „Kleinstädterei".[10] Aus Kostengründen lehnte die Stadt die Einführung des Nachtbetriebes ab. Nur zu bestimmten Anlässen (Neujahr, Fasching, Oktoberfest, Weihnachten) verlängerte die Straßenbahn den Betrieb über Mitternacht hinaus. Die Straßenbahn zollte dem Herrscherhaus den gebührenden Respekt: Eine Dienstanweisung von 1912 forderte die Fahrer auf, umgehend anzuhalten, wenn sich Königliche Majestäten oder Hoheiten zeigten. Wenn sich die hohen Herrschaften entfernt hatten, durften sie weiterfahren.[11]

Nach Kriegsbeginn mußte der Fahrplan wegen der Einberufungen von Personal massiv eingeschränkt werden. Ab September 1915 wurden die ersten Schaffnerinnen eingestellt, um männliche Kollegen zu ersetzen. In schweren, knöchellangen Röcken versahen sie ihren Dienst. Die Tram übernahm nun auch Transportaufgaben: Güter- und Verwundetenzüge fuhren zu zahlreichen Anschlußgleisen. Hier-

Der Krieg hat begonnen: Soldaten des Kgl. Bayer. Infanterieregiments 15 am Hauptbahnhof vor einem C-Triebwagen mit c-Beiwagen, um 1915. Sie tragen Pickelhauben mit Feldbezügen. Ab April 1916 wurden sie durch Stahlhelme ersetzt

für wurden Gleise auf der Fahrbahndecke provisorisch verlegt.
Nur eine Neubaustrecke kam im Weltkrieg hinzu: die kriegswichtige Verlängerung vom Israelitischen Friedhof nach Freimann/Süd. Die 1917 eröffnete Trasse endete in einer Schleife vor dem Eisenbahnnordring. Die weitere Verlängerung unter der Eisenbahn bis zum Rüstungswerk der Firma Krupp (dem späteren Eisenbahnausbesserungswerk) war bei Kriegsende im Bau, doch mußten die Schienen als Reparationsleistung abgeliefert werden. Die Strecke wurde erst 1962 in abgewandelter Form eröffnet und bereits 1965 eingestellt.

Frühe Münchner Obusprojekte

Kaum bekannt ist, daß die Stadt vor dem Ersten Weltkrieg die Einführung von Oberleitungsomnibussen plante.[12] Sie versprachen gegenüber dem Trambetrieb eine Reduzierung der Betriebskosten auf schwächer frequentierten Strecken. Die zeitgenössischen Benzinautobusse waren noch keine Alternative, da sie störungsanfällig und teuer waren.
Am 31. Mai 1901 bot das Ingenieurbureau für Elektrotechnik, München, H. R. Büttner, dem Magistrat an, eine „Gleislose Bahn" des Systems Lombard-Gérin von der Augusten-/Theresienstraße über Nordbad und Riesenfeld nach Milbertshofen zu errichten. Noch zeigte der Magistrat kein Interesse. Zum einen wollte er kein zusätzliches Verkehrssystem in München einführen, zum anderen wollte er der Münchner Trambahn AG keine Konkurrenz machen. Außerdem war diese der Ansicht, daß das System Lombard-Gérin störungsanfällig sei. Die Stromabnehmer seien zu schwer, und die Treibräder würden zum Schleudern neigen.
Am 19. April 1906 sandte die „Gesellschaft für Gleislose Bahnen, Max Schiemann" aus dem sächsischen Wurzen ein Angebot für eine 3,25 km langen Linie vom Rindermarkt über Sendlinger Straße, Hackenstraße, Josephspitalstraße, Landwehrstraße, Bavariaring, Gollierstraße zum Gollierplatz. Acht Kurswagen (zuzüglich zwei Reservewagen) sollten im 5-Min.-Takt verkehren. Eine Fahrt sollte 20 Minuten dauern, die Fahrgeschwindigkeit 15–18 km/h betragen. Die Obusse des Systems Schiemann verwendeten zwei Stangenstromabnehmer.
Auch dieses Projekt wurde nicht realisiert. Doch verfolgte Verkehrsreferent Dr. Kühles ab 1907 den Bau einer Gleislosen Bahn von Sendling nach Neuhausen. In späteren Etappen sollte sie durch Schwabing und den Englischen Garten nach Bogenhausen verlängert werden. Drei Hersteller boten unterschiedliche Systeme an: Elektro-Daimler-Stoll, Schiemann und Köhler-Lloyd. Die Stadt entschied sich für die Firma Elektro-Daimler-Stoll, Wien. Die Stromzuführung erfolgte über einen nachgezogenen, achträdrigen Kontaktwagen, der auf doppelpoligen Drähten lief und durch Kabel mit dem Fahrmotor verbunden war. Eine Besichtigung der Wiener Linie dieses Systems verlief erfolgreich. Die Stadtkollegien stimmten im September/Oktober

Vorbild für das Obusprojekt: Fribourg – Farvagny/Schweiz (1912–32), System Elektro-Daimler-Stoll. Da diese Linie nur einspurig war, mußten die Drähte beim Begegnen umgesteckt werden

1911 der Errichtung der Linie zu, und ein Vorvertrag wurde abgeschlossen.
Die 4 km lange Strecke sollte vom Rotkreuzplatz über Donnersberger Straße, Donnersberger Brücke, Trappentreustraße, Heimeranplatz, Anglerstraße, Spechtstraße (heute Teil der Anglerstraße), Ganghoferstraße, Pfeuferstraße zur Sendlinger Kirche verlaufen und in 34–36 Minuten zurückgelegt werden. Sechs Motorwagen und zwei Anhänger sollten beschafft werden und im 10-Min.-Takt verkehren. Die Fahrleitung sollte durchgehend zweispurig ausgeführt werden. Die Verkehrsbetriebe verpflichteten sich, den Grund für Depot und Werkstätte zur Verfügung zu stellen und die Schaffner zum Selbstkostenpreis auszuleihen.
Im Gemeindebevollmächtigtenkollegium verstärkte sich allerdings die Kritik an dem Projekt. Verschiedene Fraktionen, darunter Jungliberale und Sozialdemokraten, wollten anstelle der Gleislosen Bahn sofort eine richtige Trambahn. Bereits seit 1896 hatten man um diese Verkehrsverbindung erbittert gestritten. Verkehrsreferent Dr. Kühles hatte stets die Wirtschaftlichkeit einer Straßenbahnlinie bezweifelt.
Schließlich scheiterte das Obusprojekt an der Finanzierung: Die Stadt war davon ausgegangen, daß Elektro-Daimler-Stoll selbst eine Betriebsgesellschaft gründen werde. Doch wollte sich der Hersteller allenfalls mit 10 Prozent an einer solchen Gesellschaft beteiligen. Da im Vertragsentwurf eine Klausel enthalten war, die es der Stadt ermöglichte, bereits nach acht Jahren eine Straßenbahnlinie auf dieser Strecke anzulegen, bekamen alle Interessenten kalte Füße. Zwar hätte die Stadt in diesem Fall der Gesellschaft erlaubt, an anderer Stelle eine Obuslinie zu errichten, und die Umsetzung der ortsfesten Anlagen bezahlt, doch war damit die Rentabilität des Unternehmens in Frage gestellt.[13]

Nun nahm der Magistrat wieder Kontakt mit den zwei Konkurrenzfirmen sowie mit der AEG auf. Bis zum Ersten Weltkrieg versuchte er, mit der Hilfe von Banken eine Betriebsgesellschaft zustande zu bringen. Selbst wollte die Stadt jedoch nicht als Betreiberin tätig werden. Da eine Obuslinie noch nicht absehbar war, durfte im Januar 1913 eine private Gesellschaft eine Autobuslinie zwischen Sendling und Neuhausen eröffnen. Wegen Verlusten löste sich das Unternehmen aber schon im Dezember 1913 auf. Schließlich setzten sich die Befürworter der Tram durch: Die Verbindung wurde 1914 als Straßenbahnstrecke beschlossen und 1920 erfolgreich in Betrieb genommen (Linie 22).
Eine Obuslinie erhielt München erst im Jahr 1948 (siehe S. 66). Auch auf ihrer ehemaligen Trasse soll nun eine Straßenbahn angelegt werden.

Eröffnung von elektrischen Strecken

29.08.1896 Kolumbuspl. – Ostfriedhof

28.04.1900 Thalkirchner-/Maistr. – Mai-/Kapuzinerstr. (Betriebsgleis, Maistr. heute nicht mehr existent)

16.09.1900 Bayerstr. – Rennbahnstr. (heute Martin-Greif-Str.) – Schwanthalerstr. – Kleestr. (heute Hermann-Ling-Str.) – Bayerstr. (für Sonderwagen)

27.10.1900 Nordfriedhof/Süd – Nordfriedhof/Aussegnungshalle (4 Tage Pferdebetrieb)

08.11.1900 Grünwaldpark (heute Neuhausen) – Nordwestlicher Friedhof (heute Westfriedhof)

20.08.1901 Ismaninger Str. – Prinzregententheater (für Sonderwagen)

28.09.1901 Ostfriedhof – Regerpl. – Rosenheimer/Franziskanerstr. (heute Rosenheimer Pl.)

27.11.1902 Augusten-/Theresienstr. – Görresstr. – Schleißheimer-/Georgenstr.

01.07.1904 Harras – Holzapfelkreuth (heute Waldfriedhof)

01.12.1904 Schleißheimer/Georgenstr. – Schleißheimer Str. – Riesenfeld/Kanal (heute Petuelring)

01.03.1905 Ohlmüller-/Falkenstr. – Nockherberg – Ostfriedhof

14.09.1905 Sendlinger Str./Färbergraben – Rindermarkt

07.07.1906 Bahnhofpl. – Prielmayerstr. – Karlspl.

08.07.1906 Lindwurm-/Herzog-Heinrich-Str. – Bavariaring/Kobellstr. (heute Esperantoplatz) (für Sonderwagen)

12.07.1906 Barer/Karlstr. – Ottostraße – Lenbachpl. (Streckenverlegung)

01.11.1906 Rosenheimer/Franziskanerstr. (heute Rosenheimer Pl.) – Steinstr. (heute Milchstr.)/Wörthstr.

25.11.1906 Thierschstr. – Tattenbachstr. – Oettingenstr. – Widenmayer-/Tivolistr.

11.12.1906 Augusten-/Karlstr. – Karlstr. – Barer/Karlstr.

11.12.1906 Müller/Fraunhoferstr. – Fraunhoferstr. – Fraunhofer-/Reichenbachstr.

11.12.1906 Neuhofen – Wolfratshauser/Boschetsrieder Str.

01.01.1907 Widenmayer-/Tivolistr.- Montgelas-/Mauerkirchner Str.

17.05.1907 Isartalbahnhof – Baldepl. – Auenstr. – Baaderstr. – Isartorpl.

02.09.1907 Rennbahnstr. – Kazmair-/Astallerstr.

02.09.1907 Max-Weber-Pl. – Äußere Wiener Str. (heute Einsteinstr.)/Lucile-Grahn-Str.

02.09.1907 Ostfriedhof – St.-Martins-Platz

27.10.1907 Äußere Wiener Str. (heute Einsteinstr.)/Lucile-Grahn-Str. – Steinhausen/Am Kirchstein

27.11.1907 Odeonspl. – Theatinerstr. – Weinstr. – Marienpl. – Rindermarkt

27.11.1907 Schwabing/Großer Wirt (heute Münchner Freiheit) – Leopold-/Bandstr.

16.05.1908 Arnulfstr. – Hasenstraßentunnel (heute Paul-Heyse-Unterführung) – Bayerstr.

16.05.1908 Bavariaring/Kobellstr. (heute Esperantoplatz) – Bavaria/Ausstellungspark (für Sonderwagen)

16.05.1908 Theresienhöhe – Matthias-Pschorr-Ring (Straße heute nicht mehr existent) – Ganghofer Str./Ausstellungsgelände (Schleife für Sonderwagen)

13.08.1908 Pilgersheimer-/Freibadstr. – Candidpl.

16.10.1908 Montgelas-/Mauerkirchner Str.- Montgelas-/Törringstr.

16.12.1908 Bayerstr. – Landsberger Str. – Agnes-Bernauer-Str. – Landsberger Str. – Pasing/Marienpl.

01.02.1909 St.-Martins-Pl. – Giesing/Bahnhof

25.07.1909 Arnulf-/Hasenstr. (heute Seidlstr.) – Hasenstr. – Stiglmaierpl. – Dachauer/Leonrodstr. (heute Leonrodpl.)

01.02.1910 Leopold-/Bandstr. – Parzivalstr. – Kölner Pl.

21.03.1910 Nordfriedhof/Aussegnungshalle – Israelitischer Friedhof (für Sonderwagen)

12.08.1910 Ostfriedhof – Harlaching – Menterschwaige – Großhesseloher Brücke – Geiselgasteig – Grünwald

24.12.1910 Josephspl. – Görresstr. – Tengstr. – Hohenzollern/Kurfürstenstr. (heute Kurfürstenpl.)

15.04.1911 Wolfratshauser/Boschetsrieder Str. – Hofmannstr.

16.04.1911 Emeran(St. Bonifatius-)/Edelweißstr. – Edelweißstr. – Edelweiß-/Tegernseer Landstr.

08.11.1911 Thalkirchner/Reifenstuelstr. – Lagerhausstr. – Lagerhaus-/Dreimühlenstr. (Streckenverlegung)

06.01.1912 Grünwalder Str./Karolinger Allee – Schwaige Harlaching (für Sonderwagen)

01.08.1912 Lindwurm-/Impler Str. – Thalkirchner Str. – Thalkirchen/Tierpark

01.08.1912 Impler/Oberländer Str. – Großmarkthalle

29.07.1912 Tal – Hochbrückenstr. – Ledererstr. – Maderbräustr. – Tal (Schleife für Sonderwagen)

07.04.1917 Israelitischer Friedhof – Freimann

12.12.1917 Schleißheimer/Georgenstr. – Georgenstr. – Zentnerstr. – Görresstr. (Wendeschleife)

Stillegung von elektrischen Strecken

12.07.1906 Barer/Karlstr. – Karlstr. – Lenbachpl. (Streckenverlegung)

3. Zwischen Rot und Braun (1918–1933)

Seit 1916 waren die Unmutskundgebungen über die Nahrungsmittelknappheit immer hörbarer geworden. Die militärische Niederlage wirkte als Katalysator: Am 7. November 1918 weitete sich eine Friedenskundgebung auf der Theresienwiese zur Revolution und Truppenmeuterei aus. Der Unabhängige Sozialdemokrat Kurt Eisner proklamierte den „Freistaat Bayern“ und wurde erster Ministerpräsident der jungen Republik. Nach der Ermordung Eisners durch einen monarchistischen Offizier am 21. Februar 1919 eskalierte die Entwicklung: Zunächst wurde am 7. April die Räterepublik, schließlich am 13. April die Kommunistische Räterepublik ausgerufen. Einheiten der nach Bamberg geflüchteten sozialdemokratischen Mehrheitsregierung und Freikorps schlugen Anfang Mai die Revolution in München blutig nieder.
Das Münchner Bürgertum reagierte auf die Zwangsmaßnahmen und Geiselerschießungen der Rätezeit mit einer dezidiert gegenrevolutionären Stimmung. Sie bereitete den Nährboden für das andere Extrem: In München begann der Aufstieg der NSDAP. Am 8./9. November 1923 versuchte Adolf Hitler, die Macht an sich zu reißen. Sein „Marsch auf Berlin“ endete vor der Feldherrnhalle unter den Schüssen der Landespolizei. Mit der Währungsreform zum Ende dieses Monats beruhigte sich die Lage. Hatte München im Juni 1919 erstmals eine SPD-Regierung erhalten, so erbrachten die Wahlen vom Dezember 1923 eine knappe Mehrheit für das Mitte-Rechts-Bündnis. Der Erste Bürgermeister Karl Scharnagl von der Bayerischen Volkspartei (BVP) blieb bis zur NS-Machtergreifung im Amt. Als Errungenschaft der Revolution gab es nun statt der beiden Kollegien einen einheitlichen Stadtrat.

Zwischen 1924 und 1930 konnte die Stadt zahlreiche Aufgaben verwirklichen: Wohnbauförderprogramme, Ausbau des Flughafens am Oberwiesenfeld, Erweiterung der städtischen Versorgungsbetriebe und auch des Straßenbahnnetzes. Unterstützt durch eine Amerikareise von Oberbürgermeister

Regierungstruppen haben am 2. Mai 1919 am Karlsplatz Geschütze und MGs gegen die „Rote Armee“ in Stellung gebracht. Dahinter stehen zwei ehemalige Pferdebahnwagen

Scharnagl, war es der Stadt gelungen, einen Millionenkredit aus den USA zu erhalten. Symbol des Fortschritts war das 1927/28 eingeweihte, zwölfstöckige „Technische Rathaus" an der Blumenstraße. Sein Stahlskelettbau war mit Backsteinen verkleidet: Nur zurückhaltend öffnete sich das konservativ geprägte München der architektonischen Moderne. Als bedeutendste Ausnahme gelten die dem „Neuen Bauen" verpflichteten Postämter von Robert Vorhoelzer. Die Stadt vergrößerte sich durch die Eingemeindung von Daglfing, Perlach, Freimann und Trudering (1930–32). Ab 1930 machten sich auch in München die Folgen der Weltwirtschaftskrise bemerkbar, wenngleich die Stadt wegen ihrer differenzierten Wirstschaftsstruktur weniger als andere Städte betroffen war. 1932 konnte die Stadt ihr Budget nicht mehr finanzieren und mußte sich staatlicher Aufsicht unterstellen.

Wie ein Seismograph reagierte die weiß/blaue Tram auf die politischen und wirtschaftlichen Umbrüche. In Notzeiten mußte der fahrplanmäßige Betrieb erheblich eingeschränkt werden – im Gegenzug erschwerten die Betriebseinschränkungen das Wirtschaftsleben. Im November 1918 waren nur 188 von 424 Trieb- und 320 von 470 Beiwagen einsatzfähig. Kundgebungen, Demonstrationen, Streiks und Straßenkämpfe, aber auch Kohlen- und Strommangel machten immer wieder der Straßenbahn zu schaffen. Mit Ausbruch der Revolution war der Trambetrieb eingestellt worden. Am folgenden 8. November 1918 genehmigte der neugebildete Arbeiter- und Soldatenrat die Wiederinbetriebnahme, zunächst aber nur mit einer Höchstgeschwindigkeit von 12 statt 25 km/h.[14] In den bewaffneten Auseinandersetztungen kamen immer wieder Unbeteiligte zu Schaden. Beim gescheiterten Putschversuch sozialdemokratischer Matrosen gegen die Regierung Eisner am 19. Februar 1919 wurde am Hauptbahnhof der Straßenbahnfahrer Franz Stangl durch einen Kopfschuß getötet. Am 13. April lieferten sich am Marienplatz Kommunisten mit der gemäßigtlinken Republikanischen Schutzwehr ein Feuergefecht. Zwei Straßenbahnzüge standen im Weg, weshalb fünf Unbeteiligte verletzt wurden. Ein Mann starb. Der Volksauflauf nach der Ermordung von Ministerpräsident Eisner am 21. Februar 1919 brachte den Trambetrieb vier Tage lang zum Stillstand. Ricarda Huch meinte:

> *„Vielleicht wäre die Stimmung doch nicht so unheimlich gewesen, wenn die Elektrische gegangen wäre. Es ist unbeschreiblich, wie das Aufhören dieses sonst nur des Nachts ruhenden Geräusches den Charakter des großstädtischen Organismus verändert. Es ist wie das Atmen eines ungeheuren Geschöpfes, das zu verenden scheint, wenn der schnarchende Atem nicht mehr geht."*[15]

In der Endphase der Revolution konnte von 7.–19. April 1919 nur ein Notbetrieb aufrecht erhalten werden. Die kommunistischen Machthaber verhafteten zahlreiche leitende Straßenbahnbeamte oder zwangen sie zur Flucht. Während des Endkampfes um München mußte der Betrieb von 30. April bis 6. Mai 1919 vollständig ruhen. Entlang der Tramstrecken kämpften sich „weiße" Truppen ins Stadtinnere vor, so das Freikorps Epp über die Menterschwaige und Harlaching ins „rote" Giesing. Ein Artillerietreffer zerstörte das Trambahnhäuschen am Wettersteinplatz, wo ein rotes MG vermutet wurde. Bei den erbitterten Straßenkämpfen wurden an vielen Stellen Gleise, Fahrleitungen und Fahrzeuge beschädigt. Nur nach und nach konnte das Netz ab 7. Mai 1919 wieder in Betrieb gehen.

Ein seltenes Bild von der „Isarparallele". In der Baader- oder Auenstraße trifft um 1920 der B-Triebwagen 389 der Linie 30 auf einen motorisierten Turmwagen

Beim „Hitler-Putsch" stauten sich am Morgen des 9. November 1923 vor dem Rathaus die Straßenbahnzüge der Linie 6. Ein Journalist kommentierte:

„Prachtvoll benehmen sich die Straßenbahnen. Nur auf ganz kurze Zeit ist streckenweise der Verkehr unterbrochen. Aber selbst da, wo Gefahr droht, wird möglichst bald der stehengebliebene Wagen wieder in Betrieb gesetzt. 'Soll ma fahrn', fragt der Führer den Schaffner. 'Fahr zu, Kare, da einser fahrt a. Man merkt, sie sind es von der Rätezeit her gewohnt.“[16]

Bis 1934 wurde die Münchner Straßenbahn von Direktor Josef Scholler geprägt. Trotz der finanziellen Engpässe konnten von 1919–21 vier Neubaustrecken in Betrieb genommen werden. Hatte die Inflation anfangs die Wirtschaft belebt, so brachte sie 1923 katastrophale Zustände. Der Bartarif mußte in diesem Jahr allein 32 Mal erhöht werden. Zuletzt kostete am 27. November 1923 eine Teilstrecke 150 Milliarden Mark! Nur noch durch Ausgabe von Notgeld konnte die Straßenbahn dem Papierchaos Herr werden. Die Stadt erschloß sich neue Einnahmequellen: Die Rückseite der Fahrscheine und die Innenfenster der Straßenbahn wurden für die Werbung freigegeben. Die Münchner quittierten allerdings „diese Maßnahmen in ihren verschiedenen Arten mit vernichtendem Gespött"[17].

Im Februar 1922 wurde ein revidierter Generallinienplan veröffentlicht. Er ähnelte seinem Vorläufer von 1909, hatte aber verschiedene Neubaustrecken in engen Innenstadtstraßen aufgegeben. Seinen Empfehlungen entsprechend wurden daher in der Folgezeit einige Linien in breitere Straßen verlegt, z.B. 1927 von der Dachauer in die Seidlstraße und von der nördlichen Goethestraße in die Paul-Heyse- und Lessingstraße. Straßenbahnen sollten nun bevorzugt in großen, breiten Ausfallstraßen auf eigenem Bahnkörper angelegt werden. Beim Bau neuer Straßen in den Außenbezirken wurde die künftige Straßenbahntrasse bereits freigehalten, so z.B. in der Garmischer Straße.

Die Projekte der Baugruppe I wurden weitgehend zwischen 1925 und 1930 verwirklicht, so die Verlängerungen vom Starnberger Bahnhof zur Donnersberger Straße sowie in die Vororte Berg am Laim, Ramersdorf und Moosach. Lediglich der wichtige Abschnitt Kurfürstenstr. – Belgrad-/Parzivalstraße

Beim „Hitler-Putsch" stauen sich die Straßenbahnzüge der Linie 6 vor dem Rathaus. Am Morgen des 9. November drängen sich die Passanten, um Julius Streicher reden zu hören

(heute Scheidplatz) ließ bis 1959 auf sich warten. Von den ehrgeizigen Projekte der Baustufe II wurde lediglich die Verlängerungen von der Gollier-/Astallerstraße zur Westendstraße (1934) und von der Donnersberger Straße zum Romanplatz (1937) verwirklicht. Erst ab 1956 wurden weitere Projekte umgesetzt:

- *Westendstr. – Langbehnstr. – Kleinhadern (1958)*
- *Plinganserstr. – Johann-Clanze-Str. – Forstenrieder Str. (heute Garmischer Autobahn) – Kreuzhof – Forstenried (1964 als weiter südlich verlaufende Neubaustrecke Boschetsrieder/Hofmannstr. – Ratzingerpl. – Fürstenried/West eröffnet)*
- *Berg am Laim – Waldtrudering (1968 kurze Verlängerung Berg am Laim – St.-Veit-Str.)*
- *Haidenauplatz – Michaelibad (1956 Strecke zum Michaelibad über Rosenheimer/Anzinger Str. – Bad Schachener Str. realisiert)*
- *Belgrad-/Parzivalstr. (heute Scheidpl.) – Belgradstr. – Jänischpl. – Schleißheimer Str. – Siedlung am Hart (1963/64 Schnellstraßenbahn auf weiter östlich verlaufender Trasse nach Harthof bzw. Hasenbergl)*

Nie gebaut und zumeist als Omnibuslinien verwirklicht wurden folgende Relationen:

- *Westendstr. – Zschokkestr. – Gotthardstr. (1984/88 U-Bahn bis Laimer Platz)*
- *Heimeranpl. – Fürstenrieder Str./Neufriedenheim*
- *Heimeranpl. – Garmischer Str. – Murnauer Str. – Aidenbachstr. – Solln*
- *Isartalbahnhof – Schäftlarn-/Brudermühlstr.*
- *Candidpl. – Schönstr. – Tierpark*
- *Tegernseer Landstr. – Friedhof am Perlacher Forst*
- *Ramersdorf – Perlach*
- *Äußere Wiener Str. (heute Einsteinstr.) – Zamdorf – Riem (1999 U-Bahn-Anbindung Riems vom Innsbrucker Ring aus)*
- *Prinzregentenstr. – Mühlbauerstr. – Denninger Str.*
- *Bogenhausen – Oberföhring – St. Emmeram (Trasse baulich freigehalten, 1991 Tramverlängerung beschlossen)*
- *Feilitzschstr. – Leopoldstr. – Neufreimann (Leopold-/Freimanner Str.) – Ingolstädter Str.*
- *Belgradstr./Biedersteiner Kanal – Neufreimann (Leopold-/Freimanner Str.)*

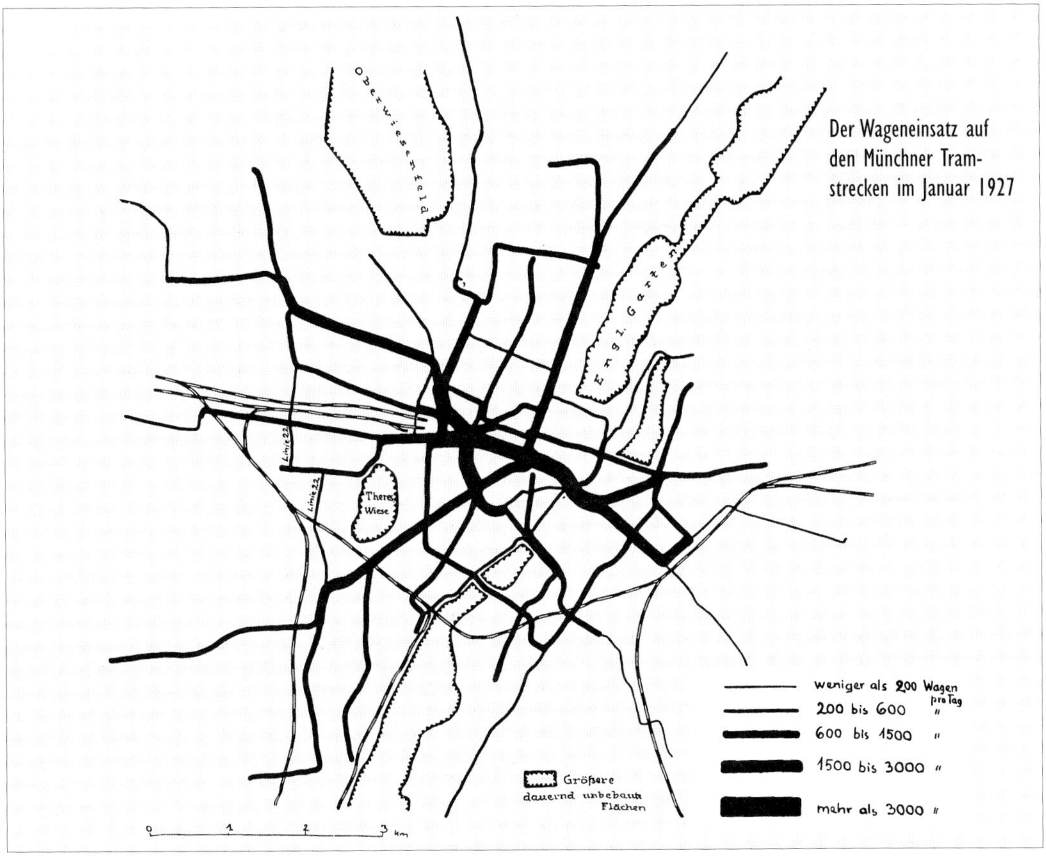

Der Wageneinsatz auf den Münchner Tramstrecken im Januar 1927

Ein von einem F-Triebwagen geführter Dreiwagenzug auf dem Pasinger Marienplatz, um 1930

Ein E-Triebwagen des Baujahrs 1925 mit dazugehörigem e-Beiwagen biegt Anfang der 30er Jahre vom Rindermarkt in den Marienplatz ein

Auf Linie 12, dem „Südring“, steht ein D-Triebwagen an der Kreuzung Paul-Heyse/Landwehrstraße. Links lugt ein Turm der St.-Pauls-Kirche hervor

- *Tivolistr. – Hirschau/Maffeiwerk*
- *Schleißheimer/Lerchenauer Str. – Lerchenauer Str. – Feldmoching (1996 U-Bahn-Anbindung Feldmochings von Hasenbergl aus)*
- *Westfriedhof – Hanauer Str. – Hanauer-/Triebstr. (derzeit U-Bahn-Verlängerung bis Olympia-Einkaufszentrum im Bau)*

Der „Große Ring“ sollte nun vom Harras über Plinganser Str. – Brudermühlstr. – Tegernseer Landstraße – Werinherstraße – Claudius-Keller-Straße – Karl-Preis-Platz – Ampfingstraße – Richard-Strauß-Straße – Herkomer Straße – Tivolistraße – Englischer Garten – Nikolaiplatz und weiter über die bestehende Linie 22 zum Harras verkehren. Vom einst geplanten „Außenring“ blieben nur ein ergänzender „Südostring“ (Ramersdorf – Chiemgaustraße – Hochweg – Harlaching – Tierpark – Brudermühlstraße – Tegernseer Landstraße – Werinherstraße – Claudius-Keller-Straße – Karl-Preis-Platz – Ramersdorf) sowie das Teilstück Kreuzhof – Waldfriedhof – Fürstenrieder Str. – Bahnhof Laim – Romanplatz übrig. Letztere Verbindung ist übrigens im 1991 beschlossenen Tramkonzept enthalten, ebenso wie das Teilstück Bogenhausen – Schwabing des „Großen Ringes“.

Auf dem Münchner Messegelände fand 1926 die „Deutsche Verkehrsausstellung“ statt. Auf dem Höhepunkt der Weimarer Republik wurde München ein blühender Aufschwung prophezeit. Für 1980 erwartete man unteriridische Verkehrsmittel in drei Ebenen (U-Bahn, S-Bahn, Fernbahn). Den Verkehrsraum an der Oberfläche teilten sich Kraftfahrzeuge, Busse, Straßenbahnen und Personenbeförderungsbänder. Darüber hinaus sollten Luftschiffe und Flugzeuge auf Hochhäusern starten und landen.[18]

Entsprechend utopisch fiel 1928 der neue Generallinienplan aus. Als Massenverkehrsmittel waren nun fünf U-Bahn-Linien sowie drei ins Umland führende elektrische Schnellbahnlinien vorgesehen. Auch das Straßenbahnnetz sollte über die Stadtgrenzen hinaus ausgedehnt werden: nach Planegg, Gräfelfing, Lochham, Neuaubing, Blutenburg, Untermenzing, Langwied, Allach, Ludwigsfeld, Feldmoching, Neuherberg, Fröttmaning, Unterföhring, Englschalking, Daglfing, Dornach, Zamdorf, Riem, Trudering, Waldtrudering, Perlach,

Waldperlach, Unterbiberg, Unterhaching, Bergham, Fasangarten, Straßlach, Deining, Egling, Ascholding, Dietramszell, Forstenried, Neuried, Großhadern und Steinkirchen. Jene Stichstrecken sollten durch einen vierten (!) Straßenbahnring verbunden werden, der in einem Radius von ca. 10 km vom Stadtzentrum aus verlaufen würde: Pasing / Am Knie – Nymphenbad – Neulustheim – Moosach – Milbertshofen – Freimann – Johanneskirchen – Daglfing – Riem – Trudering – Unterhaching – Geiselgasteig / Süd – Pullach – Solln – Fürstenried – Großhadern – Kleinhadern – Pasing / Am Knie.

Die Folgen der Weltwirtschaftskrise machten jenen Maximalplan schnell illusorisch. Aufgrund der dramatisch zurückgehenden Fahrgastzahlen und des auf fast 3 Millionen Reichsmark anwachsenden Fehlbetrages konnten ab 1930 nur die notwendigsten Investitionen im Trambetrieb vorgenommen werden. Die Wagenabstände mußten stark ausgedünnt werden. Als letzte Verlängerung während der Weimarer Republik wurde am 23. November 1930 der Abschnitt Westfriedhof – Moosach eröffnet.

Der Sommerfahrplan 1930 brachte die Einführung der ersten Münchner „Eillinie" zwischen Pasing / Marienplatz und Hauptbahnhof: Die neue Linie 29 hielt nur an wenigen Haltestellen und überholte auf halber Strecke den Wagen der Linie 19. Damit wurde die Fahrzeit pro Richtung von 30 auf 20 Minuten verkürzt. Vier Jahre später wurde die Eillinie aufgrund der Behinderungen durch den Kraftwagenverkehr wieder eingestellt. Es war ein bemerkenswertes Experiment, das im Zeitalter der Telematik eine Renaissance erfährt, so in Bremen, Darmstadt, Karlsruhe und Würzburg. Auch in München hat man in den letzten Jahren über Eilkurse bzw. Eillinien zur Einsparung von Wagenumläufen nachgedacht. Eine Einführung ist aber noch nicht spruchreif.

Eröffnung von elektrischen Strecken

01.04.1919	Riesenfeld/Kanal (heute Petuelring) – Milbertshofen/Anhalter Platz
23.03.1920	Sendlinger Kirche – Ganghofer/Heimeranstr. sowie Kazmair-/Trappentreustr. – Donnersberger Brücke – Rotkreuzpl.
01.06.1920	Romanpl. – Botanischer Garten
21.03.1921	Giesing/Bahnhof – Ständler Straße/Hauptwerkstätte (zunächst nur Betriebsgleis, ab 14.07.1924 Fahrplanbetrieb)
01.05.1925	Starnberger Bahnhof – Arnulfstr. – Arnulf-/Donnersberger Str. inkl. Schleife Spatenstr. (heute Zirkus-Krone-Str.) – Tillystr. (heute G.-Schätzel-Str.) – Wredestr.
16.11.1925	Schleife Max-Weber-Pl. – Kirchenstr. – Schloßstr. – Max-Weber-Pl.
30.05.1926	Orleansstr. – Ramersdorf
15.09.1926	Ostbahnhof – Haidenaupl. – Berg am Laim/Baumkirchner Pl.
18.09.1926	Schleife Martin-Greif-Str. – Bavariaring – St. Paulsplatz – Schwanthaler-/Hermann-Lingg-Str. (für Sonderlinien)
20.09.1926	Hohenzollern-/Leopoldstr. – Nikolaipl.
01.05.1927	Montgelas/Törringstr. bzw. Ismaninger/Hompeschstr. – Gebelepl. (heute Herkomerpl.)
01.05.1927	Kazmaier-/Astallerstr. – Astallerstr. – Gollierstr. – Ridlerstr. – Kazmaier-/Astallerstr. (Schleife)
28.06.1927	Arnulf-/Seidlstr. – Seidlstr. – Stiglmaierpl.
28.06.1927	Bayer/Paul-Heyse-Str. – Paul-Heyse-Str. – Lessingstr. – Lessing-/Goethestr.
15.08.1928	Rotkreuzpl. – Leonrodpl.
04.12.1928	Leonrodpl. – Hohenzollernpl.
07.05.1929	Steinhausen/Am Kirchstein – Steinhausen/Vogelweidepl.
22.10.1929	Westfriedhof – Baldurstr. - Dachauer Str. – Westfriedhof/Schleife Hanauer Str. - Orpheusstr. – Westfriedhof
16.11.1929	Leonrodpl. – Baldur-/Dachauer Str.
23.11.1930	Hanauer Str. – Moosach

Stillegung von elektrischen Strecken

08.05.1924	Bavariaring/Kobellstr. (heute Esperantoplatz) – Bavaria
28.06.1927	Bayer-/Goethestr. – Goethestr. – Goethe-/Lessingstr.
14.11.1927	Kazmairstr./Matthias-Pschorr-Ring (heute Messepl.) – Matthias-Pschorr-Ring – Ganghoferstr./Ausstellungsgelände (wegen Straßenrückbaues)
ca. 08.1928	Thalkirchner-/Maistr. – Mai-/Kapuzinerstr. (Betriebsgleis)
04.12.1928	Schleife Görres-/Zentnerstr. – Zentnerstr. – Georgenstr. – Schleißheimer/Georgenstr. (abgebaut April 1940)

4. Die Tram in der „Hauptstadt der Bewegung“ (1933–1945)

Die Ernennung Adolf Hitlers zum Reichskanzler am 30. Januar 1933 kündigte auch in Bayern eine politische Wende an. Vier Tage nach der Neuwahl des Reichstags wurde Generalleutnant Franz Xaver Ritter von Epp am 9. März zum bayerischen Generalstaatskommissar ernannt. Am Abend desselben Tages zogen die Nationalsozialisten auf dem Münchner Rathaus die Hakenkreuzfahne auf. Auf den Straßen drängten sich die Menschen so dicht, daß der Trambahnverkehr eingestellt werden mußte. Oberbürgermeister Scharnagl konnte sich noch bis 20. März halten. Gauleiter Adolf Wagner ernannte den NSDAP-Stadtrat Karl Fiehler zu dessen Nachfolger. Der eigentliche starke Mann in München aber war der Kreistagspräsident und NSDAP-Fraktionsführer Christian Weber.

Die Diskriminierung der Juden begann am 1. April 1933: Die internationale Kampagne zum Boykott deutscher Waren durch den American Jewish Congress im Vormonat nutzten die Nationalsozialisten zu einem eintägigen Protest gegen jüdische Geschäfte. In der Neuhauser und Kaufinger Straße war die Menge der Schaulustigen vor den Geschäften so groß, daß der Straßenbahnbetrieb wiederholt unterbrochen wurde. SA-Männer übernahmen die Verkehrsregelung. Im Juni 1938 wurde die Hauptsynagoge an der Herzog-Max-Straße unter dem Vorwand „verkehrstechnischer Gründe“ abgebrochen. Am 9. November 1938 kam es auch in München zu organisierten Ausschreitungen gegen Juden.

Die Eingemeindungspolitik der 20er Jahre wurde fortgesetzt: Zwischen 1938 und 1942 kamen Pasing, Feldmoching, Großhadern, Obermenzing, Untermenzing, Allach, Ludwigsfeld, Solln, Langwied und Aubing zu München. Beginnend mit der Mustersiedlung Ramersdorf (1934), entstanden verschiedene „Reichskleinsiedlungen“ im Grünen. In Riem wurde 1939 ein neuer Flughafen eröffnet.

Am 2. August 1935 verlieh Adolf Hitler München den Beinamen „Hauptstadt der Bewegung“. Aufgrund des Gedenkens an den Hitlerputsch vom 8./9. November 1923 spielte München eine zentrale Rolle im NS-Staat. Hier war auch die Parteileitung angesiedelt. Die Stadt wurde Schauplatz zahlreicher

Die neue Zeit: Ein F-Triebwagen wirbt für die NS-Volkswohlfahrt. Gesammelt wurde eifrig, und die Sammler hatten Freifahrt

Großveranstaltungen. Hitler hatte zu München eine besondere emotionale Bindung. 1937 wurde das neue „Haus der Deutschen Kunst" als Ersatz für den 1931 abgebrannten Glaspalast eröffnet. Auf die Stadt- und Verkehrsplanung nahm Hitler persönlichen Einfluß. Bis zum Jahr 1950 sollte München in eine großzügig angelegte Metropole verwandelt werden. Im Dezember 1938 ernannte Hitler den Architekten Hermann Giesler zum alleinverantwortlichen „Generalbaurat für die Hauptstadt der Bewegung". 1943 wurde der Umbau Münchens kriegsbedingt eingestellt.

Der am 4. Juni 1940 beginnende Bombenkrieg setzte München stark zu: In 74 Luftangriffen wurden 6 632 Münchner getötet, rund 300 000 Menschen wurden obdachlos. 213 400 Bürger wurden evakuiert, die Einwohnerzahl betrug bei Kriegsende 479 000 gegenüber 824 000 im Jahr 1939. Die Münchner Juden waren seit dem Frühjahr 1941 in Milbertshofen und Berg am Laim zusammengelegt und bis März 1943 fast ausnahmslos deportiert worden.

Verkehrsbetriebedirektor Otto Scholler wurde 1934 durch den Parteigenossen Josef Kellner ersetzt. An den Wagen wurde das neue Stadtwappen mit Reichsadler und Hakenkreuz angebracht. Ab 1939 wurden zwei schwarze Streifen (kein brauner Streifen, wie mitunter fälschlich zu lesen) unterhalb des Fensterbandes aufgemalt. Diese Kennzeichnung sollte reichsweit bei Straßenbahnen eingeführt werden. Zunächst wurden im Straßenbahnbetrieb nur bescheidene Investitionen vorgenommen. Die begrenzten Mittel wurden in erster Linie für soziale Maßnahmen eingesetzt. So wurden unter dem Motto „Schönheit der Arbeit" fahrende Aufenthaltsräume und Waschanlagen für die Streckenarbeiter eingerichtet. Das endgültige Konzept für den Umbau Münchens sollte abgewartet werden. Erst 1944 trafen neue Straßenbahnwagen ein. Immerhin wurden zwischen 1933 und 1945 drei Neubaustrecken eröffnet.

Mitunter diente die Trambahn als Sujet für regimekritische Witze: „Was hat die Partei mit der Münchner Straßenbahn gemeinsam? Antwort: Es ist verboten, mit dem Führer zu sprechen. Wer nicht hinter dem Führer steht, sitzt; das Kleingeld ist stets bereitzuhalten; bei besonderen Anlässen werden die alten Anhänger hervorgeholt."[19]

Oberbürgermeister Fiehler galt als straßenbahnfreundlich. 1937 bezeichnete er die Tram als „das wichtigste Verkehrsmittel" Münchens, das entsprechend ausgebaut werde.[20] Stärker dem Autobus zugetan war der grobschlächtige Christian Weber: Als Busunternehmer betrieb er eine Linie von München nach Dietramszell, ab Ende der 30er Jahre auch die private Anschlußlinie zur SS-Kaserne in Freimann. So polemisierte Weber im Stadtrat gegen den eigenen Bahnkörper der Straßenbahn in der Schleißheimer Straße, der „saumäßig" aussehe und links und rechts nur eine schmale Fahrbahn für Kraftwagen frei lasse.[21] Gegen den Widerstand der Verkehrsbetriebe setzte Weber 1934 die Einrichtung der ersten städtischen Autobuslinien zum Straßenbahntarif durch. Die Tramlinien 6 und 16 wurden an Werktagen zwischen Odeonsplatz und Sendlinger-Tor-Platz über Karlsplatz umgeleitet. Ersatzweise fuhr im 4- statt 5-Min.-Takt die neue Stadtautobuslinie A6. Mit ihren quietschenden Bremsen brachten sie die Ehrenposten an der Feldherrnhalle durcheinander, die sich mit einem ähnlich klingenden Pfiff Haltungsänderungen signalisierten. Außerdem wurde die durch den Englischen Garten fahrende Autobuslinie A22 eingerichtet.

Zwischen Odeonsplatz und Sendlinger-Tor-Platz ersetzte ab 1934 an Werktagen die Autobuslinie A6 die Straßenbahn

Der Marienplatz um 1935. Linie 39 fuhr zwischen Steinhausen und Laim, nachmittags bis Pasing

Ein D-Triebwagen mit Beiwagen in der Ludwigstraße auf Höhe der Universität. Das „Haus des Deutschen Rechts“ wurde von 1935–39 errichtet

Die Gleisanlagen und Fahrzeuge der Straßenbahn wurden von 1440 mm auf 1435 mm Normalspur umgespurt. Mit dem Rückgang der Arbeitslosigkeit stiegen die Beförderungsleistungen ab 1934 wieder an. Während des Neubaus der Ludwigsbrücke wurde der Straßenbahnverkehr von 12. November 1934 bis 3. November 1935 ein ganzes Jahr unterbrochen. Östlich der Isar verkehrten Pendellinien. Mit Inbetriebnahme der neuen Ludwigsbrücke begann am 12. November 1935 die erste Stufe der Reorganisation des Straßenbahnnetzes. Zum einen wurden die kurzen Zubringerlinien in den Außenvierteln eingestellt; damit entfiel das lästige Umsteigen. Zum anderen wurde erstmals ein „starrer" Fahrplan mit stündlich festen Abfahrtszeiten und festem 10-Min.-Takt eingeführt. Mit der dritten Stufe der Linienumlegung war die Reorganisation am 1. April 1936 beendet. Wesentlichste Veränderung war die Zuordnung der Nummerngruppe 3 und 6 zur Ludwigstraße. Die dortigen Stammlinien 10 und 20 wurden eingestellt.

Die Umgestaltung Münchens wurde 1937 in Angriff genommen. Der Hauptbahnhof sollte rund 2,5 km nach Westen (östlich der Friedenheimer Brücke) verlegt werden, um die nachteilige Kopflage in Stadtmitte zu beseitigen. Auf den ehemaligen Bahngleisen sollte vom Karlsplatz eine 100 m breite Prachtstraße zum Neuen Hauptbahnhof führen. Rechtwinklig dazu sollte eine Nord-Süd-Magistrale im Zuge der Hindenburgallee (Landshuter Allee) zum neuen Hauptbahnhof und weiter zum Ausstellungsgelände angelegt werden. Bestehende Straßen sollten verbreitert werden: So wurde im Juni 1938 die evangelische Matthäuskirche abgebrochen, um die bislang zweigeteilte Sonnenstraße zu einer breiten Durchfahrtsstraße auszubauen. Zur Verminderung des dichten Kraftwagenverkehrs im Zentrum sollten ein Autobahnring und Ringstraßen gebaut werden. Im März 1937 beauftragte Hitler die Reichsbahn mit der Verlegung des Hauptbahnhofes und die Stadt München mit der Planung eines U-Bahnnetzes. Daraufhin erteilte die Stadt am 5. Mai der Siemens-Bauunion einen entsprechenden Auftrag. Die Siemens-Planung sah zwei städtische U-Bahn-Linien mit Stromzuführung über seitliche Stromschiene (800 Volt Gleichspannung) vor: Pasing – Neuer Hauptbahnhof – Marienplatz – Ostbahnhof – Riem sowie Freimann – Nordfriedhof – Ludwigstraße – Karlsplatz – Südbahnhof – Waldfriedhof. In den Außenbereichen sollten sie oberirdisch bzw. im Einschnitt geführt werden.[22]

Im Oktober 1937 verkündete die Reichsbahn, daß sie die westlichen und östlichen Vorortstrecken durch eine unterirdische „Verbindungsbahn" verknüpfen wolle. An weiteren Strecken im Stadtgebiet war sie

Der Knotenpunkt Sendlinger-Tor-Platz im Jahr 1938. Heute sind Tram und Bäume an den Rand gedrängt

Begleitet von zwei SA-Männern, biegt der E-Triebwagen 602 mit Beiwagen aus der Bayerstraße in die Martin-Greif-Straße ein.

nicht interessiert. Bei einer Besprechung auf dem Obersalzberg am 13. November 1937 plädierte Oberbürgermeister Fiehler für den ausschließlichen Bau und Betrieb des Schnellbahnsystems durch die Stadt: „Es sei zu befürchten, daß die Reichsbahn nur die eine Linie bauen wolle und sich damit die Rosinen aus dem Verkehrskuchen hole, während die Nord-Süd-Linie und vor allem auch alle weiteren Ergänzungslinien, die von vorneherein nicht rentabel seien, die Stadt machen müsse. Es sei ein Unding, daß das Schnellbahnnetz einer Stadt sich schließlich in 2 Händen befinde."[23]
Hitler räumte ein, daß ein Betrieb der beiden Schnellbahnlinien in unterschiedlicher Verantwortung nachteilig sei. Jedoch würden ihn die geäußerten Bedenken in seiner Ansicht bestärken, daß die Reichsbahn das gesamte Schnellbahnnetz bauen und betreiben müsse. Wie das Beispiel Berlin zeige, sei eine S-Bahn aufgrund ihres größeren Profils leistungsfähiger als eine U-Bahn. Sie könne sowohl die Vororte als auch das Stadtgebiet erschließen. Außerdem würde auch die Wehrmacht für eine eisenbahnmäßig trassierte Schnellbahn plädieren. Denn bei einer evtl. Zerstörung von Brücken könnten Eisenbahnzüge durch die Tunnels geleitet werden, wenn letztere entsprechend ausgebaut seien. Unter erneutem Verweis auf Berlin plädierte Hitler zudem für den Bau einer S-Bahn-Ringlinie.[24]

Ende November erteilte Hitler der Reichsbahn den Auftrag, das gesamte Münchner Schnellbahnnetz zu planen, zu bauen und zu betreiben. Vorgesehen war eine Stromzuführung über Oberleitung (15 000 V 16 2/3 Hz Wechselspannung) und ein Betrieb mit dreiteiligen Triebwagen. Die nach Passieren des Bahnhofes Pasing unter der neuen Prachtstraße verlaufende West-Ost-Strecke sollte die Isar oberirdisch überqueren und sich am Gasteig unteriridisch in die Preysing- bzw. Rosenheimer Straße verzweigen. Die beiden Äste sollten westlich des Betriebswerkes München Ost bzw. nach Unterfahrung der projektierten „Südstadt" auf Höhe Fasangarten an die Oberfläche kommen. Die Nord-Süd-Strecke sollte vom Schwabinger Güterbahnhof unter der Leopold- und Ludwigstraße über Karlsplatz, Sendlinger-Tor-Platz, neuer Südbahnhof (auf Höhe

Der aus zwei A-Triebwagen umgebaute „Zwillingswagen“ 351 des Typs Z4 steht um 1938 an der Haltestelle Karlsplatz

Lindwurm-/Poccistraße) nach Mittersendling geführt werden. Außerdem war eine unterirdische Verbindung vom neuen Hauptbahnhof über Astaller-, Ridlerstraße, Ausstellungsgelände zum neuen Südbahnhof geplant, die ggf. über den Ostfriedhof zum Ostbahnhof verlängert werden sollte. In den folgenden Jahren wurden die S-Bahn-Pläne mehrfach überarbeitet. Am 22. Mai 1938 begann in der Lindwurmstraße der Bau der Nord-Süd-S-Bahn. Die Straßenbahnstrecke wurde zunächst auf den Gehweg, dann auf Eisenträgern über der abgedeckten Baugrube verlegt. 1941 wurde der unteriridische S-Bahn-Bau kriegsbedingt eingestellt.

Hitler wünschte den Ersatz der Straßenbahn durch eine unteriridische Schnellbahn auf stark belasteten Straßen, um dort Fahr- und Parkraum für Kfz zu gewinnen. Denn es sei „zwangsläufig“, „daß sich der Verkehr vervielfachen wird“. Ein Ersatz der Straßenbahn durch Omnibusse sei nicht möglich, „weil sie viel teuerer kommen als die Straßenbahn und ferner, weil sie als Massenverkehrsmittel in der Großstadt nicht geeignet sind.“[25] Außerdem wollte er durch den Bau von unteriridischen Linien die Straßenbahn aus architektonisch bedeutsamen Straßen verbannen, wie er später anläßlich eines Tischgespräches im Führerhauptquartier ausführte:

„Schließlich kam Hitler auf den Bau einer U-Bahn [die Bezeichnung U-Bahn blieb für unteriridische S-Bahn-Abschnitte in Gebrauch, M.P.] in München zu sprechen und erklärte, er verfolge den Bau dieser U-Bahn mit größtem Interesse, rette er doch das schöne mittelalterliche Stadtbild des Münchner Zentrums (Neuhauser-Theatinerstraße), da er die Straßenbahn mit ihrem Leitungsnetz überflüssig mache. Auch die Ludwigstraße käme wieder in ihrer vollen Schönheit zur Geltung, wenn die Straßenbahn aus ihr aufgrund des U-Bahnbaues verschwinden könne.“[26]

Bei der oben erwähnten Besprechung am 13. November 1937 äußerte sich Hitler konkret über die Zukunft der Straßenbahn. Oberbürgermeister Fiehler hatte dafür plädiert, auch in Zukunft möglichst viele Radiallinien ans Zentrum heranzuführen:

„Der Führer antwortete, dies sei ohne weiteres möglich, grundsätzlich müßte nur die Straßenbahn aus den Straßen mit U-Bahnstrecken verschwinden. Die neue Prachtstraße dürfte von der Straßenbahn höhengleich nicht überquert werden, ebenso die Ludwigstraße. Die Linie 2 [der Nordring, M.P.], die ohnehin ohne Anhänger fahre, müßte deshalb aufgelassen werden. Dagegen könne die Straßenbahn in der Maximilianstraße und am Ritter-von-Epp-Platz [Promenadeplatz, M.P.] bleiben, wenn an der Perusa-

und Theatinerstraße durch einen Durchbruch zur Post der Einbahnverkehr auch für die Straßenbahn geschaffen werde. Selbst in der bis zur Dachauer Straße auf ca. 50 m zu verbreiternden Gabelsberger Straße und einem weiteren Durchbruch zur Nymphenburger Straße sei eine Straßenbahn, wenn dies aus allgemeinen Gründen der Netzgestaltung notwendig sei, durchaus denkbar, wenn nur durch sehr breite Fahrbahnen gesorgt wird, daß dadurch der fließende Verkehr nicht aufgehalten wird. Auch eine teilweise Führung der Straßenbahn als Unterpflasterstraßenbahn an schwierigen Kreuzungspunkten sei zu erwägen, weil schon in den nächsten Jahren eine außerordentliche Steigerung des allgemeinen Verkehrs durch den Volkswagen eintreten werde."

Über das S-Bahn-Kreuz und die -Ringlinie hinaus sollten in absehbarer Zeit keine weiteren S-Bahn-Linien geplant werden, sondern eine Erschließung „mit billigeren Oberflächenverkehrsmitteln (Straßenbahn und Omnibus)" durchgeführt werden.[27]

Gemäß den Vorstellungen Hitlers sollte die Straßenbahn aus der Prachtstraße, der Brienner, Ludwig- und Leopoldstraße sowie aus der historischen Altstadt herausgenommen werden. Er war nicht grundsätzlich gegen dieses Verkehrsmittel eingestellt: „Wo Strassenbahnen stören, sind keine einzurichten, wo sie nicht stören, können unbedenklich Strassenbahnen geführt werden." Jede Linie müsse aber ihr „Lebensrecht beweisen". Bei der Herausnahme der Tram aus einem Straßenzug solle man versuchen, sie „in eine Parallelstraße zu legen".[28] Der bayerische Innenminister und Gauleiter Adolf Wagner wünschte sich darüber hinaus die Sonnenstraße, den Ritter-von-Epp-Platz (Promenadeplatz) und die Maximilianstraße ohne Straßenbahn. Als Alternativen wurden eine Trassierung in Parallelstraßen (künftiger Altstadtring/Nord), eine Verlegung in den Untergrund bzw. die Errichtung einer Buslinie untersucht. Die Verkehrsbetriebe und der Generalbaurat suchten den Gauleiter davon zu überzeugen, daß diese Tramstrecke aus betrieblichen Gründen unbedingt bestehen bleiben müsse.[29] Diese Frage blieb vorerst unentschieden.

Gemäß Planungsstand Dezember 1938[30] sollte der neue Hauptbahnhof durch einen Straßenbahntunnel zwischen Landsberger und Arnulfstraße erschlossen werden. Außerdem sollte die Straßenbahn vom Rotkreuzplatz über die Wendl-Dietrich-Straße zum Steubenplatz geleitet werden und im Zuge einer neu anzulegenden Straßenunterführung westlich des

Ab Kriegsbeginn taten wieder Frauen bei der Straßenbahn Dienst

Hauptbahnhofes die Bahngleise und den westlichen Teil der Prachtstraße unterfahren. Zur Westhalle des Hauptbahnhofes sollte ein Abzweig angelegt werden. Abgesehen von Streckenverlegungen im Innenstadtbereich waren darüber hinaus folgende neue Tramstrecken geplant:

- *Trappentreustr. – Heimeranplatz – geplante KdF-Stadt (auf Höhe Westpark-Ost) – Obersendling – Solln (dafür Wegfall Harras – Hofmannstraße),*
- *Lindwurm-/Plinganser Straße – geplante KdF-Stadt – Laim/Fürstenrieder Straße,*
- *Kurfürstenpl. – Belgradstr. – Kölner Pl. (dafür Wegfall Danziger [Münchner] Freiheit – Kölner Pl.),*
- *Belgrad-/Herzogstr. – Danziger [Münchner] Freiheit (dafür Wegfall Kurfürstenpl. – Hohenzollernstr. – Nikolaiplatz).*

Die Straßenbahnstrecke nach Berg am Laim sollte durch die S-Bahn entbehrlich werden. Zwischen dem neuem Hbf., Karlsplatz, Odeonsplatz und Danziger (Münchner) Freiheit sollte die S-Bahn an der Oberfläche durch eine Autobuslinie ergänzt werden. Anstelle des Straßenbahn-Nordrings sollte eine weitere Autobuslinie vom neuen Hbf. über

Stiglmaierplatz, Schleißheimer-, Theresien-, Von-der-Tann-Straße zum Prinzregentenplatz verkehren. Die beiden Buslinien sollten am neuen Hbf. in einem unteriridischen Autobushof enden.
Das Tramnetz sollte auf die Schnellbahnlinien ausgerichtet werden, um ein reibungsloses Umsteigen zu ermöglichen. Ein Übergangstarif war vorgesehen. Ob später ein gemeinsames Tarifsystem zustandekommen würde, war offen. Nicht zuletzt deshalb plädierte Verkehrsbetriebedirektor Kellner im Januar 1939 dafür, ein zusammenhängendes Straßenbahnnetz mit Durchmesserlinien aufrechtzuhalten. Für die vorgesehenen Buslinien stellte er einen Betrieb mit Obussen zur Diskussion.[31]

Das Projekt KdF-Stadt (6 000 Wohnungen) wurde im März 1939 aufgegeben. Dafür sollte die künftige Südstadt (20 000 Wohnungen) gemäß Planungsstand vom Juli 1940 nicht nur in der Hauptachse von der S-Bahn, sondern auch parallel dazu mit Straßenbahnverlängerungen vom Friedhof am Perlacher Forst bzw. von Ramersdorf via heutige Chiemgau- und Lincolnstraße erschlossen werden.[32] Wegen der geplanten Verlegung und Verbreiterung der Landsberger Straße wurden die Tramlinien 19 und 39 ab 2. Dezember 1940 über Barth-, Westend-, Zschokke- und Siglstraße zur Agnes-Bernauer-Straße umgeleitet. Erst ab 10. September 1952 kehrten die Pasinger Linien wieder auf ihre alte Strecke zurück. 1941 wurde die unteriridische S-Bahn-Linie in Schwabing in die Ungerer Straße verlegt, um auch diese repräsentative Einfahrtsstraße straßenbahnfrei zu machen.[33]
Für die neue Straßenbahnverbindung Landsberger Straße – neuer Hbf. – Arnulfstraße wurden 1940/41 mehrere Varianten gezeichnet. Die Abzweigung von der Landsberger Straße sollte auf Höhe der südlichen Zufahrtsstraße zum Hbf. (Variante I) oder auf Höhe der Barthstraße (Variante II) erfolgen. Der Tramtunnel umkreiste den runden Hbf. auf seiner östlichen Seite. Die unterirdische, zweigleisige Straßenbahnhaltestelle lag neben dem viergleisigen S-Bahnhof, wodurch ein direktes Umsteigen möglich war. S-Bahn und Tram waren im zweiten Tiefgeschoß untergebracht. Im ersten Tiefgeschoß war der Autobushof vorgesehen. Ein Fußgängertunnel führte zu den Bahngleisen. Eine andere Zeichnung zeigt eine Tramstrecke, die den Hauptbahnhof auf seiner westlichen Seite oberiridisch umfährt und zwei Haltestellen aufweist. Diese Variante scheint aber nicht weiterverfolgt worden zu sein.[34] Die Straßenunterführung mit Straßenbahnstrecke westlich des Hauptbahnhofes war nicht mehr vorgesehen. Im Stadtinneren waren diverse Verlegungen geplant. So sollten Kraftfahrzeuge und Straßenbahnwagen wahrscheinlich anstatt durch die innere Arnulf- über Mars- und Elisenstraße zum Lenbachplatz verkehren. Im Mai 1943 kam der Obus erneut ins Gespräch, als die Verkehrsbetriebe eine Linie nach Riem eröffnen wollten. Beim Generalbaurat hatte man jedoch Bedenken wegen der Kreuzung mit dem Eisenbahn-Nordring und empfahl die Anlage einer Obuslinie an einer anderen Stelle.[35] Viele Streitfragen der nächsten 50 Jahre wurden damals zum ersten Mal aufgeworfen, z.B. die Konkurrenz zwischen Stadt und Staatsbahn um die „klassische Trasse" oder die Anpassung des Straßenbahnnetzes an ein neues Schnellbahnnetz.

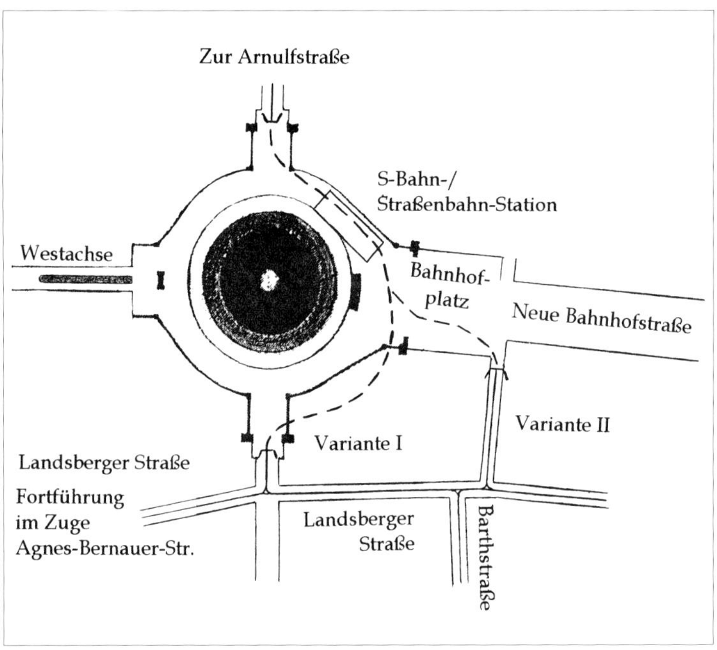

Die beiden Varianten des geplanten Straßenbahntunnels zum neuen Hauptbahnhof (Planungsstand 1940)

In der Literatur ist häufig zu lesen, daß die NS-Verkehrspolitik straßenbahnfeindlich gewesen sei. Unterstellt werden Größenwahn und Modernisierungswut. Doch hält diese Ansicht einer quellengestützten Überprüfung nicht stand, weder für München noch reichsweit. Allenfalls widersprachen Gleise und Fahrleitungen der Ästhetik von Pracht- und Aufmarschstraßen. Straßenbahnfreundliche Autoren erliegen der Versuchung, die Münchner Tram rückwirkend zum NS-Opfer zu stilisieren und deren Gegner in die Nachfolge von braunen Gesinnungstätern zu stellen. Sowohl die Verlegung des Hauptbahnhofes nach Westen als auch die Anlage unterirdischer Bahnen war bereits um die Jahrhundertwende diskutiert worden. Die Planung unterschied sich nicht wesentlich von der städtischen Verkehrspolitik zwischen 1945 und 1967: Ersatz der Straßenbahn im Stadtzentrum durch ein unterirdisches Verkehrsmittel, ansonsten Ausbau und Beschleunigung des Betriebes. Erst danach setzte eine grundsätzlich straßenbahnfeindliche Tendenz ein, die tatsächlich den Charakter einer Ideologie annahm.

In der NSDAP gab es Straßenbahnbefürworter und -kritiker. Erstere erkannten die Leistungsfähigkeit dieses Verkehrsmittels. Dieser Aspekt war für die Sozial- und Rüstungspolitik von erheblicher Bedeutung. Andererseits finden sich kritische Äußerungen über schienengebundene Bahnen, so auch bei Adolf Hitler, der bereits 1920 erreicht hatte, daß ihm die Partei ein Automobil mit Chauffeur finanzierte.[36] Für solche Äußerungen war aber weniger die NS-Ideologie, sondern der Zeitgeist verantwortlich. In den 30er Jahren machte der Kraftwagenbau in Europa wesentliche Fortschritte. Auch wurden nun betriebstüchtige und fassungskräftige Omnibusse hergestellt. Der Nationalsozialismus sah sich dem Fortschritt verpflichtet und griff die technischen Entwicklungen auf. Weltweit geriet die Straßenbahn damals in Verdacht, veraltet zu sein, zuerst in Nordamerika, dann in Westeuropa, schließlich auch im Deutschen Reich, wo Krieg, Inflation und Weltwirtschaftskrise ihre kontinuierliche Modernisierung verhindert hatten.
Der polykratische Charakter des NS-Staates blockierte Entscheidungen in Politikfeldern, denen keine Priorität eingeräumt wurde. Kompetenzen waren ungenau geregelt, rivalisierende Stellen kämpften um Einfluß. Die Folge des Kompetenzgerangels war eine anfängliche Stagnation. Die im Sommer 1936 eingeführte Zwangsbewirtschaftung von Metallen erschwerte zusätzlich die Instandhaltung und Neubeschaffung von Schienenfahrzeugen. Die Führungskräfte der deutschen Verkehrsbetriebe protestierten Ende 1936 gegen diese Benachteiligung und kritisierten die verbreitete Voreingenommenheit gegen die Straßenbahn. Mit Berufung des bisherigen Generaldirektors der Reichsbahn, Dr. Julius Dorpmüller, zum neuen Reichsverkehrsminister im Februar 1937 trat ein Unschwung ein. 1940 verkündete Unterstaatssekretär Generalmajor von Schell im Auftrag des Reichsverkehrsministers Richtlinien für die Zukunft:

> *„Jedes der verschiedenen Verkehrsmittel habe seine Vorteile und seine Nachteile. Alle seien sei aber auch in der Zukunft unentbehrlich, und man dürfe nicht sagen, man wolle die Straßenbahn nicht. (...) Es sei notwendig, in den in Frage kommenden Großstädten einen großzügigen Ausbau der U-Bahnnetze zur Entlastung des Straßenverkehrs durchzuführen. Hierdurch würden im Stadtkern Straßenbahnen und zum Teil auch Omnibusse entbehrlich werden. Die verbleibenden Straßenbahnen aber seien technisch zu vervollkommnen und dabei möglichst auf besondere Bahnkörper zu verlegen, für den bei neuen Straßen entsprechender Platz vorzusehen sei. Bei Kreuzungen von Hauptverkehrsstraßen und an wichtigen Verkehrsknotenpunkten seien u.U. die Straßenbahnen zu unterführen. Weiter sei bei ihnen eine Erhöhung der Reisegeschwindigkeit und des Platzangebotes durch die neuen Einheitsstraßenbahnwagen anzustreben, wobei auch stärkere Motoren für höhere Anfahrbeschleunigungen und kürzere Bremswege vorzusehen seien. Auch in Außenbezirken mit ausgesprochenem Massenverkehr, z.B. bei Industrieanlagen, Aufmarschplätzen usw. seien neue Straßenbahnen vorzusehen."*[37]

Ein Blick von der Plattform in den Innenraum

Der Scheinwerfer des E-Triebwagens 625 ist bereits verdunkelt… und Wehrmachtsuniformen werden in der Kaufingerstraße zahlreicher

Auf Anordnung des Reichsverkehrsministers kamen die farbigen Signallichter der Münchner Tram ab 1. Januar 1939 zum Wegfall. Denn man befürchtete eine Verwechslung mit den zahlreicher werdenden Verkehrsampeln. Da der Autobus in der Münchner Innenstadt sowie im Außenbereich als Zubringer eingeführt werden sollte, wurden im gleichen Jahr verschiedene Fahrzeuge erprobt: ein „Großraum-Trambus" von Büssing, ein aus Dresden entliehener Sattelschlepper mit Doppelstockauflieger sowie ein Busanhänger mit breitem Mitteleinstieg. Doppelstockbusse nach Berliner Vorbild standen von 1940–50 im Einsatz. Bei den Münchnern waren sie nicht sonderlich beliebt, da sie den Aufstieg ins Oberdeck scheuten.

Der heraufziehende Krieg führte ab 30. August 1939 zu massiven Einschränkungen des Fahrplans, um Strom und Benzin zu sparen. Zahlreiche Einsatzlinien wurden eingestellt. Wegen der drohenden Bombenangriffe wurden ab 1. September die Straßenbahnwagen abends verdunkelt: Fenster und Scheinwerfer wurden blau angemalt; nur durch kleine Schlitze drang ein wenig Licht nach außen. Die MNN schrieben im Oktober 1939: „Wenn der Abend kommt, wird die Straßenbahn zum rettenden Kahn im Meer der Verdunkelung. Alles drängt zu ihr, alles möchte rasch nach Hause kommen, und in verstärktem Maß setzt der Strom nach den Vororten und Außenbezirken ein."[38] In den Straßenbahnzügen herrschte drängende Enge. Mit holprigen Versen wurde in den Zeitungen zur Vermeidung unnötiger Fahrten aufgerufen:

„Im Sommer war nicht viel dahinter, / doch schwierig wird es jetzt im Winter. / Die Tausende, die fahren wollen, / entsprechend hin und her zu rollen, / gewiß, es ist jetzt kein Genuß / drum fahre keiner, der nicht muß. / Auf jeden von euch kommt es an. / Durchhalten helft der Straßenbahn.“[39]

Im Krieg zeigte sich die hervorragende Eignung der Straßenbahn als Massenverkehrsmittel: Nur spurgeführte Verkehrsmittel konnten derartige Beförderungsleistungen bewältigen. Einsatzfähige Busse wurden zudem zur Mangelware, da sie für kriegswichtige Zwecke requiriert wurden und Reifen und Treibstoff für den zivilen Bedarf rationiert waren. So wurden die Tramlinien 6 und 16 ab 29. August 1939 wieder ganztägig über Marienplatz geleitet, um die Buslinie A6 einsparen zu können. An den Trambahntüren hingen nun Warnschilder: „Vorsicht bei Gesprächen, Feind hört mit!“ Ab Oktober 1939 wurden auch wieder Schaffnerinnen eingestellt. Nun trugen sie eine hübsche Uniform mit kniefreiem Rock und feschem Schiffchen.

Vom 4. Dezember 1942 an wurde die Tram zum Transport von Gütern herangezogen. Die neu eingerichteten Verkehrsbehelfsbetriebe organisierten u.a. einen Straßenbahngüterdienst und einen Straßenbahnschleppdienst:

„Der Straßenbahngüterdienst ist dort eingesetzt, wo die Hilfsbahn kein Geleise hat. Er besteht aus Triebwagen und Güterwagen, die auf Straßenbahnschienen laufen und hat Anschluß an Schlacht- und Viehhöfe, an die Großmarkthalle, an die Bahnhöfe. Der Vorteil ist, daß die Händler mit ihren Waren selbst fahren können. Die Ladungen, die sich täglich auf über 400 Tonnen erstrecken, umfassen selbstverständlich auch Güter anderer Art, so Kohlen, Produktionsgüter für Firmen usw. Der Straßenbahnschleppdienst arbeitet dort, wo Empfänger oder Absender zu weit von der Schiene – gleichgültig ob Hilfsbahnschiene oder Straßenbahnschiene – entfernt ist. Hinter dem Triebwagen der Straßenbahn läuft ein Lastkraftwagen mit ein oder zwei Anhängern. Auch dadurch kann Treibstoff erspart werden, weil die längere Strecke mit der Straßenbahn zurückgelegt wird. Dort wo die Schiene abschließt, macht sich der Lastkraftwagen

Die Straßenbahn im Schleppzugbetrieb – Juni 1944 in der Zirkus-Krone-Schleife

selbständig und bringt die Güter an den bestimmten Ort. Diese Einrichtung bewältigt täglich über 500 Tonnen. Straßenbahngüterdienst und Straßenbahnschleppdienst wurden ebenfalls zum Vorbild für viele Städte. Jeder kann sich dieser Einrichtung bedienen, der berechtigt ist, Güter zu versenden. Die Stützpunkte der beiden Dienste befinden sich an den Bahnhöfen und an den in München errichteten 20 Güterumschlagstellen."[40]

Für den Schleppbetrieb wurde der Innenraum der Triebwagen mit Steinen beladen, um die Reibungskraft zu erhöhen. Zahlreiche Begegnungsverbote waren notwendig.

Nachdem den Juden bereits 1939 reichsweit das Halten von Kraftwagen untersagt worden war und ihre Fahrerlaubnisse eingezogen worden waren, gestattete ihnen eine am 10. Oktober 1941 in Kraft getretene Verordnung die Benutzung öffentlicher Verkehrsmittel nur noch mit einer besonderen Erlaubnis. Ab 24. April 1942 war ihnen die Mitfahrt grundsätzlich verboten. Die Betroffenen waren seit September 1941 an dem gelben Davidsstern mit der Aufschrift „Jude" erkenntlich, der sichtbar an der Kleidung getragen werden mußte.

Je länger sich der Krieg hinzog, desto stärker litten die Verkehrsbetriebe unter Personalmangel. Gut ausgebildetes Personal mußte an die Front, schlechter ausgebildete Ersatzkräfte rückten nach. Im November 1944 wurde die 57-Stunden-Woche eingeführt. Die Verkehrsbetriebe schlossen die Lücken mit Fremdarbeitern, darunter auch sog. „Franzosenfahrer". Überwiegend handelte es sich um frühere Kriegsgefangene, die mit ihrer Verpflichtung einen aufgewerteten Status erhielten. Beziehungen zu den deutschen Schaffnerinnen waren streng untersagt. Wegen eines Verstoßes wurden 1944 ein französischer Fahrer und eine Schaffnerin von der Gestapo jeweils 14 Tage in Haft genommen.[41] Wenn Ostarbeiter die Tram benutzten, konnten sie einen Sitzplatz beanspruchen, mußten ihn jedoch bei Überfüllung „deutschen Volksgenossen" überlassen. Die über die Stadtgrenze hinausführende Strecke nach Grünwald durften sie nur mit einer Sondergenehmigung benutzen.[42] Mitunter wurde die Münchner Tramwagen auch zum Kriegsgefangenentransport herangezogen. Bis zu fünf Gefangene durften außerhalb der Stoßzeiten auf der Vorderplattform des (ersten) Beiwagens befördert werden und mußten von einem Posten begleitet werden.[43]

Die Schleife an der Heiliggeistkirche mit dem heutigen Museumswagen 642 (Typ F) auf Linie 15, aufgenommen am 30. Mai 1944

Das Bahnpostamt in der Bayerstraße nach den zwei Angriffen vom 22. September und 4. Oktober 1944. Links ein wiederaufgebauter G-Triebwagen

Ein Trümmerzug der Straßenbahn in der Leonrodstraße, 1. November 1944. Kriegsgefangene sind beim Schutträumen eingesetzt

Ein „Bockerlbahnzug" in der Äußeren Wiener Straße, 1944. An Kreuzungsstellen mit Tramgleisen waren die Schmalspurgleise in die Straße eingelassen

Reichsbahn-Steuerwagen und Dampflok in der Seidlstraße, vermutlich 1944

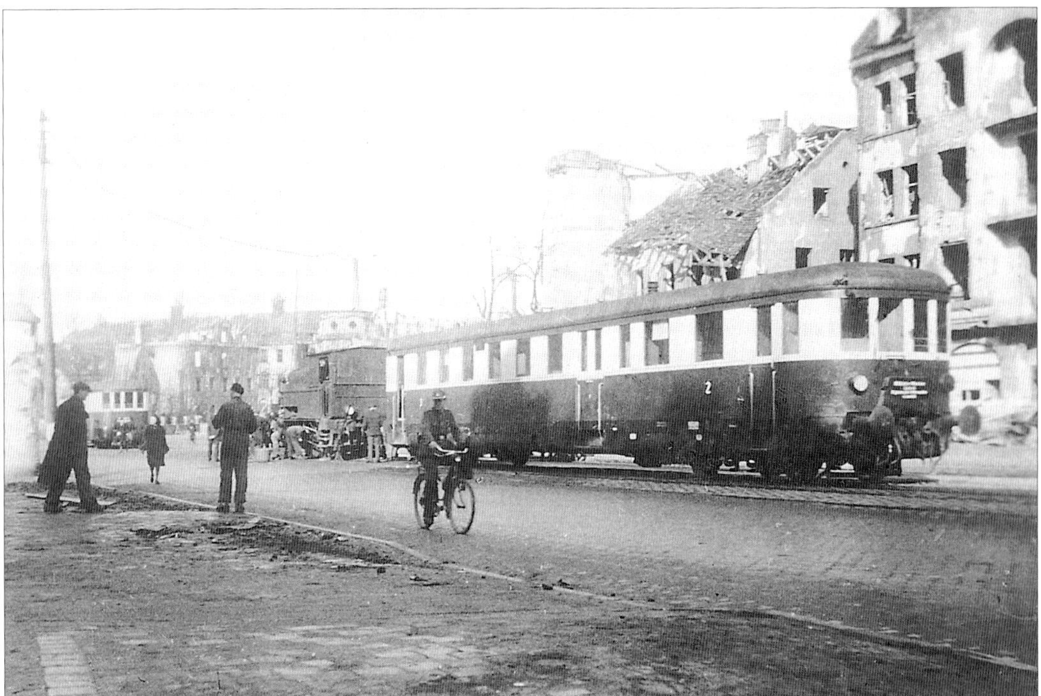

Ab Frühjahr 1944 machten die Luftangriffe der Münchner Trambahn immer mehr zu schaffen. Erstmals waren ihre Anlagen am 6. Oktober 1940 von einer Bombe getroffen worden. Nun kam es regelmäßig zu schwersten Schäden. Immer öfter mußten Linien geteilt oder ganz eingestellt werden, mitunter kam der gesamte Betrieb zum Erliegen. Mobile Bauabteilungen fuhren von einer Unterbrechung zur anderen. Einzelne, auf Stadtgasbetrieb umgestellte Omnibusse versuchten einen Notbetrieb herzustellen. Bei Luftschutzalarm wurden Trieb- und Beiwagen voneinander getrennt aufgestellt, um die Verluste so gering als möglich zu halten. Neue Fahrzeuge wurden sandbraun gestrichen.

Da immer mehr Straßenbahnstrecken unterbrochen waren, wurde am 19. Oktober 1944 erstmals eine Güterhilfsbahn zum Personenverkehr herangezogen. Kleine Feldbahndieselloks und provisorisch für den Personenverkehr eingerichtete Loren verkehrten zwischen Starnberger Bahnhof und Steubenplatz. Zum Kriegsende unterhielten die Verkehrsbehelfsbetriebe vier Hilfsbahnlinien:

I *Lindwurm/Poccistr. – Goethepl. – Sendlinger-Tor-Pl. – Karlspl. – Hbf. – Donnersberger Brücke – Romanpl.*

II *Lenbachpl. – Elisenstr. – Luisenbunker – Isabellastr. – Fallmerayerstr. – Kurfürstenpl.*

III *Lenbachpl. – Maximilianspl. – Wittelsbacherpl. – Von-der-Tann-Str. – Prinzregentenstr. – Wiedenmayerstr. – Maximiliansbrücke – Bogenstr. – Äußere Wiener Str. – Grillparzerstr. – Orleansplatz – Ostbahnhof*

VI *Maßmannpl. – Sandstr. – Karlstr. – Pappenheimstr. – Wredestr. – Hackerbrücke (!) – Schießstättstr. – Theresienhöhe – Südbahnhof*

Auch zu Kriegszeiten verloren die Münchner nicht ihren Humor und bezeichneten die seltsamen Bahnen als „Der rasende Gauleiter". Zu den „Bockerlbahnen" trat ein noch ungewöhnlicherer Notbehelf: Auf einigen geraden Tramabschnitten wurden Reichsbahndampfloks der Baureihe 98 und VS-Steuerwagen gesetzt. Eine solche Hilfsbahn III (später V) wurde erstmals am 28. Dezember 1944 zwischen Odeonsplatz und Hohenzollernstraße eingerichtet. Weitere derartige Hilfsbahnen kamen Anfang 1945 zwischen Stiglmaier- und Rotkreuzplatz (Hi IV) sowie zwischen Hauptbahnhof und Barthstraße (Hi III, später VI, schließlich VII) hinzu.

Als der Endkampf nahte, wurden alle Hilfsbahn- und Straßenbahnlinien am 29. April 1945 eingestellt. Die Besetzung Münchens vollzog sich weitgehend kampflos. Stadtbaurat Karl Meitinger verhinderte die vorgesehene Sprengung der Isarbrücken. In der Nacht zum 30. April rückten die ersten US-Einheiten ein. Das öffentliche und private Leben war erloschen. Zwischen 18 Uhr und 6 Uhr durften sich Zivilisten nicht mehr auf den Straßen aufhalten. Es gab keine Zeitungen und keine Rundfunknachrichten. Während die Deutschen zu einem Volk von Fußgängern wurden und selbst ihr Fahrrad nur mit einer besonderen Genehmigung benutzen durften, lebten die Amerikaner gewissermaßen in ihren Autos.

Eröffnung von elektrischen Strecken

(ohne kriegsbedingte Unterbrechungen)

01.04.1934	Ridler-/Gollierstr. – Westend-/Würzburger Str. (Ridler-/Gollierstr. – Westend-/Barthstr. seit 02.09.1907 als Betriebsgleis vorhanden)
09.04.1936	Schwansee-/Chiemgaustr. – Friedhof am Perlacher Forst (heute Schwanseestr.)
27.07.1937	Arnulf-/Donnersberger Straße – Steubenpl.
20.08.1937	Steubenpl. – Romanpl.
02.12.1940	Westend-/Zschokkestr. – Siglstr./Agnes-Bernauer-Str. (Umleitungsstrecke)

Stillegung von elektrischen Strecken

(ohne kriegsbedingte Unterbrechungen)

05.04.1938	Thalkirchner/Reifenstuelstr. – Reifenstuelstr. – Dreimühlen-/Lagerhausstr. (seit 1911 nur Betriebsgleis)
1941	Tal – Viktualienmarkt
12.12.1942	Lindwurm-/Herzog-Heinrich-Str. – Bavariaring/Kobellstr. (heute Esperantopl.)
25.10.1943	Baldepl. – Auenstr. – Baaderstr. – Isartorpl. (1949 offiziell stillgelegt)
06.11.1944	Odeonspl. – Marienpl. – Sendlinger Tor (kriegszerstört)

5. Jahre des Wiederaufbaus (1945–1955)

Der Zweite Weltkrieg hat in München schwerste Schäden zurückgelassen. 45 Prozent der Bausubstanz war zerstört. Entlang der nur mühsam passierbaren Straßen türmten sich über 5 Mio. Kubikmeter Schutt. Am schlimmsten war das Gebiet nördlich des Hauptbahnhofes betroffen, wo 74 Prozent der Häuser zerstört waren. Die Stadt glich einem großen Schutthaufen, in dem die Menschen wie Ameisen herumkrochen. Infolge minimaler Rationen von täglich 1 500 Kalorien pro „Normalverbraucher" hungerten die Münchner. Viele von ihnen starben an Entkräftung, 219 begingen 1946 Selbstmord. Der Mangel an Nahrungsmitteln und Versorgungsgütern führte zu einem blühenden Schwarzhandel. Diebstahl, Raub und Plünderung gehörten zum Alltag.

Neuer Machthaber war die US-Militärregierung. Von unten nach oben baute sie das politische Leben in der US-Zone auf. Bereits am 4. Mai 1945 erhielt der frühere Oberbürgermeister Karl Scharnagl (BVP, später CSU) sein Amt zurück. Am 28. Mai 1945 setzten die Amerikaner seinen Parteifreund Dr. Fritz Schäffer als bayerischen Ministerpräsidenten ein.
Langsam kam das Leben der Stadt wieder in Gang. Ab dem 10. Mai durften die Münchner wieder ohne besondere Erlaubnis fahrradfahren. Am 22. Mai durften in äußeren Stadtbezirken wieder Straßenbahnen fahren, und am Morgen des 9. Juni dampften wieder Arbeiterzüge vom Hauptbahnhof zu den US-Flughäfen in Schleißheim und Oberpfaffenhofen. Mit schwerem Militärgerät machten die Amerikaner die Hauptverkehrswege frei. Nach Wiederherstellung der Grundversorgung begannen die Münchner am 13. März 1946, den Schutt zu räumen. Am 1. April 1946 entfiel endlich die nächtliche Ausgangssperre für Zivilisten.
Im Stadtrat stritten „Traditionalisten" und „Amerikanisten" über das Wiederaufbaukonzept. Erstere setzten sich durch: Der Stadtrat folgte den Empfehlungen von Stadtbaurat Karl Meitinger.[44] Die Altstadt sollte weitgehend in ihrem herkömmlichen Grundriß und Erscheinungsbild wiederaufgebaut werden. Auch Meitinger schlug eine Verlegung des

Das Ende des Infernos: Beschädigter B-Triebwagen in der Platzschleife am Ostfriedhof

Der provisorisch wiederaufgebaute K-Triebwagen 706 fährt zusammen mit zwei Beiwagen durch eine Trümmerwüste. Im Herbst 1946 ist die Augustenstraße bereits vom Schutt geräumt

Hauptbahnhofes vor, allerdings nur bis auf Höhe der Hackerbrücke. Zur Verkehrsentlastung konzipierte er zwei Ringstraßen und einen 50–70 m breiten Altstadtring. Meitinger war sich 1946 nicht sicher, ob die Bevölkerung Münchens künftig zu- oder abnehmen würde. Zunächst empfahl er eine unterirdische Führung der Straßenbahn im Stadtzentrum. Ab einer Einwohnerzahl von 1 Mio. würde sich eine vollwertige U-Bahn rentieren. Meitinger projektierte zwei sich am Karlsplatz kreuzende U-Bahn-Linien, deren Trassen baulich freigehalten werden sollten.

Bei den zweiten Kommunalwahlen im Mai 1948 verlor die CSU die Hälfte ihrer Mandate an SPD und Bayernpartei. Neuer Oberbürgermeister wurde der populäre Thomas Wimmer (SPD), der die Stadt bis 1960 regierte. Sein von ihm tatkräftig unterstützter Aufruf „Rama dama!" zur Schutträumung fand Gehör. 1949 zählte München zu den am weitesten geräumten Städten. Die Währungsreform legte endlich die Grundlagen für eine solide Finanzplanung. Doch kamen neue Herausforderungen auf die Stadt zu: Mit den Flüchtlingen aus der SBZ und den Vertriebenen aus den Ostgebieten stieg die Einwohnerzahl Münchens ab 1947 stark an.

Das Trambahnnetz war zu einem großen Teil zerstört. 356 Mal waren die Fahrleitungen, 717 Mal die Gleisanlagen von Bomben getroffen worden. Die Betriebsstätten waren zu 36 Prozent zerstört. Der Krieg hatte dem Straßenbahnnetz einen Schaden in Höhe von 26 Mio. Reichsmark beschert. In den letzten Kriegstagen waren die Schienen an verschiedenen Stellen als Barrikaden aufgebogen worden. Die kupfernen Fahrdrähte waren eine willkommene Diebesbeute. Mühsam wurden Wagen und Strecken geflickt. Am 22. Mai 1945 rollten die ersten Straßenbahnwagen auf den beiden Außenabschnitten Ostfriedhof – Friedhof am Perlacher Forst (Linie 7) und Max-Weber-Platz – Steinhausen (Linie 19). Sie trugen nun englischsprachige Aufschriften wie „NO PASSING ON LEFT" und „NO PASSING WHILE STOPPED". An den Karlsplatz kehrten sie am 6. Juni zurück, als die Amerikaner die Sonnenstraße freigaben.

Bei jeder Verkehrsmaßnahme war die Zustimmung der Militärregierung erforderlich. Manche Straßenzüge wurden monatelang nicht freigegeben, sondern blieben für den Besatzungsverkehr reserviert. Die Wiederkehr der Straßenbahn war ein Symbol für den Wiederaufbau. Durch die Trümmerwüste der

Augusten- und Barer Straße fuhren die Münchner mit den weiß/blauen Tramwagen in eine bessere Zukunft.
Der von der Militärregierung wieder eingesetzte Direktor Scholler bot angesichts der zahlreichen Hindernisse nur einen stark eingeschränkten Fahrplan an. Daraufhin griffen Vertreter der kurz zuvor lizensierten Süddeutschen Zeitung (SZ) in die Stadtratssitzung ein und erreichten ein umfangreicheres Angebot. Ende 1945 wurde wieder 17 Linien betrieben, doch wesentliche Straßenzüge wie die Nymphenburger Straße, die Ludwig- und Leopoldstraße, die Neuhauser und Kaufinger Straße sowie das Tal waren noch nicht freigegeben.
Die Straßenbahn wurde bis an die Grenzen ihrer Leistungsfähigkeit beansprucht. Im Jahr 1946 mußten 70 Prozent mehr Fahrgäste als 1939 befördert werden. Hierfür standen lediglich 142 funktionsfähige Trieb- und 215 Beiwagen zur Verfügung. 1939 waren es noch 444 Trieb- und 516 Beiwagen gewesen. Pro Tag legten sie 64 000 km zurück und beförderten 730 000 Fahrgäste. Auch zur Schutträumung wurde die Trambahn herangezogen. Wegen des niedrigen Wagenstandes und der hohen Fahrgastzahlen konnten die Verkehrsbetriebe nur die nötigsten Reparaturen vornehmen. Immer wieder mußten einzelne Kurse wegen schadhafter Fahrzeuge ausfallen. Auch stiegen die Zusammenstöße wegen mangelnder Verkehrsdisziplin auf 1223 im Jahr 1946 an. Verursacher waren vorwiegend Lkw, davon 30 Prozent mit Fahrern der Besatzungsmacht.[45]
Nach über zweijähriger Pause konnte die Tram ab dem 7. Oktober 1946 wieder durch das beschädigte Siegestor nach Schwabing fahren. 91 von 113 km Strecke waren wiederhergestellt. Am 16. Februar 1947 kehrte die Tram ins Herz der Stadt zurück: Endlich war die „klassische Trasse" über den Marienplatz freigegeben worden. Wegen unzureichender Stromversorgung brach der Straßenbahnbetrieb in diesem Jahr mehrmals zusammen.
Am 1. April 1947 wurde Dr. Julius Ulsamer zum Direktor der Verkehrsbetriebe berufen. Unter strenger Aufsicht der Besatzungsmacht setzte er den Wiederaufbau des Straßenbahnbetriebes fort. Mit dem Wiederaufbaureferat focht er manchen Strauß aus, da dieses am liebsten im Zuge der Zurücknahme der Baulinien die Tram aus den Altstadtstraßen verbannt hätte. Die SZ blieb ein harter Kritiker der Verkehrsbetriebe. Am 22. November 1947 prangerte sie die Münchner „Trambahnkatastrophe" an. In anderen deutschen Städten funktioniere die Verkehrsbedie-

Linie 3 im Jahr 1947 am Hauptbahnhof/Nord. Im Hintergrund die Ruinen des Verkehrsministeriums. Der Dreiwagenzug der Typen D bzw. d ist frisch überholt

nung bereits weit besser. Das Gerede von den reparaturbedürftigen Wagen glaube allmählich niemand mehr. Mit der „Politik der Wagenhortung" müsse endlich Schluß gemacht werden.

Wegen des anfänglichen Wagenmangels herrschte ein unbeschreiblicher Andrang. Wie Ölsardinen wurden die Fahrgäste im Wagen zusammengepfercht. Hatten sich 1938 durchschnittlich 17 Personen in einem Wagen befunden, waren es 1946 nicht weniger als 70. Weiß Ferdl setzte dieser Zeit mit seinem Couplet „Ein Wagen von der Linie Acht" ein bleibendes Denkmal (siehe S. 116).

Weitere Mitfahrer hielten sich außen an den Wagenenden und Türen fest. Viele von ihnen entrichteten keinen Fahrpreis, pro Jahr schätzungsweise 14 Millionen. Über 12 Prozent betrug damals die Schwarzfahrerquote. Dies kostete die Verkehrsbetriebe wertvolle Einnahmen. Auch mußten die Angehörigen der Besatzungsmacht unentgeltlich befördert werden. Es waren immerhin 2,5 Mio. Freifahrten pro Jahr. Die Verkehrsbetriebe suchten der chronischen Überfüllung durch die Einführung von Sperrzeiten und die Ausgabe von „Fahrtberechtigungsausweisen" Herr zu werden. Das Experiment mißlang. Zur Verfolgung von Trittbrettfahrern wurden Polizeistreifen und Schnellgerichte eingesetzt. Alle seitlichen Haltegriffe wurden in den Innenraum verlegt und die für das Personal bestimmten Griffe unter den Stirnfenstern wurden ausgebaut. Die Freiluftfahrgäste lebten gefährlich: 1946 verunglückten 31 von ihnen tödlich.

Wie hart die Nachkriegszeit war, zeigt ein tragischer Vorfall aus dem Februar 1947: Ein Wagen der Linie 4 fuhr in der Maximilianstraße an einem weit in die Straße hinein parkenden Lastwagen vorbei. Dabei wurden sieben Trittbrettfahrer auf die Straße gerissen. Drei von ihnen starben, vier wurden schwer verletzt. Kein Passant eilte zu Hilfe. Sie blieben auf der Straße liegen, bis ein Arzt kam. Man stellte fest, daß keiner der sieben auch nur das geringste in den Taschen hatte. Vermutlich waren sie ausgeraubt worden.[46] In den überfüllten Tramwagen waren Diebstähle an der Tagesordnung. 1948 gingen die Verkehrsbetriebe wegen der dauernden Glühbirnenverluste zu abgewandelten Birnen über, die im Privathaushalt nicht verwendbar waren. Im Münchner Westen verschwand gar über Nacht ein ganzes Wartehäuschen.

Noch 1948 war die Versorgung mit Nahrungsmitteln mangelhaft. Immer wieder kam es vor, daß Fahrer und Schaffner ihren Dienst wegen Entkräftung nicht ausüben konnten. Im Mai streikten die Trambahner mehrere Tage lang gegen die

RIDING ON THE STEPS IS FORBIDDEN – doch die meisten Münchner verstanden kein Englisch

Ein von dem E-Triebwagen 548 geführter Dreiwagenzug der Linie 21 in der Haltestelle Karlsplatz

Ernährungspolitik des Frankfurter Wirtschaftsrates. Außerdem protestierten sie gegen körperliche Angriffe auf Fahrer und Schaffner während der Abendstunden. Da abends nur ein Sparfahrplan angeboten wurde, mußte das Personal häufig Fahrgäste von den vollbesetzten Wagen zurückweisen. Dies führte zu heftigen Auseinandersetzungen.

Im März 1948 wies Direktor Ulsamer Oberbürgermeister Scharnagl darauf hin, „daß die Straßenbahn seit Kriegsende betrieblich immer mehr verfalle und sich heute in einem besorgniserregenden Zustand befinde, der schnellste Hilfe erfordert, wenn ein völliger Zusammenbruch vermieden werden soll."[47] Er erbat von der Politik Unterstützung, damit die bizonalen Behörden die Straßenbahnen als lebensnotwendigen Betrieb einstufen und der Reichsbahn gleichstellen. Damit solle die Instandsetzung der Betriebsanlagen und Fahrzeuge sowie der Neubau oder Import von Wagen beschleunigt werden.

Mit der Währungsreform (20. Juni 1948) war der Personalmangel der ersten Nachkriegsjahre behoben. Auch konnten die Lücken im Wagenpark allmählich geschlossen werden. Im Sommerfahrplan 1949 war das Vorkriegsnetz weitgehend wiederhergestellt.

Die Nord-Süd-Strecke zwischen Odeonsplatz, Marienplatz und Sendlinger-Tor-Platz war letztmals am Morgen des 5. November 1944 befahren und dann von Bomben zerstört worden. Anfang Oktober 1948 wurde die Weiche vom Odeonsplatz in die Theatinerstraße ausgebaut, 1951/52 wurden die Gleise aufgelassen. Damit war diese Verbindung endgültig stillgelegt.

Auch die traditionsreichen Ringlinien 2 und 12 verkehrten nach Kriegsende nicht wieder. Linie 12 verkehrte nun ausschließlich östlich der Isar (Bogenhausen – Wettersteinplatz), die ehemalige Linie 2

Zwischen 1. und 15. Januar 1948 hielt ein Arbeiter in seinen Aufzeichnungen 20 Trambahnfahrten von je 6 km fest. Nur 14 Mal gelangte er bis zum Ziel: Viermal mußte er eine Teilstrecke von rund 2,5 km zu Fuß gehen, da der Anschlußwagen überfüllt war. Einmal wendete der Wagen vorzeitig, einmal rückte er ein. Ein einziges Mal ergatterte der Arbeiter einen Sitzplatz, zwölfmal einen Stehplatz und siebenmal einen „Hängeplatz" auf dem Trittbrett. An Beschädigungen waren drei abgerissene Knöpfe, ein abgerissener Taschenriemen, ein Brandloch und zwei tiefe Schuhkratzer zu beklagen. Zu hören bekam er dreimal „Gscherter Lackl", zweimal „Oider Depp" und je einmal „Rindvieh", „Sturer Bock", „Gescherter Hammel" und „Dolle Rübe". Dafür mußte er nur 13 Mal bezahlen, denn viermal kam kein Schaffner, und dreimal wurde wegen fehlender Beleuchtung nicht kassiert. (SZ, 19.10.1976) war zur Nord-Ost-Tangentiallinie 37 (Nordbad – Theresienstr. – Galeriestr. – Maxmonument – Ostbahnhof) mutiert. Wegen der vielen Kurven und der durchfahrenen Trümmerwüsten erhielt die 37er den Übernamen „Ruinenschleicher".

Die seit 25. Oktober 1943 auf dem Abschnitt Maxmonument – Isartalbahnhof eingestellte „Isarparallele" (Linie 30) sollte eigentlich wieder in ihrer ganzen Länge in Betrieb genommen werden. Ende der 40er Jahre wurden die Gleis- und Fahrleitungsanlagen in der Baader- und Auenstraße wiederhergestellt. Doch mußten die aus Rom übernommenen Straßenbahnwagen 1949 nach Italien zurückgegeben werden, weswegen Fahrzeugmangel herrschte. Zunächst erwogen die Verkehrsbetriebe, ersatzweise die Linie 37 vom Maxmonument zum Isartalbahnhof anstatt zum Ostbahnhof zu leiten. Schließlich entschieden sie im Frühjahr 1949, die alte Linie 30 nicht wieder in Betrieb zu nehmen. Die Bezirksausschüsse Haidhausen und Isarvorstadt sowie verschiedene Isartalgemeinden kämpften jahrelang um ihre Wiedereröffnung. Der Generallinienplan von 1952 sah ihre Wiederinbetriebnahme vor. Doch waren die Verkehrsbetriebe der Ansicht, daß sich die Linie nicht rentiere: Für einen Betrieb mit Solotriebwagen wurden jährlich 340 000 DM veranschlagt. 1953 wurde die Weiche vom Isartor in die Baaderstraße ausgebaut. Zwei Jahre später wurden die Fahrleitungen und Gleise in der Baader- und Auenstraße trotz aller Proteste entfernt. Lediglich der Abschnitt Lagerhausstraße – Baldeplatz diente noch einige Jahre lang als Betriebsgleis.

Die Währungsreform ermöglichte die planmäßige Erneuerung des Gleisnetzes. 1948 wurden 5 km Schienen ausgetauscht, 1949 bereits 8,5 km, ab 1950 jährlich 20 km. Die Gleisanlagen an Knotenpunkten wie dem Sendlinger-Tor-Platz wurden den Verkehrsanforderungen angepaßt. In der Sonnenstraße wurden die ursprünglich in Seitenlage verlaufenden Gleise 1953 auf eigenen Bahnkörper in Straßenmitte verlegt. Kurios war die im gleichen Jahr eröffnete neue Trasse in Neuhofen: Die 1,13 km lange Hochgleisstrecke führte über einen Schuttberg. Später wurde entlang dieser Trasse die neue Plinganserstraße angelegt.

Im Jahr 1950 betrieben Bayernpartei und CSU die Ablösung von Direktor Ulsamer. Deren Wunschkandidat, Oberbaudirektor Hans Wilhelm Rueß, konnte sich nur fünf Tag halten, da er nationalsozialistisch belastet war. Mit Direktor Dr. Fritz Baumeister (1951–1965) kehrte wieder Ruhe in den Betrieb ein. Am 21. Oktober 1951 wurde das 75jährige Betriebsjubiläum der Münchner Straßenbahn gefeiert. Alle Wagen waren mit Girlanden und Bildern geschmückt. Auf den bereits stillgelegten Gleisen in der Theatiner- und Weinstraße fuhr ein rekonstruierter Pferdebahnwagen. Im Rathaus fand ein Festakt statt, am Odeonsplatz ein Standkonzert. Ein Sonderpostamt gab Sonderstempel aus. Der neue „Großraumwagen" des Typs M kündigte den Beginn einer neuen Ära an.

Ein aus Mailand übernommener H-Triebwagen (Nr. 106 mit Beiwagen) an der Ecke Theresien-/Amalienstraße auf der Linie 37

Der letzte „Stangerlwagen“ Nr. 278 fuhr am 7. Januar 1955 auf Linie 5. Am Gärtnerplatz begegnet er seinem bereits auf Scherenbügel umgestellten Bruder

Nun wurde auch wieder fleißig geplant. 1952 wurde Münchens fünfter Generallinienplan vorgestellt. Er knüpfte nicht an den Maximalplan von 1928, sondern an den bescheideneren Generallinienplan von 1922 an. Im Innenstadtbereich waren Strecken mit ungünstiger Verkehrsführung zur Einstellung vorgesehen. Im Außenbereich sollten hingegen Verlängerungen auf eigenem Bahnkörper angelegt werden, um mit dem Wachstum der Bebauung standzuhalten. Wie 1922 war der Bau von drei Ringlinien vorgesehen: Während der „Innere“ und „Mittlere Ring“ weiterhin von der Straßenbahn bedient werden sollte, war für den „Äußeren Ring“ nun der Obus vorgesehen.

Zum Winterfahrplans 1955/56 war der Wiederaufbau abgeschlossen. Danach gingen die Verkehrsbetriebe an die Umsetzung des Generallinienplans. Folgende Projekte wurden (teilweise) verwirklicht:

- *Rosenheimer/Anzingerstr. – Bad-Schachener-Str. – Michaelibad – Perlach – Waldtrudering/Waldheimplatz (1956 bis Michaelibad, 1970/73 bis Neuperlach),*
- *Westend – Kleinhadern (1958),*
- *Kurfürstenpl. – Scheidpl. (1959),*
- *Freimann/Süd – Freimann/Nord (1962),*
- *Scheidpl. – Harthof (1963) zuzüglich eines Abzweiges zum Hasenbergl (1964),*
- *Waldfriedhof – Klinikum Großhadern (1963 bis Lorettoplatz),*
- *Wagmüllerstr. – Lerchenfeldstr. – Oettingenstr. – Tivolistr. (1963 statt Tattenbachstr. – Oettingenstr. – Emil-Riedel-Str.),*
- *Hofmannstr. – Fürstenried/West (1964),*
- *Berg am Laim – Trudering (1968 bis St.-Veit-Straße),*
- *Herkomerpl. – St. Emmeram (1970 bis Cosimapark).*

Zukunftsmusik blieben die Abschnitte

- *Schleißheimer/Lerchenauer Straße – Lerchenauer/Moosacher Straße,*
- *Candidplatz – Schönstr. – Harlachinger Berg,*
- *Friedhof am Perlacher Forst – Neuharlaching/Hollerbusch bzw. Wettersteinpl. – Tegernseer Landstr. – Neuharlaching/Hollerbusch,*
- *Michaelibad – Trudering/Friedenspromenade – Neutrudering – Waldtrudering/Heuluß,*
- *Steinhausen – Riem,*
- *Westend – Heimeranstr. – Garmischer Str. – Aidenbachstr. – Solln – Pullach,*
- *die Wiedereröffnung der „Isarparallele“ Isartor – Isartalbahnhof, nun durch die Wittelsbacher statt Auenstr.,*
- *die Verlegung der Trasse Lessingstraße – Paul-Heyse-Straße – Paul-Heyse-Unterführung in die Goethestraße,*
- *eine Tramverlängerung auf der Trasse der Isartalbahn bis Höllkriegelskreuth,*
- *der „Innere“ und „Mittlere Tramring“.*

Bild rechts: Die geräumigen Kriegsstraßenbahnwagen (Typ J/i) brachten auf den Ost-West-Linien eine fühlbare Entlastung, hier auf Linie 1 am Marienplatz

Der neue Großraumwagen 775 (Typ M2) wurde im Oktober 1953 auf der Verkehrsausstellung präsentiert. Die neugebauten Gleise in der Heimeranstraße wurden nach Ausstellungsende für den Linienverkehr freigegeben, die provisorische Halle wurde abgerissen

Zumindest teilweise verwirklicht wurde der „Äußere Obusring". Bereits am 28. April 1948 war Münchens erste Oberleitungsbuslinie zwischen Laim / Bahnhof und Waldfriedhof / Fürstenrieder Straße eröffnet worden. An beiden Endstationen wurde sie später verlängert: 1949 zur Boschetsrieder / Wolfratshauser Straße, 1953 zum Romanplatz. Doch bereits fünf Jahre später beschloß der Stadtrat wegen der höheren Betriebskosten und geringeren Flexibilität des Obusses dessen mittelfristige Stillegung. Am 28. April 1966 rückte der letzte „Stangerlbus" ins Depot ein. Zunächst an zwei, später an fünf Haltestellen kreuzte der Obus die Tram. Im Bereich dieser Kreuzungen war eine aufwendige Oberleitungsanlage notwendig.

Wegen Wangenmangels wurden 1948/49 einige Straßenbahnlinien ersatzweise mit Omnibuslinien betrieben. Das Netz von Omnibuszubringerlinien in den Außenbezirken wurde ausgeweitet. 1951 forderte das Verkehrsparlament der SZ ein Schnellbusnetz zur Entlastung der Straßenbahn. Schließlich wurden am 5. Dezember 1955 die ersten beiden Eilbuslinien eingerichtet. Die Fahrt kostete 10 Pfennige Zuschlag. Die Linie O6 bediente erstmals seit 1944 wieder die Achse Odeonsplatz – Marienplatz – Sendlinger-Tor-Platz. Mit Inkrafttreten des Münchner Verkehrs- und Tarifverbundes (MVV) und Eröffnung des S-Bahn-Systems am 28. Mai 1972 entfielen alle Eilbuslinien.

Eröffnung von elektrischen Strecken

01.12.1953	Heimeran-/Schießstättstr. – Heimeranstr. – Heimeran-/Ganghoferstr. (Streckenverlegung im Zuge des Neubaus der Heimeranstr.; beide Endstücke waren als Abstellanlagen bereits vorhanden)
12.12.1953	Plinganser-/Dudenstr. – Plinganser-/Fallstr. (Streckenverlegung; direkte Trasse auf späterer neuer Plinganserstraße)

Stillegung von elektrischen Strecken

03.09.1951	Landsberger-/Barthstr. – Barth-/Westendstr.
ca. 1953	Dachauer-/Augustenstr. – Stiglmaierpl.
01.12.1953	Kazmair-/Schießstättstr. – Kazmairstr. – Kazmair-/Ganghoferstr. (Streckenverlegung)
12.12.1953	Plinganser-/Dudenstr. – (alte) Plinganserstr. (heute Engelhard-/Fallstr.) - Plinganser-/Fallstr. (Streckenverlegung)
ca. 1954	Baldepl. – Dreimühlen-/Lagerhausstr. (zuletzt Betriebsgleis)
08.03.1954	Tal/Hochbrückenstr. – Hochbrückenstr. – Ledererstr. – Maderbräustr. – Maderbräustr./Tal (Schleife für Sonderwagen)

1948 wurde zwischen Laim und Waldfriedhof Münchens erste Obuslinie eröffnet

6. Schneller, tiefer, weiter (1955–1967)

Am 15. Dezember 1957 wurde München eine Millionenstadt. Viele Einwohner lebten in beengten Verhältnissen. Es fehlten 80 000 Wohnungen. Der amtsmüde 73jährige Oberbürgermeister Thomas Wimmer (SPD) wurde im März 1960 von seinem erst 34jährigen Parteifreund Dr. Hans-Jochen Vogel abgelöst. Der Generationswechsel erfüllte die Stadt mit neuer Dynamik. Stabile Mehrheiten infolge der Zusammenarbeit von SPD und CSU ermöglichten die tatkräftige Umsetzung der zahlreichen Vorhaben. Bereits im November 1960 wurde der „1. Plan zur Behebung der Münchner Wohnungsnot" verabschiedet. Innerhalb von acht Jahren wurden 48 000 öffentlich geförderte und 75 000 frei finanzierte Wohnungen gebaut. 1968 waren die am Reißbrett geplanten Neubauviertel Fürstenried-West, Hasenbergl, Oberföhring, Blumenau, Johanneskirchen, Englschalking, Neuaubing, Neuforstenried und Siedlung am Lerchenauer See fertiggestellt. Das Stadtplanungsamt wurde personell ausgebaut und 1964 zusammen mit den Hoch- und Tiefbaureferaten zum Baureferat vereinigt.

Neben der Wohnungsnot mußte der Verkehrsinfarkt kuriert werden. Die Wirtschaftswunderjahre hatten eine erhebliche Zunahme des Motorisierten Individualverkehrs mit sich gebracht. 1920 hatte es ganze 1 770 Kraftfahrzeuge in München gegeben. Der Vorkriegsstand von 61 000 im Jahr 1938 war 1950 wieder erreicht. Nun ging es rasant aufwärts: 1955 gab es 155 000, 1958 bereits 201 000 Kraftfahrzeuge. 1969 waren es 357 000.[48] Das Fehlen des bis 1945 nicht fertiggestellten Autobahnringes machte sich immer nachteiliger bemerkbar.

Der Karlsplatz galt als verkehrsreichster Platz Europas. Bereits Ende der 40er Jahre wurden dort täglich 24 000 Kraftfahrzeuge gezählt. 22 von 33 Straßenbahnlinien fuhren 1953 über den „Stachus", wie er

Am Karlsplatz vereinigten sich zwei aus Westen kommende Straßenbahnachsen

umgangssprachlich genannt wurde. Aus westlicher Richtung trafen zwei Achsen zusammen, doch pro Achse und Richtung konnte nur 1 Zug auf der Platzmitte halten. Alle 45 Sekunden wurde ein Trambahnzug abgefertigt. 38 Mal überschnitt sich der Verkehrsfluß. Mitte der 60er Jahre überquerten den Karlsplatz an einem Werktag 3400 Straßenbahnzüge, 96400 Kraftfahrzeuge, 21000 Rad- und Mopedfahrer und 900000 Fußgänger – insgesamt 1,6 Millionen Menschen!

In den Stoßzeiten wurden die Tramwagen im Autoverkehr eingekeilt. Im Schrittempo fuhren die Züge hintereinander her. Für die Strecke Holzkirchner Bahnhof – Marienplatz benötigten sie häufig 20 statt der fahrplanmäßigen 7 1/2 Minuten. Bis zu sechs Minuten mußten manche Wagenzüge vor dem Karlsplatz warten. Mächtige Verkehrslawinen wälzten sich auch durch die Ludwigstraße und andere Einfallstraßen. In den Stoßzeiten erreichte die Tram nur noch eine durchschnittliche Reisegeschwindigkeit von 7–9 km/h. Die Pkw waren mit 10–12 km/h nur geringfügig schneller. Wegen der großen Verspätungen mußten die Tramzüge häufig vorzeitig umkehren. So kam es beispielsweise am Willibaldplatz zu Ausbrüchen der Empörung, wenn ein Pasinger Zug nach dem anderen vorzeitig wendete und die Fahrgäste zum Aussteigen genötigt wurden.

Zwischen 1946 und 1958 wuchs München von 550000 auf über 1 Mio. Einwohner. Wegen der chronischen Überfüllung und Verspätung war die damalige Trambahn keine überzeugende Alternative zum Pkw.

Die SZ stieß am 5. März 1953 den Schreckensruf „Die Verkehrsflut steigt – die Dämme brechen“ aus. Zuvor hatte sie die provokante Frage gestellt: „Hält die Trambahn den Verkehr auf?“[49]

Die Abendzeitung (AZ) stellte die Stillegung der Münchner Straßenbahn zur Diskussion. Ihr in London ansässiger Gastautor Egon Larsen bezeichnete 1955 die Tram als „Münchens Unglück“ und forderte deren Ersatz durch wendige Busse:

„Warum sich die Münchner dieses skandalöse Verkehrsmittel gefallen lassen, das dieser schönen Stadt ganz unwürdig ist, das ist mir schleierhaft. (...) Kein Fremder kann sich dem Eindruck der Niedergeschlagenheit und Ärmlichkeit, der Verdrießlichkeit und Unbehaglichkeit entziehen, den das Innere einer Münchner Trambahn ausströmt. Schlecht gelüftet und lärmend, rüttelnd und stoßend transportiert sie uns wie ein Viehwagen. (...) Die Unbeweglichkeit der Straßenbahn in ihren Schienen mitten im Großstadtverkehr ist zu grotesk, um noch der Betonung zu bedürfen. Aber die Gefährlichkeit der Haltestellen mitten auf dem Fahrdamm – am schlimmsten an den 'Inseln' – kann gar nicht genug betont werden.“[50]

Im Unterschied etwa zur Westberliner Presse betrieben die Münchner Zeitungen aber keine Einstellungskampagne. Selbst in der AZ merkte Gerd Thumser kritisch an, daß Larsens Urteil wohl „eine etwas überspitzte Theorie“[51] sei. Auch der langjährige Verkehrsexperte der SZ, Joseph Ströbl, ging nicht so weit, die Systemstillegung zu fordern. Mit reißerischen Berichten über die „Trambahnmisere“ und „Verdrußlinien“ trug die SZ jedoch zum schlechten Renommee der Straßenbahn bei. Lange Jahre war eine Präferenz für den motorisierten Verkehr deutlich erkennbar. Bis heute unterhält die SZ eine Rubrik mit der bezeichnenden Überschrift „Auto und Verkehr“.

Stoßzeit im Jahr 1958 am Karlsplatz (Blick zur Barer Straße). Der Stachus galt als verkehrsreichster Platz Europas

Chocolat Tobler die Weltmarke
REVUE

Die Münchner Straßenbahnwagen hatten 1953 ein Durchschnittsalter von 27 Jahren. Mit 701 statt 848 Wagen im Jahr 1938 mußten 181 000 Fahrgäste mehr als damals befördert werden. In den Stoßzeiten wurden die Fahrgäste in den Wagen wie die Heringe eingepfercht. Der bis an die Grenzen der Belastbarkeit erforderliche Wageneinsatz ging zu Lasten der Wartung: So mußten am 2. Dezember 1953 nicht weniger als 25 Wagen wegen Schäden vorzeitig aus dem Verkehr gezogen werden.
Eine „Internationale Verkehrsausstellung" präsentierte im Herbst 1953 neue Lösungen und Produkte, darunter moderne Straßenbahnwagen. Erbittert wurde im Stadtrat um ein neues Verkehrskonzept gestritten. Während sich die einen für die Schaffung leistungsfähiger Massenverkehrsmittel einsetzten, forderten die anderen den Ausbau Münchens zur „autogerechten Stadt". Oberbürgermeister Wimmer war kein Freund der Massenmotorisierung: „Thomas Wimmer war ein leidenschaftlicher Fußgänger. Und wenn er in der ersten Zeit nach dem Krieg fahren mußte, dann bestieg er am liebsten eine Straßenbahn."[52] Seine bedächtige und abwartende Haltung trug dazu bei, daß München eine lebenswerte Stadt blieb.

Um das Für und Wider der Straßenbahn entbrannte eine heftige Diskussion. Den Befürwortern eines Straßenbahnausbaues standen die Anhänger der U-Bahn und des Omnibusses gegenüber, die im Bezug auf Straßenbahnen nur von „rollenden Verkehrshindernissen"[53] sprachen. Entsprechend dem Zeitgeist stand die Tram unter dem Generalverdacht, veraltet zu sein. Dr. Dr. Dr. Hans Keller (Parteifreie Wählerschaft) forderte hartnäckig den vollständigen Ersatz der Straßenbahn durch „flexiblere" Omnibusse. Verkehrsbetriebechef Baumeister winkte ab: Die hierfür notwendigen 812 Omnibusse würden 53 Mio. DM kosten. Doch würden Busse keine größere Reisegeschwindigkeit als Straßenbahnwagen erzielen; in puncto Leistungsfähigkeit sei der Bus der Tram unterlegen.[54] So wurde für die „klassische Trasse" im Falle eines ausschließlichen Busbetriebes ein 22-Sek.-Takt zu Stoßzeiten errechnet. Einzelne Stimmen forderten gar einen großzügigen Ausbau der Straßenbahn, so z.B. die Wiederinbetriebnahme der „Isarparallele" (Linie 30/Süd) zur Entlastung des Karlsplatzes. Über die Valleystraße sollte sie zum Harras bzw. über die Brudermühlstraße nach Obersendling weitergeführt werden.

Eng ging es auf der „Klassischen Trasse" zu, insbesondere bei der Fahrt durch das Karlstor. Hinter dem G-Triebwagen 670 sind J- und M-Triebwagen zu erkennen

Die Straßenbahn sollte zunächst nur den Karlsplatz unterqueren (Fotomontage). Später sollte der Unterpflastertunnel zur Zweibrückenstraße verlängert werden

Am problematischsten war der Straßenbahnbetrieb in der Altstadt. In der Stoßzeit fuhren 1958 stündlich pro Richtung 59 Tramzüge durch die Kaufinger Straße, flankiert von starkem Autoverkehr. Der Wiener Verkehrsexperte Professor Alwin Seifert machte den Vorschlag einer „autofreien Altstadt" zwischen 10 und 18 Uhr. Entlang des Stadtwalles sollten unterirdische Parkgaragen angelegt werden. Lediglich den Karls- und Isartorplatz sollte die Tram mit kurzen Tunnels unterfahren. Ansonsten könne sie an der Oberfläche verbleiben.[55] Mehrheitlich wurde allerdings für eine Herausnahme der Tram aus der Altstadt plädiert. Baudirektor Raimund Schoener hatte 1951 das Konzept einer „tramfreien Altstadt" entwickelt, das bis Ende der 50er Jahre diskutiert wurde. Der Straßenbahnbetrieb sollte auf die nördliche und südliche Umfahrungsstrecke verlagert werden.[56] Der als Verkehrsexperte herangezogene Prof. Walter Lambert (TH Stuttgart) erhob dagegen Einspruch: Das „eiserne Korsett" von Tramwagen würde die Altstadt geradezu abriegeln – ganz abgesehen davon, daß sich die Fahrgäste den Zwangsumweg nicht gefallen lassen würden. Da auch ein Busbetrieb auf der „klassischen Trasse" nicht realistisch sei, plädierte er für die Tieferlegung der Tram zwischen Karlsplatz und Isartor.[57] Nicht zuletzt aus Kostengründen favorisierte die Stadt letztere Lösung gegenüber einer U-Bahn. 1954 nahmen die Münchner Verkehrsbetriebe und das Stadtbauamt die Vorplanungen auf. Schließlich beschloß der Stadtrat am 11. November 1955 die Planung eines Unterpflasterstraßenbahnnetzes. In einem ersten Bauabschnitt sollte die Straßenbahn bis 1960 im Abschnitt Holzkirchner Bahnhof – Karlsplatz – Marienplatz – Isartorplatz – Zweibrückenstraße unter die Erde verlegt werden.

Der 1955 beschlossene Generalverkehrsplan räumte den Belangen des Motorisierten Individualverkehrs Priorität ein. Stadtbaurat Prof. Dr. Emil Högg nannte als besonderen Vorteil der Unterpflasterbahn „die Befreiung der Innenstadtstraßen und -knotenpunkte vom Schienenverkehr der Straßenbahn".[58] Auch die Fußgänger sollten an Knotenpunkten und Engstellen in kreuzungsfreie Ebenen verlagert

Das Unterpflasterbahnnetz nach dem Planungsstand von 1955

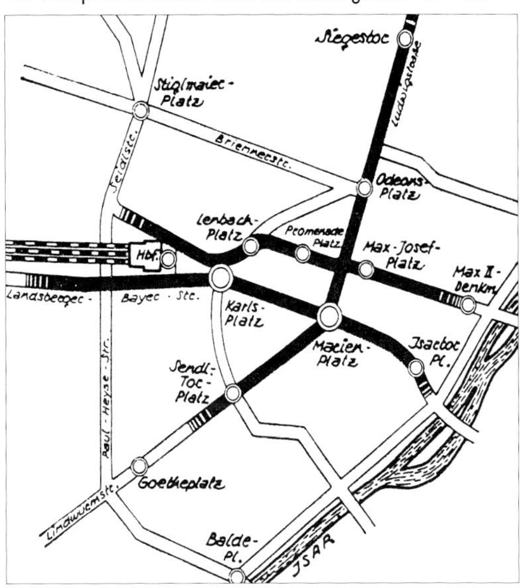

werden (Unterpflasterbahnstationen, Unterwege, Überführungen, Passagen). Gleichzeitig sollte der „fließende Verkehr" durch Straßenverbreiterungen, Durchbrüche und Kreuzungsumbauten und 15–20 Großparkhäuser optimiert werden. Högg plante sternförmig im Zentrum zusammenlaufende Stadtautobahnen, die zum Teil aufgeständert verlaufen sollten. Zum Glück war das Projekt nicht finanzierbar. Man unterschätzte damals noch die Zunahme des Motorisierten Individualverkehrs: Für das Jahr 1990 wurden günstigstenfalls 361 000 und schlechtestenfalls 523 000 Kfz erwartet. In Wirklichkeit waren es in diesem Jahr 680 000 Kfz. Bis zum Jahr 2000 stieg deren Zahl auf rund 900 000. 300 000 Pendler fahren an einem Werktag aus dem Umland in Stadt. 80 000 Autos verstopfen das Zentrum.

Auch der 1959 als Verkehrsexperte herangezogene Prof. Dr. ing. Kurt Leibbrand (Zürich) wollte mit dem Bau einer Unterpflasterstraßenbahn den Freiheitsraum des Autoverkehrs vergrößern.[59] Eine U-Bahn sei für München überdimensioniert und könne nicht ausgelastet werden. Ein unteriridisches Straßennetz, wie insbesondere von Tiefbaureferent Helmut Fischer propagiert, sei hingegen wegen der größeren Tunnelquerschnitte und der erforderlichen Belüftungs- und Beleuchtungsvorrichtungen zu kostspielig.[60] Professor Leibbrand plante, die Straßenbahnzüge im Untergrund in dichtem Abstand auf Sicht fahren zu lassen – darin sah er einen Vorteil gegenüber dem in seiner Kapazität begrenzten Signalbetrieb.[61]

Auch die städtischen Verkehrsexperten gaben nach einer Studienreise zu den Verkehrsnetzen von Brüssel, London, Mailand, Paris, Rotterdam und Stockholm dem Brüsseler Unterpflastermodell den Vorzug. Im Juli 1959 wurde der vom U-Strab-Büro entworfene Baustufenplan für ein „Tiefbahnnetz" im Stadtrat vorgestellt[62] (siehe unten):

Fahrscheinverkauf und Kontrollen sollten im Untergrund an Bahnsteigsperren erfolgen. Die Haltestelle Karlsplatz wurde in zwei übereinanderlegenden Stockwerken projektiert. Am Bahnhofsplatz sollte die Tiefbahn vier nebeneinanderliegende Gleise (40 m Tunnelbreite) erhalten. Wegen der Mittelbahnsteige war auf diesem Abschnitt sogar eine Führung im Linksverkehr (mit unteriridischen Gleiskreuzungen) vorgesehen. An der Verzweigung Bahnhofplatz – Marsstraße bzw. – Dachauer Straße war eine unterirdische Wendeschleife geplant. Am Bahnhofplatz sollte die Tiefbahn den unter der Arnulf- und Prielmayerstraße projektierten Vorortwendebahnhof der DB kreuzen und direktes Umsteigen ermöglichen. Nach den Vorstellungen der Stadt sollte die künftige S-Bahn später von dort im Zuge der Maximilianstraße zum Ostbahnhof weitergeführt werden. Schon während des Baues des Vorortwendebahnhofes sollte die Tram an der Oberfläche von der Arnulf- in die Luisen-, Elisen- und Marsstraße verlegt werden.

Die Gesamtkosten für das 17,2 km lange Tunnelnetz wurden auf 390 Mio. DM angesetzt. Eine Erhöhung der mittleren Reisegeschwindigkeit auf 22 km/h wurde prognostiziert. Eine Delegation des Stadtrates besichtigte Ende 1959 die Brüsseler Unterpflasterstraßenbahn und zeigte sich sehr angetan. Am 15. Dezember 1959 beschloß der Stadtrat bei nur 1 Nein-Stimme (Dr. mult. Hans Keller), das Planfeststellungsverfahren für den ersten Bauabschnitt zu beantragen. 1961/62 stand ein Baubeginn wiederholt

Baustufe	Strecke	Länge	Kosten	Bauzeit
I	Hbf./Süd bzw. Marsstr. bzw. Dachauer-/Elisenstr. – Karlspl. – Neuhauser Str./ Oberpollinger bzw. – Barer/Ottostr. bzw. – Sonnenstr./Postscheckamt	3,0 km	DM 90 Mio.	1961-64
II	Neuhauser Str./Oberpollinger – Kaufinger Str. – Marienpl. – Zweibrücken/Erhardtstr.	1,5 km	DM 33 Mio.	1965/66
III	Zweibrücken/Erhardtstr – Preysingstr. – Max-Weber-Pl. bzw. – Rosenheimer Str. – Rosenheimer Str./Eisenbahnüberführung und Rosenheimer-/Orleansstr.	2,7 km	DM 58 Mio.	1966/67
IV	Leopoldstr. – Ludwigstr. – Marienpl. – Sendlinger-Tor-Pl. – Lindwurm-/Implerstr.	4,3 km	DM 88 Mio.	1967-70
V	Hbf./Süd – Landsberger/Schrenkstr.; Abzweigung Ligsalzstr. – Heimeranstr.; Abzweigung Goethestr. – südliche Nußbaumstr.	2,7 km	DM 58 Mio.	1970/71
VI	Dachauer/Elisenstr. – Stiglmaierpl. -Nymphenburger/Loristr.; Abzweigung Stiglmaierpl. – Nymphenburger/Erzgießereistr.; Abzweigung Dachauer/Massmannstr. – Augusten-/Heßstr.; Barer/Ottostr. – Barer/Heßstr.	3,1 km	DM 63 Mio.	1971-73

1960 wurde der „Kohlrabi-Expreß" eingestellt: Ein F-Triebwagen der Linie 5 fährt in der Reichenbachstraße stadtauswärts

im Raum, doch wegen der unklaren Finanzierung wartete die Stadt noch ab. Lediglich ein 10 Meter langer Versuchsstollen wurde in 18 Meter Tiefe unter der Theresienwiese gegraben. Im Lauf der Zeit wurden die Tiefbahnplanungen mehrfach überarbeitet. So erinnert sich Dr. Hans-Jochen Vogel:

> *„Heute denke ich an diese Phase mit einem gewissen Grauen zurück. Sie war durch eine Unzahl von Sitzungen gekennzeichnet, bei der sich alle Techniker beständig widersprachen. Eine Gruppe behauptete stets, was die andere vorschlage, lasse sich nicht verwirklichen. Einmal stellte sich sogar heraus, daß die vorhandenen Straßenbahnzüge die geplanten Rampensteigungen gar nicht hätten bewältigen können."*[63]

Wegen ungeklärter Detailfragen und wegen des Dauerstreites um die „klassische Trasse" kam das Projekt nicht recht voran. Seit Mitte der 50er Jahre tobte ein erbitterter Streit zwischen Stadt und Bundesbahn, ob die Unterpflasterbahn oder die von der DB projektierte S-Bahn die am stärksten frequentierte Verkehrsachse über den Marienplatz bedienen solle. Professor Leibbrand schloß sich der Ansicht der Stadt an. Ein S-Bahn-Tunnel unter der „klassischen Trasse" würde zu keiner wesentlichen Entlastung des Karlsplatzes führen und das gewachsene Tramnetz zerreißen. Außerdem dürfe sich die Stadt nicht den innerstädtischen Fahrplan von der Bundesbahn diktieren lassen.[64] Konkurrierende Planfeststellungsverfahren wurden eingeleitet. Beide Seiten stritten über diese Frage vor allem deshalb so heftig, weil noch nicht absehbar war, ob und wann ein Gemeinschaftstarif zwischen Stadt und Bundesbahn zustande kommen würde. Bund und Freistaat befürworteten die S-Bahn auf der „klassischen Trasse", da sie keine Teillösung der Stadt, sondern nur eine Gesamtlösung unter Einschluß der Region finanzieren wollten. Der Trassenstreit hatte auch eine parteipolitische Komponente: Ländliche CSU-Abgeordnete favorisierten die in die Region hinausführende S-Bahn, denn in den Umlandlandkreisen dominierte die CSU. Die in München regierende SPD sprach sich hingegen für die Tiefbahn aus, da sie bei einer ins Herz der Stadt führenden S-Bahn eine Abwanderung in die Region fürchtete (was ab 1974 in der Tat eintrat). Die Position der Stadt war allerdings wenig erfolgversprechend: Sie beinhaltete entweder die kostspielige Anlage von zwei parallelen Tunnelröhren oder das Aus für ein zusammenhängendes S-Bahn-Netz. Beide Optionen hatten kaum eine Chance auf eine Bezuschussung durch Bund und Freistaat.

Dr. Hans-Jochen Vogel berief nach seinem Amtsantritt eine Arbeitsgruppe Stadtentwicklung. Ab Oktober 1961 wurde sie vom ehemaligen Kieler Stadtbaurat Prof. Herbert Jensen geleitet. Erstmals wurde eine vorausschauende Entwicklungsprognose versucht, erstmals wurde das Münchner Umland in die Planungen einbezogen. Am 10. Juli 1963 wurde der von der Arbeitsgruppe vorgelegte Stadtentwicklungsplan vom Stadtrat beschlossen.[65]

Dem Ausbau des motorisierten Individualverkehrs und des öffentlichen Nahverkehrs (ÖPNV) wurde nun die gleiche Priorität eingeräumt. Auf das hochentwickelte Zentrum sollten leistungsfähige Straßen und Massenverkehrsmittel sternförmig zulaufen. Ergänzend sollten die Stadtteile zu eigenen Subzentren ausgebaut werden. Das organisch gewachsene Gefüge der Stadt sollte erhalten und durch neu angelegte Gewerbe- und Wohngebiete an der Peripherie ergänzt werden. Grün- und Erholungsflächen sollten für die notwendige „hygienische Auflockerung" sorgen. Zwei sechsspurige Schnellstraßen sollten quer durch das Stadtgebiet führen und die Autobahnen miteinander verbinden. Glücklicherweise wurden sie nie gebaut. Gleichzeitig erfuhr die Ringidee eine Wiederbelebung. Der von Meitinger noch als repräsentativer Boulevard geplante „Altstadtring" wurde in eine mehrspurige Schneise verwandelt. Der „Mittlere Ring" wurde mit Unterführungen und Brücken zur weitgehend kreuzungsfreien Stadtschnellstraße ausgebaut. Andererseits wurde der ÖPNV aufgewertet. Leistungsfähige Massenverkehrsmittel sollten die Subzentren erschließen und im Zentrum sternförmig zusammenlaufen. Erstmals wurde daran gedacht, den Fußgängern „eigene Bereiche" zuzuweisen, wie schließlich 1972 in der Fußgängerzone realisiert.
Künftige Massenverkehrsmittel sollten die S-Bahn und die Tiefbahn sein, wenngleich auch die U-Bahn-Option offengehalten wurde. Der Streit um die „klassische Trasse" war zugunsten der Bundesbahn entschieden worden. Oberbürgermeister Dr. Hans-Jochen Vogel hatte diese Lösung von Anfang an favorisiert. Nur auf Druck seiner Parteifreunde hatte er 1960 in seinem Wahlprogramm die „klassische Trasse" für die Stadt beansprucht. Zur Versachlichung der Diskussion beauftragte er den Verwaltungsbeamten im Stadtplanungsamt, Dr. Klaus Zimniok, mit einer vergleichenden Untersuchung. Sie kam zu dem klaren Ergebnis, daß verkehrliche, technische und finanzielle Gesichtspunkte für die S-Bahn sprachen.
Das innerstädtische Straßenbahnnetz sollte zu einem „Rückgratnetz" ausgedünnt werden. In einem Radius von ca. 3 km um das Stadtzentrum sollte die Tram in den Untergrund abtauchen, im äußeren Stadtbereich sollte sie durch konsequente Abschirmung beschleunigt werden. Dadurch erhoffte man sich eine Erhöhung der mittleren Reisegeschwindigkeit von damals 13 km/h auf 24 km/h. (Zum Vergleich: 1999 wurden im Trambetrieb 19,6 km/h ereicht). Für 1990 war ein Netz von 14 Tief-

Ende der 50er Jahre war die Au noch nicht saniert: Ein Zug der Linie 5 in der kurvigen Falkenstraße, kurz vor Stillegung

1961 fuhr auch der „Ruinenschleicher" (Linie 37) zum letzten Mal: Während des „Eucharistischen Weltkongresses" biegt D-Triebwagen 524 von der Ludwigstraße in die Galeriestraße ein

bahnlinien projektiert (Abb. auf S 83). Eine wesentliche Änderung gegenüber der ursprünglichen Tiefbahnplanung war die direkte Führung der Linien 7/17 vom Bahnhofplatz unter der Goethestraße zum Sendlinger-Tor-Platz. Damit entfielen komplizierte Abzweigungen zum Karlsplatz. Die Linien nach Moosach, Milbertshofen und Perlach sollten ggf. zu einem späteren Zeitpunkt verlängert werden. Bemerkenswert ist, daß die Tiefbahn über die Stadtgrenzen ausgedehnt werden sollte: von Freimann nach Garching und vom Hasenbergl zur damals geplanten Entlastungsstadt Oberschleißheim sowie mittelfristig von Großhadern nach Martinsried/Planegg und von Fürstenried/West nach Neuried.
Die Tiefbahn war als „Zwischenstufe" für einen reinen U-Bahn-Betrieb vorgesehen. Tunnelprofile und Kurvenradien wurden so gewählt, daß ein Übergang auf kreuzungsfreie Strecken, Signalregelung und 2,65 Meter breite Fahrzeuge (Typ Stockholm) möglich war. Die unteriridischen Bahnsteige sollten von Anfang an eine Länge von 85 Metern erhalten und nur in der Geraden angeordnet werden, so daß eine Erhöhung für stufenloses Einsteigen in U-Bahn-Fahrzeuge jederzeit möglich war. Als Fernziel sollten im 21. Jh. acht U-Bahn-Linien auf vier Stammstrecken betrieben werden – ob zu diesem Zeitpunkt noch die oberirdischen Linien 12, 19, 21 und 22 fahren würden, blieb offen.
Die Verkehrsbetriebe übten vorsichtige Kritik am Stadtentwicklungsplan. Sie wollten die Tramlinie 20 durchs Lehel langfristig erhalten und plädierten für eine Verlängerung der Linie 19 von Steinhausen nach Riem. Außerdem regten sie an, eine Straßenbahnlinie auf der Trasse der eingestellten Isartalbahn zumindest bis Thalkirchen einzurichten. Schließlich plädierten sie erneut für den Ausbau der Linien 12 und 22 zu einem „Großen Straßenbahnring".
Beim Eucharistischen Weltkongreß (1.–7. August 1960) hatte die Straßenbahn ihre Leistungsfähigkeit bewiesen. Bis zu 1,5 Mio. Fahrgäste statt 850 000 an durchschnittlichen Werktagen waren zu bewältigen. Rechtzeitig vor Kongreßbeginn war der Wiederaufbau des Hauptbahnhofes abgeschlossen worden. Fünf Monate später erlebte die Münchner Tram einen ihrer schwärzesten Tage: Ein US-Militärflugzeug streifte am 17. Dezember 1960 den Turm der Paulskirche und zerschellte auf dem Anhänger der Linie 10 an der Theresienwiese. Beiwagen 1596 des Typs i4.34 brannte vollständig aus. 52 Menschen starben, davon 27 in der vollbesetzten Straßenbahn.

Glücklicherweise erfolgte in München nach 1945 kein Kahlschlag im Straßenbahnnetz. Lediglich zwei Nebenlinien, der „Kohlrabi-Expreß" vom Viktualienmarkt zum Candidplatz (Linie 5) und der „Ruinenschleicher" vom Nordbad über die Maxvorstadt zum Ostbahnhof (Linie 37), wurden 1960 bzw. 1961 gemäß den Empfehlungen des Generalverkehrsplans auf Busbetrieb umgestellt. Linie 5 war schwach frequentiert und galt in der Innenstadt als unfallträchtig: „Die Linie 5 wird dem Münchner noch lange in Erinnerung bleiben – und vor allem den vielen Kraftfahrern, denen heute noch ein Schock einer plötzlichen Erkenntnis der '5' in den Knochen sitzt. Denn dafür war diese Straßenbahn berüchtigt. Welcher Autobesitzer mußte nicht ihre plötzliche Bekanntschaft machen, als er von einem ausgedehnten Einkaufsbummel über den Viktualienmarkt nach Hause fahren wollte. Natürlich war die '5' wieder aus ihrem Versteck an der Heilig-Geist-Kirche – einer Seitenstraße, die für den normalen Verkehrsteilnehmer mit dem rot-weißen Dreiecksschild abgeriegelt ist – herausgeschossen und hätte ihn fast gerammt, wenn er sich nicht in letzter Sekunde mit aller Kraft auf die Bremsen geworfen hätte. So ging es weiter mit der '5'. Gemächlich schaukelte sie über den Viktualienmarkt. Sie schlingerte und stampfte, schwankte über die Schienen und fand doch sicher – um sämtliche scharfen Kurven quietschend – ihren Weg zum Candidplatz."[66] Die 37 war besser frequentiert, wurde aber durch zahlreiche Kreuzungen und Kurven behindert. Zudem hätte sie im Bereich der Galeriestraße den projektierten „Altstadtring" queren müssen.

Den wenigen Stillegungen stand ein konsequenter Ausbau zwischen 1956 und 1964 entgegen. Im Gegensatz zu vielen anderen Städten hielt in München der Straßenbahnausbau weitgehend mit der Stadtentwicklung Schritt. Beginnend mit dem Neubau der Endschleife in Ramersdorf (1960) gingen die Verkehrsbetriebe zur Anlage von „Tropfenschleifen" in Fahrbahnmitte über. Diese Schleifenform hat den Vorteil, daß wendende Züge den Individualverkehr nicht mehr kreuzen müssen und ein Tür-an-Tür-Umsteigen zwischen Tram und Bus möglich ist.

Die Verlängerung von Freimann/Süd nach Freimann/Nord (1962) war die erste nach den Parametern einer Tiefbahn angelegte Neubaustrecke. Sie verlief kreuzungsfrei auf eigenem Bahnkörper und unterquerte neuralgische Punkte mit kurzen Unterführungen. Der Gleismittenabstand war auf 3,30 Meter erweitert worden. Eine moderne

1963 wurde die Linie 20 im Lehel aus der engen Tattenbachstraße verlegt (vgl. Bild S. 129). Der M3-Triebwagen 804 mit m-Beiwagen hatte dort gegen die Einbahnrichtung fahren müssen

Oberbürgermeister Dr. Vogel, Alt-OB Wimmer und Werkreferent Riemerschmid eröffnen am 16. Juni 1962 die Verlängerung der Linie 6 von Freimann/Süd nach Freimann/Nord. Oberbürgermeister Dr. Vogel fuhr häufig mit der Tram zum Rathaus.

Die unter der Autobahn verlaufende Strecke der Linie 6 nach Freimann/Nord (Freimanner Platz) war nach den Parametern der Tiefbahn angelegt. Heute fährt hier die U-Bahn

Hochkettenfahrleitung wurde vorgesehen. Es folgten die Schnellstraßenbahnstrecken vom Scheidplatz zum Harthof und Hasenbergl (1963/64) sowie vom Ratzingerplatz nach Fürstenried/West (1964). Neben einigen Unterführungen wurden erstmals zwei Straßenbahntunnels angelegt: ein 250 Meter langer Tunnel unter der Petuelstraße (heute Petuelring) sowie ein 221 Meter langer Tunnel unter der Boschetsrieder Straße. Die Haltestellen wurden noch ausnahmslos oberiridisch angelegt. Mit 134 km Streckenlänge erreichte das Münchner Tramnetz zum Jahresende 1964 seine größte Ausdehnung.

Das Münchner Tramnetz in seiner größten Ausdehnung (31.12.1964)

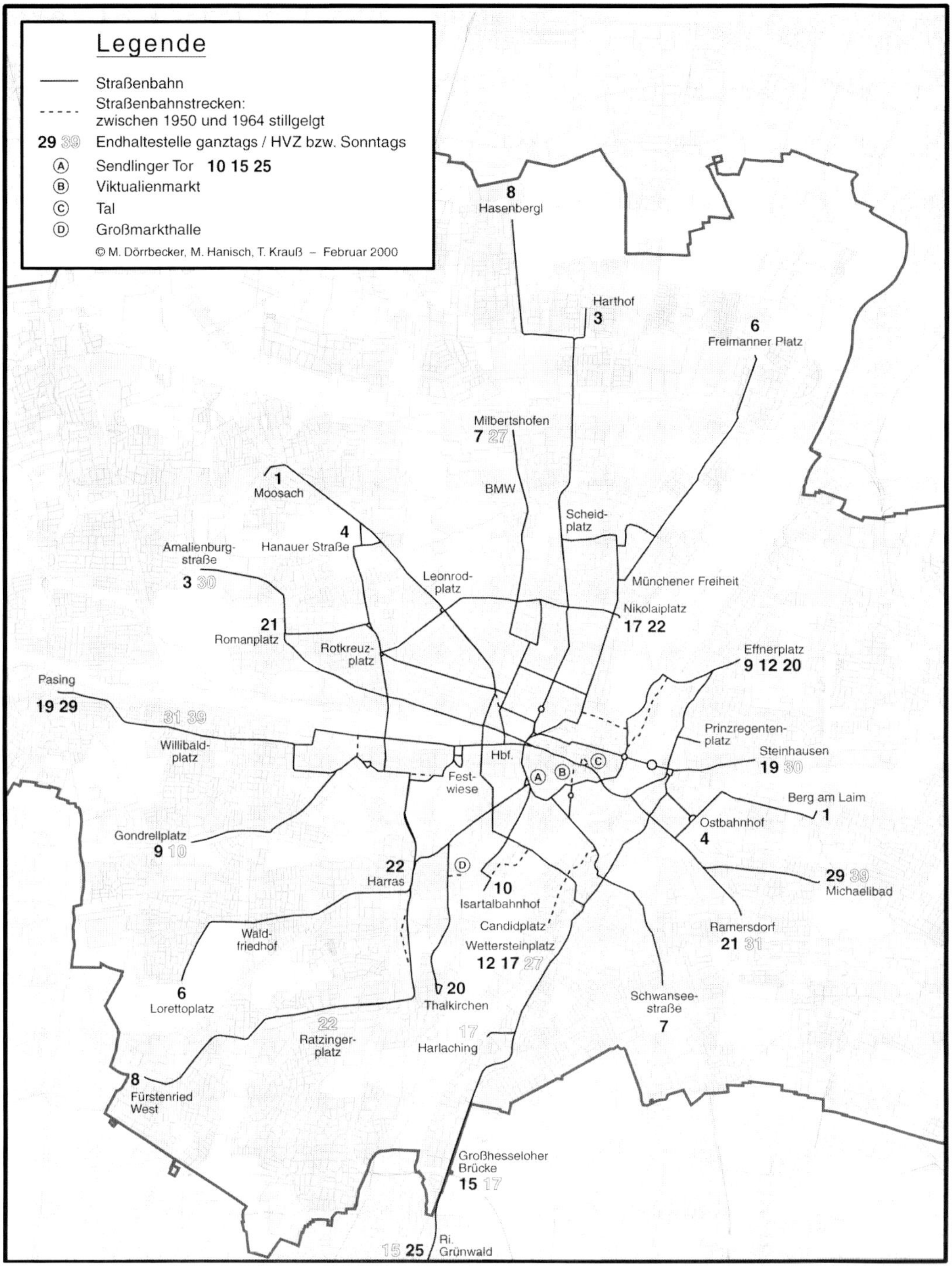

Eine folgenschwere Entscheidung wurde am 29. Januar 1964 getroffen: An diesem Tag beschloß der Stadtrat, die 11 km lange Nord-Süd-Linie von Freimann zum Harras nicht als Tiefbahn, sondern von Anfang an als echte U-Bahn zu bauen. Im Jahr 1965 wurden die gesamte Tiefbahnplanung ad acta gelegt und der Bau eines U-Bahn-Netzes beschlossen. Damit hatte die Straßenbahn langfristig die Aufgabe eines Massenverkehrsmittels verloren. Noch dachte man allerdings nicht an eine Systemstillegung.

Das erste Münchner U-Bahn-Projekt entstand 1893 im Rahmen einer Wettbewerbsarbeit von Johannes Lehnert. Er konzipierte eine U-Bahn-Linie vom Hauptbahnhof über Lenbachplatz, Hofgartenstraße, Liebigstraße in Richtung Ostbahnhof.[67] Im September 1895 griff der Leiter des Stadterweiterungsbureaus, Theodor Fischer, die Idee auf. Zusätzlich sah er eine Zweiglinie in Richtung Norden vor. Sie sollte unter der Amalienstraße, der inneren und äußeren Leopoldstraße verlaufen. An allen Endstationen sollten die U-Bahn mit dem Eisenbahnnetz betrieblich verbunden sein. Außerdem beschäftigte sich Fischer mit aufgeständerten Ringbahnen.[68]

Im Jahr 1905 erteilte Verkehrsminister Heinrich von Frauendorfer den Auftrag zur Ausarbeitung eines Untergrundbahnkonzepts. Vorgeschlagen wurde eine Ringführung vom Hauptbahnhof über den Marienplatz zum Ostbahnhof und wieder zurück über Max-Weber-Platz, Maxmonument und Odeonsplatz. Erstmals kam es zu einer offiziellen Diskussion. Wilhelm Bertsch, der Nachfolger Theodor Fischers, plädierte dafür, das Projekt erst anzugehen, wenn die Einwohnerzahl deutlich anwachsen würde.[69] Im Februar 1919 stellte die Firma Siemens & Halske im Münchner Polytechnischen Verein ein neues U-Bahn-Projekt vor. Ende der 20er Jahre wurden von Peter Birkenholz (1927), Gustav Gsaenger und Josef Rank (1928) sowie Georg W. Buchner (1929) U-Bahn-Pläne ausgearbeitet.[70] Bereits erwähnt wurden die Schnellbahnpläne im Dritten Reich.

Stadtbaurat Karl Meitinger empfahl 1946 die Anlage eines U-Bahn-Kreuzes, wenn München die Millionengrenze übersteige. Die Bundesbahn plante seit 1953 eine unterirdische „Verbindungsbahn" zwischen Hauptbahnhof und Ostbahnhof, mit der die westlichen und östlichen Vorortstrecken verknüpft werden sollten. Gleichzeitig gründete der Stadtrat eine „Studiengesellschaft für den Bau und die Finanzierung einer Münchner Hoch- und Untergrundbahn" – übrigens auf Antrag der Bayernpartei, die sich vehement für eine U-Bahn einsetzte.

Die Studiengesellschaft beschäftigte sich mit dem Projekt der DB wie mit städtischen Alternativen. Untersucht wurde u.a. das Modell Stockholm (Ersatz

Mustergültig trassiert: die 1964 angelegte Verlängerung zum Hasenbergl mit „Tropfenschleife"

der Straßenbahn durch ein U-Bahn-System). Aus Kostengründen favorisierte die Stadt aber die Tieferlegung der Straßenbahn im Innenstadtbereich.
1962/63 mehrten sich die Stimmen, die die Tiefbahnlösung als kurzsichtig verwarfen und statt dessen für den Bau einer vollwertigen U-Bahn votierten. Sie verwiesen auf die erheblichen Verkehrsströme in der Millionenstadt. Als Vorzüge der U-Bahn wurden die höhere Reisegeschwindigkeit (rund 35 km/h) und Beförderungskapazität (bis zu 40 000 Personen pro Tag) herausgestellt. Bei der Tiefbahn liegt die Kapazitätsgrenze bei max. 25 000. Handlungsbedarf wurde angemahnt: Während andere Städte wie Frankfurt a.M., Köln und Stuttgart bereits unterirdische Massenverkehrsmittel bauen würden, sei in München noch immer kein definitiver Beschluß gefaßt. Mit der spektakulären Ablösung von Prof. Leibbrand im Juli 1961 hatte die Tiefbahn zudem ihren hartnäckigsten Befürworter verloren: Unter dem Verdacht eines Kriegsverbrechens war er auf dem Frankfurter Flughafen verhaftet worden. Nach mehreren Instanzen wurde das Verfahren eingestellt. Inzwischen hatten in München andere Verkehrsexperten das Sagen.
Im Frühsommer 1963 kehrten die Stadträte Ernst Liebergesell (CSU), Dr. Eberhard Reichel (CSU) und Fritz Schuster (SPD) von einer Informationsreise zur Hamburger U-Bahn als überzeugte Befürworter dieses Verkehrsmittels zurück. Der Landtag, die Industrie- und Handelskammer (IHK), Oberbügermeister Dr. Vogel und die Presse favorisierten nun die U-Bahn. Schließlich gab der Stadtrat zeitgleich mit der Annahme des Stadtentwicklungsplanes den Auftrag zu prüfen, ob die Nord-Süd-Linie als U-Bahn gebaut werden könne. Nur der als Querulant bekannte Dr. mult. Hans Keller hatte sich gegen die U-Bahn und für den Bau eines S-Bahn-Kreuzes (wie 1938 geplant!) eingesetzt. Nachdem die in Auftrag gegebene Studie die U-Bahn-Lösung befürwortete, wurde ein entsprechender Beschluß gefaßt. Zu diesem Zeitpunkt hatte der Bundesminister für Verkehr hierfür noch keine Zuschüsse bewilligt. Doch signalisierte der bayerische Ministerpräsident Alfons Goppel (CSU) Oberbürgermeister Vogel seine Unterstützung. Endgültig sicherte die Vergabe der Olympischen Spiele die Finanzierung des Projektes. Das ursprünglich für ca. 1974 zur Eröffnung vorgesehene erste U-Bahn-Teilstück wurde bereits am 19. Oktober 1971 zwischen Kieferngarten und Goetheplatz in Betrieb genommen. Zwischen Goetheplatz und Sendlinger-Tor-Platz wurde der 1938–41 im Rohbau fertiggestellte, 591 m lange Tunnelabschnitt einbezogen. Mit einem Tunnelprofil von 7,60 m Breite und 4,90 m Höhe, einer Wagenbreite von 2,90 m, Hochbahnsteigen sowie Stromzuführung über seitliche Stromschiene (750 V Gleichstrom) erhielt München eine „echte" U-Bahn. Hannover, Köln, Stuttgart und andere bundesdeutsche Städte entwickelten hingegen ihre Straßenbahn sukzessive zur „Stadtbahn" fort, wie Unterpflaster- bzw. Tiefbahnen heute genannt werden.
Bereits am 1. Februar 1965 erfolgte am Nordfriedhof der erste Spatenstich für die erste U-Bahn-Linie U6. Erst allmählich nabelte sich die U-Bahn von der Tram ab: Der erste U-Bahn-Wagen traf im Juni 1967 per Tieflader im Straßenbahnbetriebshof 8 (Soxlethstraße) ein und wurde dort abgenommen. Mittels Schleppkabel erfolgten im Betriebshof die ersten Vorführfahrten. Als 1968 das erste Stück U-Bahn fertiggestellt war, wurden die Gleise von dem dorthin mittels Kran überstellten Straßenbahnschleifwagen 35 geschliffen. Der Bau der S-Bahn begann im Januar 1967 am Hauptbahnhof. München verwandelte sich in eine große Baustelle. Tramlinien wurden umgeleitet oder behelfsmäßig über Baugruben geführt. Die Fußgänger wurden 1968 zunächst auf eine provisiorische Holzbrücke geleitet, die über den Karlsplatz führte. Schließlich wurden sie in die neue Ladenstadt im Untergrund verbannt. Am Rondell begann die neue Fußgängerzone. Alle oberiridischen Querungsmöglichkeiten wurden aufgehoben. Das Verkehrschaos war zwar beseitigt, doch hatte der Karlsplatz damit seinen Platzcharakter verloren. Erst 1999 wurden wieder Fußgängerüberwege am nördlichen und westlichen Karlsplatz eröffnet. Dadurch hat der Stachus ein Stück Urbanität zurückgewonnen.

1964 waren noch vier U-Bahn-Stammstrecken im Zentrum und eine U-Bahn-Ringlinie vorgesehen

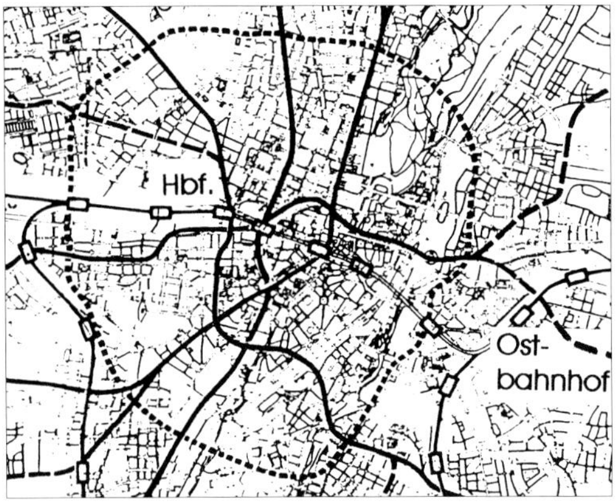

Im Oktober 1969 war das Verkehrschaos in der Innenstadt zu Ende. Ab diesem Datum konnte dort der Schnellbahnbau im Untergrund fortgeführt werden. Nach Vollendung des Grundnetzes im inneren Stadtbereich (1988) hat sich die Tätigkeit der U-Bahn-Maulwürfe an den Stadtrand verlagert.

Zweifelsohne hat sich die Entscheidung für das leistungsstärkste Massenverkehrsmittel U-Bahn bewährt. Auch wenn sich die optimistischen Prognosen einer Einwohnerzahl von 2 Mio. nicht erfüllten, gilt doch die Faustregel, daß sich bereits ab 1 Mio. Einwohner eine vollwertige U-Bahn lohnt. Doch beinhaltet die Systementscheidung auch Nachteile: Es müssen eigenständige Trassen, Depots, Werkstätten und Fahrzeuge vorgehalten werden. Aufgrund der hohen Baukosten muß das Netz auf wenige Strecken konzentriert werden – bezeichnenderweise wurde die ursprüngliche U-Bahn-Planung 1969 von vier auf drei Stammstrecken reduziert. Dadurch entsteht an wenigen Knoten ein enormer Umsteigeverkehr. Außerhalb des engeren Stadtbereiches ist eine oberirdische Trassierung aufwendig und teuer, da die Strecken wegen der seitlichen Stromschiene stark abgeschirmt werden müssen. Ein Fahren auf Sicht, wie bei einer Schnellstraßenbahn, ist nicht möglich. Schnellstraßenbahntrassen können wegen der unterschiedlichen baulichen Parameter nicht von der U-Bahn übernommen werden. So mußte die 1959/60 unter dem Freimanner Ring mit einem Kostenaufwand von 2,3 Mio. DM angelegte Unterführung bereits 1965 abgebrochen werden, da sie für den U-Bahn-Betrieb zu schmal war.

Zunächst wollten die Verkehrsbetriebe auch im Schnellbahnzeitalter an der Straßenbahn festhalten. Gemäß der Planung vom Juli 1964 sollten in den kommenden Jahren Neubaustrecken nach Blumenau, St. Emmeram, Trudering und zur Bad-Wiessee-Straße (1. Abschnitt der Zweiglinie vom Wettersteinplatz nach Neuharlaching) gebaut werden. Im Westend plante man eine Verlegung des kurvenreichen Abschnittes zwischen Kazmair- und Westendstraße in die Heimeran-, Garmischer und Tübingerstraße (inklusive Anschluß der Linie 22 via Trappentreustraße). Oberbürgermeister Hans-Jochen Vogel meinte im November dieses Jahres, daß es auch nach der vollständigen Inbetriebnahme des U-Bahn-Grundnetzes im Jahr 1990 noch Straßenbahnen geben würde. Auf eigenem Bahnkörper würden sie Zubringerdienste leisten.[71]

Ein Gutachten der in Düsseldorf und Berlin angesiedelten Wirtschaftsberatung AG sprach sich 1965 für die Tram aus: „Die Straßenbahn muß und kann noch auf Jahrzehnte das Rückgrat des öffentlichen Nahverkehrs in München bleiben. Wir können uns kein Verkehrsmittel vorstellen, das unter Münchner Verhältnissen die Verkehrsbedürfnisse wirtschaftlicher befriedigen kann."[72] Das Gutachten machte zahlreiche Vorschläge zur Rationalisierung der Betriebs- und Wartungsabläufe und empfahl den schnellen Übergang zum ausschließlichen Einmannbetrieb. Es sprach sich für den Einsatz von M-Dreiwagenzügen auf weiteren Linien bzw. von Gelenkzügen aus. Allerdings stellte es die Umstellung einiger Linien auf Busbetrieb zur Diskussion, um extrem stark frequentierte Abschnitte und Haltestellen im Zentrum zu entlasten. In diesem Zusammenhang wurden die Linien 15/25 nach Grünwald, 19/30 nach Steinhausen, 4 zur Hanauer Straße, 20 (Effnerplatz – Thalkirchen), 12 (Effnerplatz – Wettersteinplatz) und 22 (Nikolaiplatz – Harras) angesprochen. Eine Entscheidung sollte allerdings erst nach einem detaillierten Kostenvergleich erfolgen. Die Verkehrsbetriebe sprachen sich zum gegenwärtigen Zeitpunkt gegen Umstellungen aus, wollten die weitere Entwicklung aber beobachten.

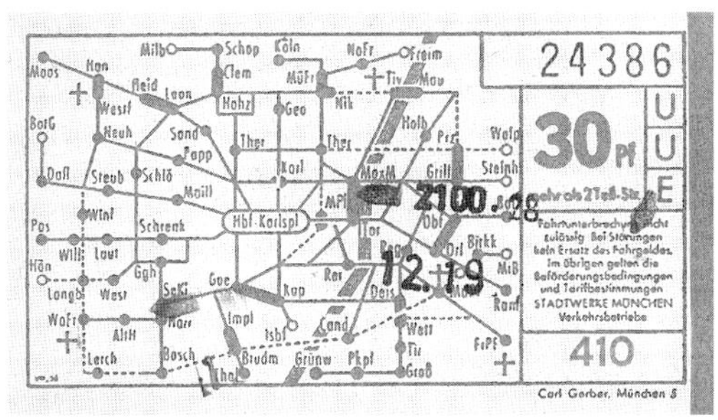

Von 1918–1961 gab es Netzbildfahrscheine. Heute geht die Tendenz zur bargeldlosen Fahrpreisentrichtung

Beschleunigungsprogramme brachten seit 1961 die Straßenbahn in Fahrt. Als Pilotlinie wählten die Verkehrsbetriebe die 20,7 km lange Hauptlinie 8 vom Hasenbergl nach Fürstenried/West aus. Zum einen wurde die 8 im März 1964 durch Umleitung des Individualverkehrs bzw. Abbiegeverbote in der Barer Straße sowie Abgrenzung des Bahnkörpers in der Lindwurmstraße beschleunigt, zum anderen kamen ab April 1965 Dreiwagenzüge zum Einsatz, die das Platzangebot um über 100 Personen auf insgesamt 348 pro Zug steigerten. Die Testphase erbrachte ein positives Ergebnis: Die mittlere Reisegeschwindigkeit der Linie 8 stieg von 16,3 auf 18,4 km/h. Die Zahl verkehrsbedingter vorzeitiger Wendungen ging um 62 Prozent zurück. Die

Paradelinie zwischen 1964 und 1975 war die 8 vom Hasenbergl nach Fürstenried-West, hier P3-Gelenktriebwagen 2030 mit p3-Beiwagen vor dem Heizkraftwerk an der Drygalskiallee

Beschleunigungsmaßnahmen wurden daraufhin auf die Linien 3, 6 und 7, danach auf die Linien 1, 9, 19 und 21 ausgedehnt.
Nicht weniger als 80 Prozent der befragten Bürger stimmten den Maßnahmen zu. Doch schon damals meldete sich die Autolobby zu Wort. So meinte ein Sprecher des ADAC: „Der Verkehrsraum in unseren Städten ist so knapp und kostbar, daß man es sich

Rechts oben: Im Juni 1967 traf der erste U-Bahn-Wagen im Straßenbahnbetriebshof 8 (Soxlethstraße) ein

Rechts unten: Das im Stadtentwicklungsplan von 1963 vorgesehene Tiefbahnnetz wurde nicht verwirklicht

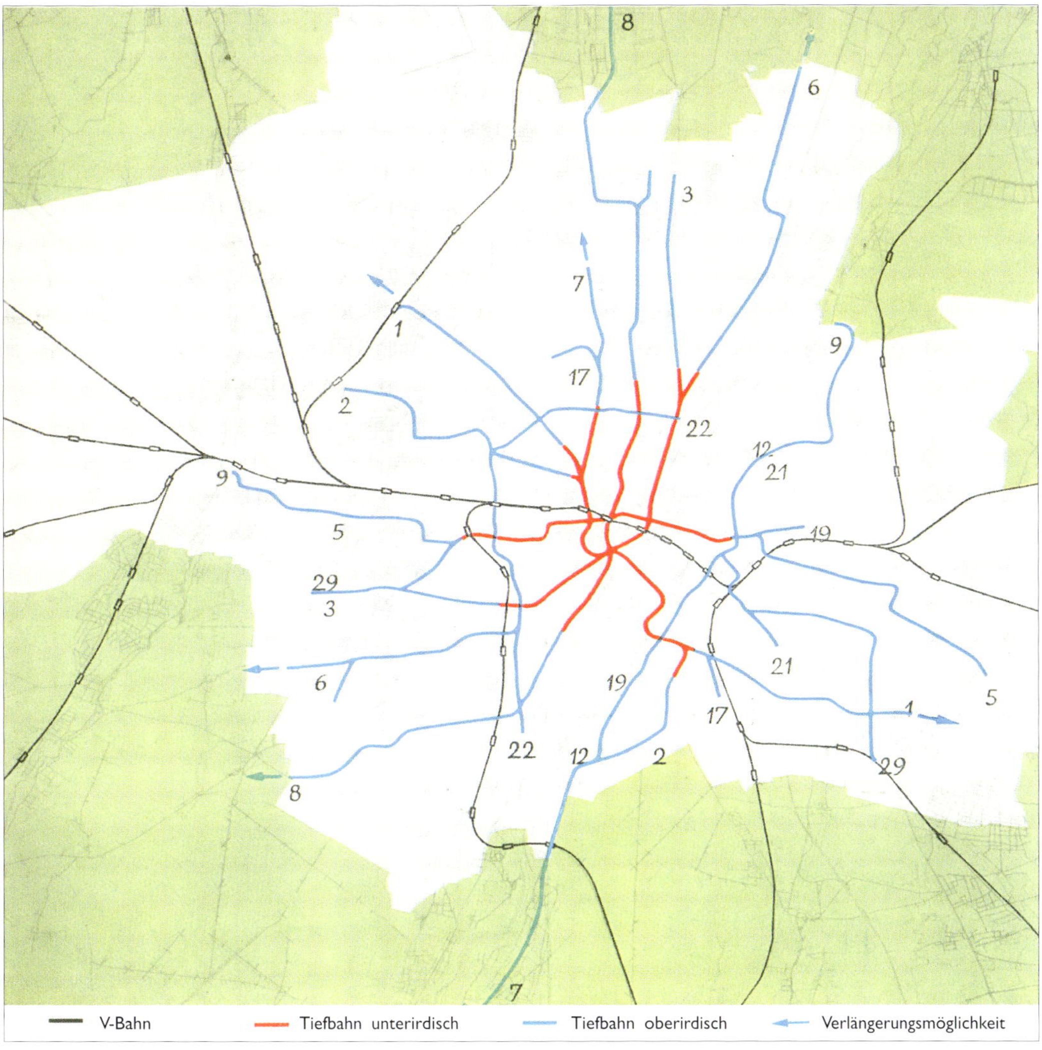
8
6
3
7
1
17
9
2
22
12
21
9
5
19
29
3
6
21
5
19
1
17
22
12
2
29
8
7
V-Bahn
Tiefbahn unterirdisch
Tiefbahn oberirdisch
Verlängerungsmöglichkeit

nicht leisten kann, den gesamten Verkehrsraum um große Flächen zu vermindern, nur um einem Verkehrsmittel da oder dort einen kleinen Vorteil zu verschaffen, der sich auch mit weit weniger dramatischen Mitteln erreichen ließe."[73] Auch der bayerische Innenminister Heinrich Junker (CSU) und die bayerische FDP hatten die Beschleunigungsmaßnahmen kritisiert.

Zwischen 1960 und 1970 wurde der Anteil an eigenem Bahnkörper von 22 auf 51 Prozent gesteigert. 1975 waren es bereits stolze 75 Prozent. Die mittlere Reisegeschwindigkeit erhöhte sich von 13 km/h (1960) auf 17,6 km/h (1973). Angeregt durch eine Aktion der SZ, machten die Verkehrsbetriebe die Trambahn kundenfreundlicher. Das Fahrpersonal erhielt Nachschulungskurse und wurde von einem Psychologen betreut. Nach und nach wurden die Fahrzeuge mit Sprechfunk ausgestattet, um auf Verspätungen und Unfälle flexibler reagieren zu können. Wichtige Haltestellen wurden mit Wartehäuschen, Beleuchtung, großen Haltestellenschildern und Lautsprechern für Durchsagen ausgerüstet.

Entsprechend den Empfehlungen der Verkehrsbetriebe beschloß der Stadtrat im März 1967 die Neuausrichtung des Straßenbahnbetriebes gemäß 17 verkehrlichen, betrieblichen und anlagentechnischen Gesichtspunkten, darunter weitgehende Verkehrsverlagerung von der Straßenbahn auf die Schnellbahnen, Verknüpfung von Zubringerstrecken mit den Schnellbahnen an „Schwerpunktknoten", Erhaltung gut ausgebauter Straßenbahnstrecken auf besonderem Bahnkörper, Trennung störungsarmer Außenstrecken von störungsanfälligen Innenstadtstrecken. So wurde 1972 am Scheidplatz anstelle der bisherigen Schleife östlich des Platzes westlich davon eine neue, großzügige Schleifenanlage mit direkter Umsteigemöglichkeit zwischen U-Bahn, Tram und Bus angelegt.

Eröffnung von elektrischen Strecken

21.07.1956	Rosenheimer/Anzingerstr. – Michaelibad
19.10.1958	Westendstr. – Kleinhadern/Alpenveilchenstr. (heute Gondrellpl.)
08.09.1959	Kölnerpl. – Scheidpl.
19.09.1959	Kurfürstenpl. – Scheidpl.
07.04.1961	Herkomerpl. – Effnerpl.
16.06.1962	Freimann/Süd – Freimann/Nord (Freimanner Platz)
06.11.1962	Botanischer Garten – Amalienburgstr.
07.08.1963	Wagmüller-/Galeriestr. (heute Unsöldstr.) – Wagmüllerstr. – Lerchenfeldstr. – Oettingenstr. – Theodorparkstr. – Tivolistr./Emil-Riedelstr. (Streckenverlegung)
31.10.1963	Waldfriedhof – Lorettopl.
08.11.1963	Scheidpl. – Oberhofer Pl. – Siedlung am Hart – Harthof
30.09.1964	Hofmannstr. – Ratzingerpl.
31.10.1964	Ratzingerpl. – Fürstenried/West
18.12.1964	Siedlung am Hart – Hasenbergl
30.01.1965	Leopold-/Johann-Fichte-Str. – Berliner Str. – Soxlethstr. – Schenkendorfstr. – Schenkendorf-/Ungererstr. (Leopold-/Johann-Fichte-Str. – Soxlethstr. bis Betriebshof 8 bereits als Depotzufahrt vorhanden)

Stillegung von elektrischen Strecken

1958	Impler/Oberländer Str. – Großmarkthalle
07.06.1960	Heiliggeistkirche – Reichenbachpl. sowie Falkenstr./Ohlmüllerstr. – Falkenstr. – Candidpl.
12.11.1961	Ludwig-/Galeriestr. – Galerie-/Wagmüllerstr.
07.08.1963	Tattenbachstr. – Oettingenstr. – Emil-Riedel-Str. – Emil-Riedel-/Tivolistr. (Streckenverlegung)
30.01.1965	Münchner Freiheit – Ungerer/Schenkendorfstr.
01.07.1965	Nordfriedhof – Freimann/Frankfurter Ring – Freimann/Freimanner Platz
Anfang 1966	Theresien-/Augustenstr. – Theresienstr. – Theresien-/Barer Str. (seit 12.11.1961 Betriebsgleis)

7. Straßenbahn als Auslaufmodell (1967–1986)

München hatte Mitte der 60er Jahre Düsseldorf und Essen überholt: Nach Hamburg und Westberlin war es der bedeutendste Wirtschaftsstandort der Bundesrepublik. Die Stadt wuchs pro Jahr um 30.000 Bürger und zog 1,7 Mio. auswärtige Besucher an. Am Stadtrand entstanden weitere Trabantenstädte: der Arabella- und Cosimapark sowie Neuperlach mit 25 .000 Wohnungen und 20.000 Arbeitsplätzen.

Die Vergabe der XX. Olympischen Sommerspiele an München (26. April 1966) beschleunigte den Bauboom. Auf dem ehemaligen Militär- und Flughafengelände Oberwiesenfeld wurde der Olympiapark angelegt.

Von den gesellschaftspolitischen Unruhen der Endsechziger wurde auch München nicht verschont. Ein Vorbote waren die tagelangen „Schwabinger Krawalle" im Juni 1962 gewesen: Als die Polizei einige Straßenmusiker vertreiben wollte, solidarisierten sich viele Schwabinger mit ihnen und blockierten nächtelang die Leopoldstraße. Fünf Jahre später zogen systemkritische Studenten auf die Straßen. Die Proteste eskalierten Ostern 1968, als bei der Blockade der BILD-Zeitung in der Theresienstraße zwei Menschen von Wurfgeschossen getötet wurden. Vom 26. August bis 11. September 1972 war München Gastgeber der XX. Olympischen Sommerspiele. Leider warf der Anschlag palästinensischer Terroristen einen dunklen Schatten auf die „heiteren Spiele von München".

Das neue S-Bahn-System und der Gemeinschaftstarif zwischen Bundesbahn und Verkehrsbetrieben verklammerten die Stadt mit der Region. Rasch wuchsen die im Einzugsbereich der S-Bahn gelegenen Orte. Die Pendlerströme nahmen zu, und die einst gerühmte sternförmige Ausrichtung des Schnellbahnnetzes auf die Innenstadt wurde zum Problem. Mit 1,34 Mio. erreichte die Einwohnerzahl 1973 ihren Höhepunkt. Infolge Geburtenrückgang und Abwanderung in die Region setzte danach ein Bevökerungsrückgang ein.

Ein Großraumwagenzug am Isartalbahnhof, März 1967. Einen Monat später wurde die Linie 10 auf Bus umgestellt

Im Oktober 1971 verabschiedete sich die Straßenbahn von der Münchner Freiheit. Hinter dem vom M4-Triebwagen 954 geführten Zug sind U-Bahn-Bauarbeiten erkennbar. Linie 6 ist durch Hütchen gegenüber dem Individualverkehr abgeschirmt.

Kurz vor MVV-Beginn fährt auf Linie 17 noch der alte D-Triebwagen 515 mit Beiwagen. Über der Paul-Heyse-Unterführung warten S-Bahn-Triebwagen, die bereits im Vorortverkehr fahren. Die Einstellung der Linie 17 (1983) war ein schwerer Fehler

Mit MVV-Beginn im Mai 1972 wurde die Tramstrecke vom Gasteig zum Rosenheimer Platz durch die S-Bahn ersetzt. Rechts der durch den „Hitler-Putsch“ bekannte Bürgerbräukeller. Die Bebauung hat sich inzwischen völlig verändert

Da Anschlußbuslinien auf die Schnellbahnknoten ausgerichtet werden, müssen Endabschnitte wie z.B. Petuelring – Anhalter Platz (1972) aufgegeben werden. M3-Triebwagen 784 mit m-Beiwagen steht in der Endschleife der Linie 7 am Anhalter Platz in Milbertshofen

Nach 12jähriger Amtszeit ging 1972 die Ära Hans-Jochen Vogel zu Ende. Sein Nachfolger wurde Georg Kronawitter. Wegen der Flügelkämpfe innerhalb der Münchner SPD kam es 1978 zu einem Wechsel: Sechs Jahre lang regierte Erich Kiesl (CSU) die Stadt. 1984 wurde der frühere Amtsinhaber Georg Kronawitter wiedergewählt. Seitdem ist die Stadt wieder fest in der Hand der SPD.

Im Lauf des Jahres 1967 vollzog die Leitung der Verkehrsbetriebe eine Kehrtwende. Während des „Sommerlochs" ließ Joseph Ströbl in der SZ die Katze aus dem Sack:

> *„Die neue, langfristige Planung sieht eine Stadt ohne Straßenbahn vor. Das Wagenbeschaffungsprogramm vom April dieses Jahres, bei dem noch einmal für 13 Millionen Mark 18 neue Gelenkzüge bestellt wurden, soll nun, so wird von den Straßenbahndirektoren versichert, endgültig das letzte gewesen sein. Freilich: Der Aussterbeprozeß unserer guten alten Trambahn wird sich noch über viele Jahre hinziehen."*[74]

Die Neuorientierung war von dem Wechsel an der Führungsspitze bestimmt: Am 1. Mai 1965 hatte Oberbaudirektor Hans Köhl von Dr. Fritz Baumeister als Werkdirektor die Leitung der Verkehrsbetriebe übernommen, unterstützt von dem Technischen Direktor Peter Engelbrecht und dem Wirtschafts- und Verwaltungsdirektor Walter Layritz. Engelbrecht war als U-Bahn-Experte von der Hamburger Hochbahn AG (HHA) nach München geholt worden und war zuständig für die Betriebs- und Netzgestaltung. 1973 wurde er Werkdirektor und amtierte bis 1980. Nach dem Vorbild West-Berlins und Hamburgs plädierte Engelbrecht für ein zweistufiges System (U-Bahn plus Bus), da die Infrastruktur eines zusätzlichen Verkehrssystems unnötige Mehrkosten verursache. Außerdem reduziere sich durch den Verzicht auf ein drittes Verkehrssystem die Umsteigehäufigkeit. Der klassischen Straßenbahn gab Engelbrecht wegen ihrer Störanfälligkeit ohnehin keine Zukunftschance. Sie sollte entweder zur weitgehend unabhängig trassierten Stadtbahn ausgebaut oder, wie in der Millionenstadt München beschlossen, durch eine vollwertige U-Bahn ersetzt werden. In der Münchner Tram sah er daher nur einen U-Bahn-Vorläufer. Alle nicht von der U-Bahn abzulösenden Äste würden Belastungen aufweisen, die vom Bus bedient werden könnten. Buszubringer könnten die Außenbezirke zudem flexibler als Straßenbahnlinien erschließen. Die Einstellung des Reststraßenbahnnetzes sollte um 2000, dem Ende der technischen Lebensdauer der jüngsten Straßenbahnwagen, erfolgen.

Im März 1970 ersetzten Busse die Halbringlinie 22: Ein Großraumzug überquert, von der alten Donnersberger Brücke kommend, die Landsberger Straße

Am 20. April 1968 war letzter Betriebstag auf der „Klassischen Trasse": M4-Triebwagen 927 mit Beiwagen vor der Michaels- und Frauenkirche

Die mittelfristige Einstellung des Straßenbahnbetriebes wurde von der Direktion geplant und durch entsprechende „Anpassungsnetze" vorangetrieben. Die Herbeiführung einer politischen Grundsatzentscheidung wurde jedoch vermieden. Auch sprach die Direktion nicht allzu laut über das sensible Thema. Denn sowohl die Münchner Verkehrsbetriebe als auch das verkehrspolitische Umfeld waren traditionsorientiert. Das langsame Aussterben der Tram wurde von der Öffentlichkeit kaum registriert. München befand sich im U-Bahn- und Olympiafieber, ein Grundsatzbeschluß wurde nicht gefaßt, und der Rückzug der Tram zog sich über Jahrzehnte hin.

Die Verkehrsbetriebe verfolgten die Neubauprojekte Blumenau, St. Emmeram, Trudering, Neuharlaching und die Streckenverlegung im Westend nicht weiter. Lediglich die Verlängerungen zur St.-Veit-Straße (1968), zum Cosimapark (1970) und nach Neuperlach (1970/73) wurden noch gebaut. Letztere Verbindung sollte den Zeitraum bis zur Inbetriebnahme der U-Bahn im Jahr 1980 überbrücken. Gemäß Werkdirektor Hans Köhl war der Ausbau des Tramnetzes nun „im wesentlichen

1970 begegnen sich am Lorettoplatz der M4-Triebwagen 954 und der D-Triebwagen 485. Um den Fortbestand der später von der Linie 26 bedienten Friedhofsstrecke wurde in den 80er Jahren heftig gerungen

abgeschlossen".[75] Nur einige wenige U-Bahn-Vorlauf- bzw. Umleitungsstrecken sollten noch gebaut werden.

Nun wurden auch Straßenbahnlinien eingestellt, ohne langfristig durch die U-Bahn ersetzt zu werden: 1967 die Linie 10 zum Isartalbahnhof (Münchens älteste elektrische Linie, die durch die Einstellung der Isartalbahn an Bedeutung verloren hatte), 1968 die 12 von Bogenhausen zum Wettersteinplatz sowie 1970 die 22 vom Nikolaiplatz zum Harras und die 20/Süd nach Thalkirchen/Tierpark. Busse übernahmen die Verkehrsbedienung. Nach offizieller Lesart sollten Kosten für Umleitungs- oder Anpassungsmaßnahmen im Gefolge von Schnellbahn- oder Straßenbaustellen eingespart werden. Doch nur im Fall der Linie 22 wären größere Investitionen erforderlich gewesen, denn die Donnersberger Brücke wurde zur kreuzungsfreien Straßenbrücke zwischen Landshuter Allee und Trappentreustraße ausgebaut. Kurz vor Beschlußfassung beim Neubau der Donnersberger Brücke konfrontierten die Verkehrsbetriebe den Stadtrat mit ihrer Umstellungsvorlage und machten die bereits ausführungsreif gezeichneten Pläne für eine Tramunterführung unter der Arnulfstraße sowie gesonderte Auf- und Abfahrtsrampen zur Makulatur. Die baulichen Eingriffe im Fabrikgebäude des Reifenherstellers Metzeler an der Trappentreustraße konnten aufgrund des schmäleren Straßenquerschnitts entfallen. Durch die Umstellung wurden angeblich DM 18 Mio. eingespart. Im Gegenzug kostete die Anschaffung zusätzlicher Busse 5,3 Mio. DM, und ein Jahr vor der Stillegung waren die Gleise zwischen Rotkreuzplatz und Kazmairstraße noch für 753 000 DM komplett erneuert worden. Außerdem verlängerten sich die Ein- und Ausrückfahrten erheblich.

Kritiker zweifelten die von der Firma Metzeler auf 10 Mio. DM bezifferten Umbaukosten an und verwiesen zudem auf die Möglichkeit einer früheren Ausfädelung der Straßenbahn auf Höhe der Landsberger Straße. In ihrem Kostenvergleich sollen die Verkehrsbetriebe schaffnerbesetzte Altwagenzüge modernen Einmannbussen gegenübergestellt haben, um die vorgebliche Unwirtschaftlichkeit der Linie 22 zu demonstrieren. Im Stadtrat gab es kaum Widerstand. Lediglich der CSU-Fraktionsvorsitzende Hans Stützle monierte, daß in der engen Hohenzollernstraße die Abgasbelästigung zunehmen werde. Im Bericht der SZ wird der inzwischen eingetretene Meinungsumschwung sehr deutlich:

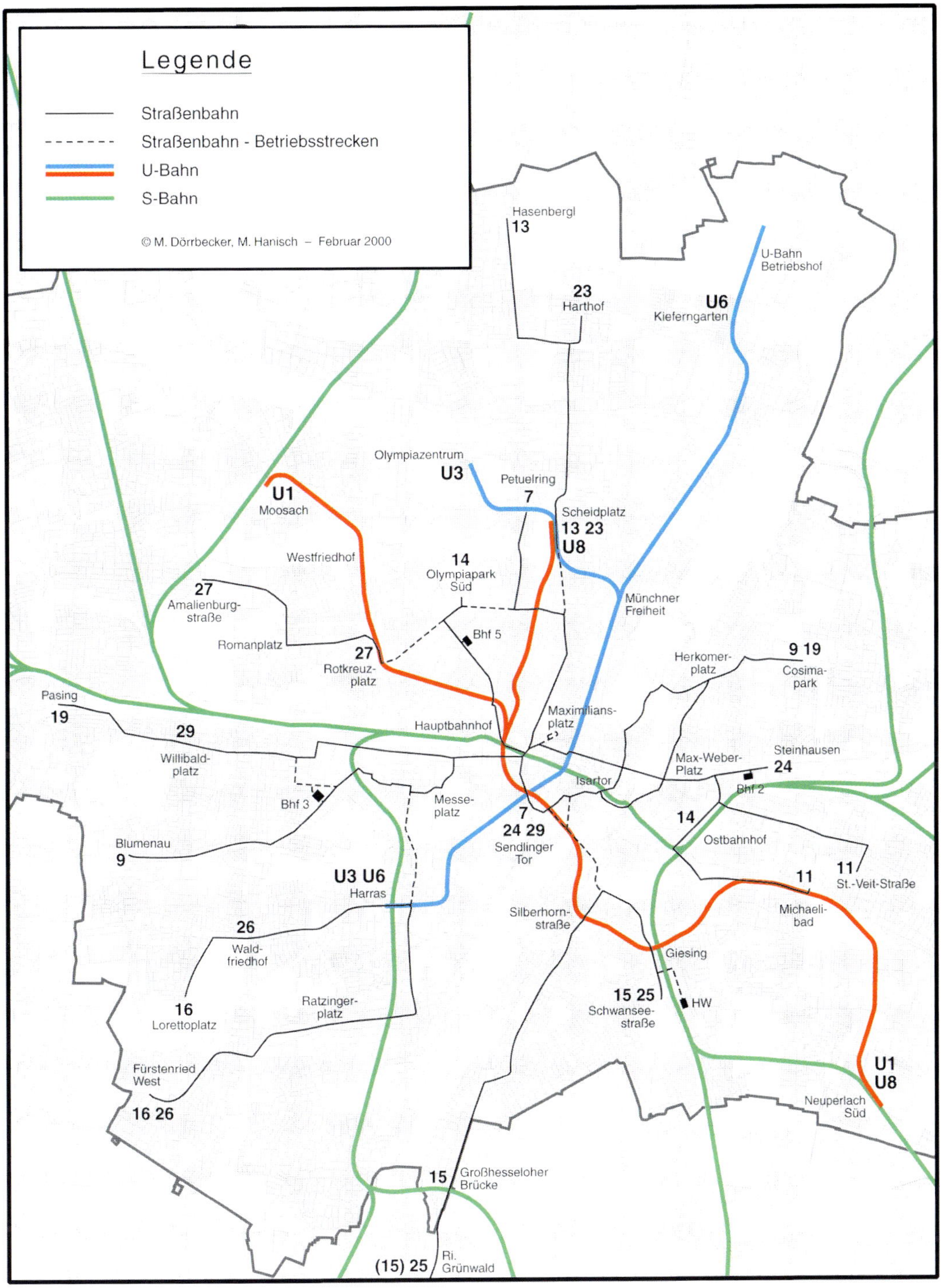

Im November 1967 planten die Verkehrsbetriebe für 1984 ein „Anpassungsnetz“ mit vier Inselstrecken (Linien 13/23, 15/25, 16/26, 27). Damals war noch geplant, die U1 nach Moosach abbiegen zu lassen. Heute wird sie zum OEZ verlängert

„Werkreferent Dr. Oskar Vetter rühmte hingegen die größere Flexibilität der Omnibusse. Noch vor wenigen Jahren hatte die Anregung eines Stadtrates, den ganzen Betrieb auf Omnibusse umzustellen, nur schallende Heiterkeit ausgelöst."[76]

Hinter der Umstellung der Linien 10, 12, 20/Süd und 22 stand auch das Kalkül, den Wageneinsatz zu vermindern. Eigentlich sollten die letzten 55 Altwagenzüge erst Ende 1975 mit Verlängerung der U-Bahn zum Harras ausgemustert werden. Durch die Reduzierung des Straßenbahnbetriebes in den Jahren 1967-70 konnten die Altwagen bereits im Winterfahrplan 1972/73 fast vollständig ausgemustert werden. Denn mit Eröffnung des S-Bahn-Netzes und der U3 sank die Zahl der zur Hauptverkehrszeit eingesetzten Straßenbahnzüge von 317 (davon 55 Altwagenzüge) auf 269.

Mit der Einstellung der beiden Tangentiallinien 12 und 22 wurde der Netzgedanke im Straßenbahnbetrieb zerstört. Denn beim Bau von U-Bahn-Durchmesserlinien hätte sich ein verbleibendes Tramnetz, wie z.B. in Bukarest und Rom, auf Tangentialstrecken abstützen müssen. Auch wenn dieser Aspekt bei der Umstellungsentscheidung wohl nicht im Vordergrund gestanden hat, bedeutet aus der Rückschau die Stillegung der Linien 12 und 22 eine Wegscheide in der Geschichte der Münchner Straßenbahn. Damals wurden die langfristigen Konsequenzen nicht wahrgenommen. Nur ein Dipl.-Ing. Helmut Ungerer kritisierte in einem Leserbrief diese Maßnahme und forderte die Verlängerung der beiden Linien zu einer auf eigenem Bahnkörper fahrenden Ringlinie.[77]

Der Stadtplanungsausschuß sah in seinem Beschluß vom 26. Februar 1969 in der Straßenbahn einen U-Bahn-Vorläufer und übernahm Engelbrechts zweistufiges Modell: „Das stark verästelte U-Bahn-Netz hat zur Folge, daß die Erschließung im Stadtgebiet weitgehend durch die U-Bahn selbst abgedeckt wird. Das ergänzende Omnibusnetz kann relativ kurz gehalten werden."[78]

Infolge des Rationalisierungsdruckes wurde der Trambetrieb zunehmend unpersönlicher. 1959 wurde am Karlsplatz der erste Fahrscheinautomat aufgestellt. Von 1962–67 wurde der Schaffner im Triebwagen der Großraum- und Gelenkzüge eingespart. Schließlich wurden von 1970–75 alle Linien auf vollständigen Einmannbetrieb umgestellt. Fahrkartenautomaten und „eiserne Schaffner" (Entwerter) traten an die Stelle des Schaffners. Die Umstellung kostete insgesamt 28 Mio. DM. Ihr standen jährliche Einsparungen in Höhe von 8 Mio. DM gegenüber.

Während des S-Bahn-Baues mußte die Straßenbahn 1967 auf einer provisorischen Brücke über den Karlsplatz geführt werden

Der Vorschlag, die personalintensiven Altwagen in Gelenkwagen umzubauen, wurde von den Verkehrsbetrieben nicht aufgegriffen. Am 30. Mai 1975 wurde unter großer Anteilnahme der Öffentlichkeit der letzte Münchner Schaffner auf der Stoßzeitlinie 29 verabschiedet. Mit der Ablösung der Schaffner nahmen die Schwarzfahrer zu. 1966 waren es bereits 3 Prozent der Fahrgäste. Ab März 1967 wurden daher „Kontrollschaffner" in Zivil eingesetzt. Die erhöhte Beförderungsgebühr betrug damals 5 DM. 30 Jahre später wurden 60 DM erhoben. Die fortschreitende Emanzipation der Frau wirkte sich auch bei der Straßenbahn aus: Nach langen Diskussionen durften ab 1965 Frauen nicht nur als Schaffnerinnen, sondern auch als Fahrerinnen Dienst tun.

…TEN, von denen sich der AStA distanzierte, ließen sich auf den Trambahngleisen nieder. …den starke Verkehrsbehinderungen. Nach einer halben Stunde gelang es der Polizei, die … entfernen.

…monstration verursacht Verkehrschaos

…nprotest gegen Trambahnpreiserhöhungen mit Zwischenfällen / Sitzstreik

…usend Studenten der Münchner Hochschulen demonstrierten gestern gegen die geplante …e Erhöhung der Trambahnpreise. Dabei kam es am Spätnachmittag, während der Haupt…rszeiten, zweimal zu Zwischenfällen, die den Verkehr erheblich behinderten. Eine Anzahl …nten ließ sich zuerst an der Kreuzung Karl-/Arcisstraße und später, nach dem Ende der …onstration, auch am Stachus zum Sitzstreik auf den Trambahngleisen nieder.

Polizei, die mit einem großen Aufgebot zu und motorisiert erschienen war, räumte einigem Zusehen schließlich die Gleise und …gte die Demonstranten auf die Gehsteige …

nichts zu tun: „Geld für US-Aggressoren. Vaterland, bist verloren." Vergeblich versuchten die Veranstalter, den jungen Mann davon abzubringen, die Tafel mitzuführen.

Auch die Trambahn wurde von den Studentenunruhen betroffen. 1967 protestierte der Münchner AStA gegen die fünfte Tariferhöhung der Nachkriegszeit, denn wegen der ansteigenden Personalkosten war der jährliche Fehlbetrag auf 47 Mio. DM (1967) angestiegen. Die Zeitkarten für Schüler, Studenten und Lehrlinge sollten von 16 DM auf rund 24–25 DM angehoben werden, der Einzelfahrschein von 60 auf 80 Pfennig. Mit Parolen wie „Vogel her, wir zahl'n nicht mehr" und „Schwarzfahrer aller Länder vereinigt Euch" zogen die Studenten am 21. Februar 1967 durch die Innenstadt. Hunderte setzten sich am Karlsplatz auf die Trambahnschienen und verursachten ein Verkehrschaos.

Der Ausbau des Schnellbahnnetzes schlug schmerzhafte Wunden in das Netz der Straßenbahn: Bereits am 21. April 1968 (vier Jahre vor S-Bahn-Eröffnung) verabschiedete sich die Tram von der „klassischen Trasse", 1971 von der Ludwig- und Leopoldstraße, 1972 zwischen Gasteig und Ostbahnhof. Die Aufrechterhaltung des Trambetriebes auf der „klassischen Trasse" über der offenen Baugrube wäre technisch möglich gewesen. Doch wäre dadurch die termingerechte Fertigstellung des S-Bahn-Tunnels bis zu den Olympischen Spielen im August 1972 gefährdet worden. Aus Kostengründen verzichteten die Verkehrsbetriebe auf eine befristete Rückkehr der Straßenbahn nach Abschluß der Bauarbeiten.

Die „Nord-" und „Südumfahrung" der Altstadt wurden zwischen 1968 und 1972 stark belastet. Durch ein Bündel von Maßnahmen erhöhte Direktor Engelbrecht die Kapazität des Umfahrungsringes. Alle Knotenpunkte wurden ertüchtigt, um einen flüssigen Straßenbahnverkehr zu ermöglichen. Vier Liniengruppen wurden gebündelt über die Nord- oder Südumfahrung geführt, um störungsanfällige Linienüberkreuzungen zu vermeiden. Zwischen Karlsplatz und Sendlinger-Tor-Platz fuhren nun stündlich 106 statt bisher 53 Züge pro Richtung. Mit 23 000 Plätzen je Stunde und Richtung wurde eine für bundesdeutsche Straßenbahnbetriebe einmalige Verkehrsleistung erzielt. Am Karlsplatz wurde eine viergleisige Haltestellenanlage einschließlich eines Stationshauses angelegt. Ebenso wurde das Endstück in der Sonnenstraße vor Einfahrt in den Sendlinger-Tor-Platz viergleisig ausgebaut. Das Zwischenstück war baulich so ausgeführt, daß ein Umbau auf viergleisigen Betrieb in kurzer Zeit durchgeführt werden konnte, was sich aber als nicht notwendig erwies. In der Müllerstraße erhöhte sich die Frequenz von 35 auf 80, in der Maximilianstraße von 16 auf 39 Züge.

Mit Inkrafttreten des Münchner Verkehrs- und Tarifverbundes (MVV) am 28. Mai 1972 wurde die Münchner Tram Bestandteil des Verbundnetzes in der Region München (2,1 Mio. Einwohner, 5 000 qkm Fläche). Der erste MVV-Fahrplan zählte 9 S-Bahn-, 3 Regionalbahn-, 3 U-Bahn-, 18 Straßenbahn-, 63 Stadtbus- und 30 Regionalbuslinien. Der gemeinsame Tarif und die einheitliche ÖPNV-Koordination waren von unschätzbarem Vorteil. Der MVV-Gesellschaftervertrag schrieb vor, daß Radiallinien auf der Straße nur betrieben werden durften, wenn auf andere Weise eine befriedigende Verkehrsbedienung nicht hergestellt werden konnte. Nicht erforderliche Parallelführungen sollten vermieden bzw. beseitigt werden.

Die beiden Hauptachsen in Nord-Süd- und Ost-West-Richtung wurden nun von der U- bzw. S-Bahn bedient. Das Verkehrsaufkommen der Straßenbahn ging von 216 Mio. (1964) auf 156 Mio. (1973) zurück. Immer noch stand die Tram an 1. Stelle, gefolgt von der neuen S-Bahn (132 Mio.), den städtischen Omnibussen (103 Mio.) und der U-Bahn (60 Mio.). Erst 1981 wurde die Tram (119 Mio.) von der auf zwei Stammstrecken angewachsenen U-Bahn (155 Mio.) überholt.

Die am Olympiapark Süd abgestellten „Heidelbergerzüge“ (Typen J/i) kamen während der Spiele kaum zum Einsatz

Der Abschnitt vom Petuelring zum Anhalter Platz war dem Ausbau des Mittleren Rings zum Opfer gefallen und auf Busbetrieb umgestellt worden. Die 1972 ebenfalls zur Einstellung vorgesehene Tramstrecke Max-Weber-Platz – Wörthstraße – Ostbahnhof blieb vorerst erhalten. Mit Eröffnung der U5 sollte der Ostbahnhof in den 80er Jahren endgültig tramfrei werden. Die Außenlinien nach Neuperlach, St.-Veit-Straße, Harthof und Hasenbergl führten nicht mehr in die Innenstadt, sondern endeten an den Schnellbahnknoten Scheidplatz bzw. Ostbahnhof. Dort sollten die Fahrgäste zum Umsteigen gezwungen werden. Der „gebrochene Verkehr“ rief viel Unmut hervor. 1975 wurden auch die Linien nach Fürstenried / West und zum Lorettoplatz zu U-Bahn-Anschlußlinien mit Endstation Harras degradiert. Aufgrund der starken Kritik am Umsteigezwang wurden die Endstationen Harthof und St.-Veit-Straße 1976 bzw. 1980 wieder direkt an die Innenstadt angebunden.

Während der XX. Olympische Spiele vom 26. August bis 11. September 1972 bestand das neue MVV-Netz seine erste Bewährungsprobe. Drei Straßenbahnsonderlinien X (Ausstellungsgelände – Dachauer Str. – Olympiapark-Süd), Y (Sendlinger Tor – Barer Str. – Olympiapark-Süd) und Z (Steinhausen – Dante-Stadion – Hanauer Str.) wurden eingerichtet. Sie waren aber unzureichend angekündigt und wurden kaum genutzt. Die meisten Besucher fuhren mit der neuen „Olympialinie“ U3 zum Olympiazentrum. Die am Olympiapark-Süd neu angelegte Schleifenanlage ist seit dem Ende der Spiele eine Geisterschleife. Mit Verlängerung der U-Bahn zum Harras am 23. November 1975 wurde Weiß Ferdls Linie 8 eingestellt. Zahlreiche Münchner gaben dem geschmückten Abschiedszug ein letztes Geleit.
Die Verkehrsbetriebe planten noch zwei Umleitungsstrecken, die im Zuge des U-Bahn-Baues notwendig wurden. Die 1973 eröffnete Strecke von Ramersdorf über die Hechtseestraße zum Michaelibad ersetzte die alte Trasse durch die Bad-Schachener-Straße. Einsprüche der Anwohner konnten durch den Hinweis auf die nur siebenjährige Nutzungsdauer zum Verstummen gebracht werden. Auf härteren Widerstand stieß die 1976 vom Werksauschuß beschlossene Umleitungsstrecke von der Nymphenburger Straße über die Landshuter Allee, Frundsbergstraße, Ruffinistraße zur Nymphenburger Straße. Während des U-Bahn-Baues sollte sie den Rotkreuzplatz für eine Dauer von drei Jahren entlasten. Eine von der CSU unterstützte Anwohnerinitiative machte gegen das Projekt Front. Als die Regierung von Oberbayern schließlich wegen der engen Straßen keine Zustimmung signalisierte, gaben die Verkehrsbetriebe das Projekt auf.

1968 wurde der Umfahrungsring um die Altstadt ertüchtigt. Im Juli 1982 haben eine M5+M5-Doppeltraktion und ein P3/p3-Kurzgelenkzug die viergleisig ausgebaute Haltestelle Karlsplatz verlassen

Weiß Ferdls Linie 8 durch die Lindwurmstraße wurde 1975 durch die U-Bahn ersetzt, die Linie 17 durch die Goethestraße fiel 1983 dem Bus zum Opfer. Heute ist der Goetheplatz ohne Straßenbahn

Außerdem entbrannte 1973 ein erbitterter Streit um eine von zwei SPD-Stadträten angeregte U-Bahn-Vorlaufstrecke zum Universitätsklinikum Großhadern. Von den Verkehrsbetrieben wurde das Projekt mit mäßiger Begeisterung verfolgt. Am 8. März 1974 beschloß der Stadtrat die Verlängerung von der Würmtalstraße über die Kornweger-, Guardini- und Waldwiesenstraße nach Großhadern. Gegen die Streckenführung durch die enge Kornweger- und Guardinistraße bildete sich eine von der CSU unterstützte Bürgerinitiative. Stadtrat Dr. Winfried Zehetmeier wetterte gegen eine „Straßenbahn quer durchs Ehebett".[79] Schließlich untersagte am 16. Mai 1974 die Regierung von Oberbayern diese Streckenführung wegen Verkehrsgefährdung und unzumutbarer Belastungen. Daraufhin favorisierte die Stadt eine direkte Führung durch die Würmtalstraße. Doch wurden nun Proteste gegen die Abholzung von 141 Alleebäumen erhoben. Denn staatliche Fördergelder gab es nur bei Führung auf eigenem Gleiskörper in Seitenlage. Darauf sollte nicht verzichtet werden. Vergeblich hielt die Stadt dagegen, daß sie an anderer Stelle neue Bäume pflanzen wolle. Die oppositionelle Münchner CSU unter Führung des aufstrebenden Dr. Peter Gauweiler heizte die Anti-Tram-Kampagne an. Sie gipfelte in schwarzen Totenkopfplakaten mit der Aufschrift „Tram mordet Bäume". Am 17. Dezember 1974 stimmte der Werksausschuß für die Variante Würmtalstraße. Doch verzögerten zahlreiche Einsprüche den Baubeginn. Vorübergehend beschäftigten sich die Verkehrsbetriebe mit einer dritten Variante: einer direkten Verlängerung vom Lorettoplatz zum Klinikum. Deren betriebswirtschaftliche Rentabilität wurde jedoch zu Recht angezweifelt. Schließlich wurde auf den Bau der Strecke verzichtet.

Bereits 1962 hatte es einen ähnlich gelagerten Streit gegeben. Die Tramlinie 6 sollte vom Waldfriedhof / Fürstenrieder Straße durch die Würmtalstraße nach Großhadern verlängert worden. Nach Protesten der Anlieger gegen drohende Baumabholzungen wurde 1963 die Linie zunächst entlang der Kriegerheimstraße zum Lorettoplatz geführt. Von dort sollte sie später im Zuge der Zöller- und Sauerbruchstraße nach Großhadern verlängert werden. Außerdem sollte das Klinikum von Norden durch eine Verlängerung vom Gondrellplatz über die Langbehn- und Waldwiesenstraße angebunden werden. 1965 gaben die Verkehrsbetriebe das Projekt auf und entschieden sich für eine zwischenzeitliche Busbedienung.

Die Diskussion um die beiden Neubauprojekte erhob die Straßenbahn Mitte der 70er Jahre erstmals zum kommunalpolitischen Streitobjekt. Während sich die Münchner CSU zur Sachwalterin von Partikular- und Autofahrerinteressen erhob, räumte die Münchner SPD dem ÖPNV Priorität ein und schloß sich dem weltweiten Pro-Straßenbahn-Trend an. In der Vergangenheit hatten die großen Stadtratsfraktionen verkehrspolitische Entscheidungen in der Regel im Konsens getroffen.

Die Verkehrsbetriebe hielten am Ziel der Tramstillegung fest. Im Dezember 1972 meinte der scheidende Werkdirektor Hans Köhl, daß man die Münchner Tram im Jahr 2000 nur noch im Museum finden werde.[80] Das 1971 in Kraft getretene Gemeindeverkehrs-Finanzierungsgesetz (GVFG) bot erstmals eine sichere Finanzierungsgrundlage für den weiteren Schnellbahnausbau. Die Verkehrsbetriebe konnten nun davon ausgehen, das U-Bahn-Grundnetz in überschaubarer Zeit zu verwirklichen und später bis an die Stadtgrenzen auszudehnen.

Doch nun formierte sich Widerstand gegen die Stillegungspläne: SPD-Stadträte wie Hans Bojer (ein ehemaliger Straßenbahnfahrer), das Münchner Forum unter Leitung von Architekt Karl Klühspies und der MVV sind zu nennen, wo sich Geschäftsführer Dieter Lippert nach dem Ausscheiden seines Ko-Geschäftsführers Walter Layritz (beim MVV von 1971-73) zugunsten der Straßenbahn einsetzte. Eine vom MVV in Auftrag gegebene, volkswirtschaftlich ausgerichtete Analyse der Nürnberger Gesellschaft für Konsumforschung ergab 1973, daß die Tram in puncto Schnelligkeit, Komfort, Umweltfreundlichkeit und Wirtschaftlichkeit besser als der Bus abschnitt. MVV-Geschäftsführer Dieter Lippert plädierte dafür, „der Straßenbahn auf lange Sicht ihre Daseinsberechtigung zu erhalten".[81]

Der MVV versuchte 1975 eine Imageaufwertung der Straßenbahn, indem er den werbewirksamen Begriff „Stadtbahn" in München einführte. Die Verkehrsbetriebe zogen nicht recht mit, und im Stadtrat kritisierte die CSU die Kosten dieser Kampagne. Der Begriff „Stadtbahn" geriet wieder in Vergessenheit.

Das Stadtentwicklungsreferat und der MVV identifizierten verschiedene „Verkehrskorridore", die von ihrem Verkehrsaufkommen her straßenbahnwürdig waren bzw. werden konnten. Hierzu zählten insbesondere Tangentialverbindungen. Der neue Stadtentwicklungsplan hatte in seinem ersten Entwurf eine tangentiale U-Bahn-Linie (U2) zur Verbindung der nördlichen und westlichen Stadtteilzentren sowie zur Entlastung der Schnellbahnknoten in der Innenstadt konzipiert. Wegen des hohen Investitionsaufwandes und des für eine U-Bahn ungenügenden Verkehrsaufkommens wurde statt dessen in der am 4. Juli 1975 beschlossenen Endfassung die Schaffung tangentialer Verkehrsverbindungen (Straßenbahn, Bus oder neue Technologien wie z.B. Kabinenbahnen) vorgeschlagen. Erstmals räumte ein Stadtentwicklungsplan dem Öffentlichen Verkehr Priorität ein.

Nach Ansicht von Werkdirektor Peter Engelbrecht war bei einer Fortführung des U-Bahn-Baus jenseits des Mittleren Ringes kein Bedarf mehr für die Tram. Die U-Bahn sei der Straßenbahn in puncto Sicherheit, Zuverlässigkeit und Wirtschaftlichkeit klar überlegen. Alle nicht auf die U-Bahn überzuleitenden Linien könnten vom Bus übernommen werden. Das Verkehrsaufkommen auf den vom MVV konzipierten Tangentialverbindungen würde keinen Straßenbahnbetrieb rechtfertigen. Lediglich bei einer Einstellung des U-Bahn-Ausbaues jenseits des Mittleren Ringes, wie die sich abzeichnende Mittelverknappung befürchten ließe, sei die Fortführung und Erweiterung des Straßenbahnbetriebes sinnvoll. Allerdings habe der Widerstand der Anwohner gegen neue Tramstrecken inzwischen stark zugenommen. Investitionsentscheidungen im Bereich des Straßenbahnwagenparks seien im Zeitraum 1980–82 zu treffen.[82]

Beim 100jährigen Geburtstag der Münchner Tram am 21. Oktober 1976 wurde die Jubilarin mit einem Wagenkorso auf der Maximilianstraße, einer Fahrzeugschau in der Olympiaschleife, einer Ausstellung und diversen Festveranstaltungen geehrt. Doch das Titelblatt des Jubiläumsheftes zierte bezeichnenderweise ein U-Bahn-Wagen.

Engelbrechts zweistufiges Modell wurde von der „Verkehrsuntersuchung Großraum München" bestätigt, die Bund, Freistaat, Landeshauptstadt, DB, MVV, Planungsverband Äußerer Wirtschaftsraum München und Flughafen München GmbH bei der TU München in Auftrag gegeben hatten. Die Gutachter waren Prof. Karl-Heinz Schaechterle (TU München) und Xaver Dorsch (Dorsch Consult, München). Die Untersuchung empfahl die zügige Weiterführung des U-Bahn-Baues. Für tangentiale Straßenbahnverbindungen sei keine ausreichende Verkehrsnachfrage vorhanden. Außerdem seien Baukosten in Höhe von 140 Mio. DM für 18 km neue Tramstrecken wirtschaftlich nicht vertretbar:

> *„Langfristig ist dabei der Ersatz der Straßenbahnlinien in den Außengebieten durch U-Bahn-Ergänzungsstrecken und eine verstärkte Flächenerschließung durch Omnibuslinien, die mit den U-Bahn-Haltestellen verknüpft werden, anzustreben."*[83]

Die Fertigstellung des Gutachtens fiel zeitlich mit dem Wahlsieg der CSU bei der Stadtratswahl zusammen, wodurch günstige Rahmenbedingungen für einen entsprechenden Grundsatzbeschluß geschaffen wurden. Am 25. April 1978 empfahl die Arbeitsgruppe zur Fortschreibung des mittelfristigen U-Bahn-Programms, den Straßenbahnbetrieb ab 1985 als Auslaufbetrieb zu führen und zwischen 1992 und 1994 einzustellen. Allerdings hatte Stadtrat Peter Kripp (SPD) im Stadtentwicklungsausschuß durchsetzen können, daß in der Entscheidungsvorlage „Alternativen" eingefügt wurden, die neben einem reinen Oberflächenbusnetz untersucht werden sollten, wenn sie volkswirtschaftlich sinnvoll seien.

Zur Eröffnung der U-Bahn-Linie U8 vom Scheidplatz nach Neuperlach (1980) sahen die Verkehrsbetriebe eine umfangreiche Reduzierung des Tramnetzes vor: Nicht nur die direkten Vorläuferlinien 2 / Nord, 7 / Nord und 24, sondern auch die Linien 17 (Wettersteinplatz – Romanplatz) und 1 nach Moosach waren ursprünglich zur Umstellung vorgesehen. Auch eine Einstellung der in 400–700 Meter Abstand zwischen den U-Bahn-Linien U3 / 6 und U8 verlaufenden Tramstrecke durch die Barer Straße wegen angeblichen „Parallelverkehrs" war untersucht worden. (Die Strecke hatte 1995 mit 12 000 Fahrgästen auf dem stärksten Querschnitt eine recht positive Belastung – mit steigender Tendenz.)

Nun verstärkte sich der Widerstand in der Öffentlichkeit. Unter dem Namen „Rettet die Münchner Tram" wurde eine Bürgerinitiative vom Münchner Forum ins Leben gerufen. Zahlreiche Prominente unterstützten den langfristigen Erhalt der Straßenbahn, darunter Altoberbürgermeister Dr. Hans-Jochen Vogel. MVV-Geschäftsführer Nikolaus Meyer gab zu bedenken, daß das zu 75 Prozent vom Individualverkehr abgeschirmte Tramnetz hervorragend ausgebaut sei. Außerdem spreche die Energiefrage für die Straßenbahn.

Für den aus Hamburg stammenden Stadtbaurat Uli Zech war die Diskussion um den Fortbestand der Münchner Tram allenfalls „folkloristisch".[84] Auch die Münchner CSU betrachtete die Straßenbahn nicht als neuzeitliches Verkehrsmittel, sondern bestenfalls als nostalgisches Relikt. In dieser Hinsicht zeigte sich die CSU gönnerhaft: Wiederholt schlug sie die Einrichtung einer mit historischem Wagenmaterial betriebenen Ringlinie vor, so Walter Zöller 1984. Selbst Ministerpräsident Franz-Josef Strauß gab 1983 ein nostalgisch gefärbtes Bekenntnis zur Münchner Tram ab.

Warum CSU-Politiker so vehement gegen die Tram agieren, ist unklar. Wahrscheinlich kommen verschiedene Motive zusammen: Erstens dürfte die CSU der Omnibus- und Automobilindustrie näher als der Schienenfahrzeugindustrie stehen. Auf die Umweltfreundlichkeit der Tram angesprochen, haben CSU-Politiker bezeichnenderweise im Gegenzug Batterie- oder Duobusse propagiert. Dabei lassen sie jedoch außer Acht, daß es um eine Systementscheidung zwischen einem spurgeführten Verkehrsmittel mit hoher Kapazität und einem nicht spurgeführten Verkehrsmittel mit geringerer Kapazität geht. Zweitens verfolgen viele CSU-Politiker entweder aus Überzeugung oder aus populistischen Motiven eine autofreundliche Linie. Mit dem Motto „Freie Fahrt für freie Bürger!" lassen sich wahlfördernde Emotionen freisetzen. Denn eine Tram, die sich eigene Fahrwege anmaßt und nicht links überholt werden darf, ist für überzeugte Autofahrer das Verkehrshindernis schlechthin. Noch eher akzeptieren sie die unsichtbare U-Bahn und den scheinbar so „flexiblen" Omnibus.

Nachdem immer mehr Münchner die Petition für den Erhalt der Straßenbahn unterzeichneten, taktierte die CSU vorsichtiger. Oberbürgermeister Kiesl versicherte, daß die Straßenbahn als U-Bahn-Zubringer auf Außenstrecken weiterhin Chancen habe. Allenfalls „hie und da" werde ein Stück Straßenbahn durch den Bus ersetzt werden.[85] Im November 1979 folgte die CSU im Werksausschuß nicht der von einem Dokumentationsband[86] untermauerten Empfehlung von Werkdirektor Peter Engelbrecht, das Verkehrssystem Straßenbahn stillzulegen. Zusammen mit SPD und F.D.P. stimmte sie dafür, bis zur Herbeiführung eines Grundsatzbeschlusses die Straßenbahn zu erhalten. In derselben Sitzung wurde zudem die Erhaltung der Linie 17/Nord auch *nach* Eröffnung der U1 zum Rotkreuzplatz beschlossen. Erstmals seit 1967 war die Zukunft der Münchner Tram wieder offen. Allerdings verhinderte die CSU die von der Opposition beantragte Erprobung moderner

Nur wenige Jahre war die „Stadtbahnstrecke" nach Neuperlach in Betrieb. Kurz vor Einstellung im Oktober 1980 wurde der P3/p3-Kurzgelenkzug an der Kreuzung Heinrich-Wieland-/Ständlerstraße aufgenommen

Während des letzten Wiesn-Einsatzes (Sep. 1983) begegnet M4-Triebwagen 2497 mit m-Beiwagen am Brausebad einem Bierfuhrwerk

DUEWAG-Stadtbahnwagen 363 (Typ N6S) aus Nürnberg im Testeinsatz am Maxmonument, November 1985

Straßenbahnfahrzeuge. Statt dessen unternahmen die Stadträte eine Besichtigungsreise zu den modernen Straßenbahnbetrieben Dortmund, Essen, Hannover und Nürnberg. Als Nachfolger des krankheitsbedingt vorzeitig ausgeschiedenen Peter Engelbrecht wurde 1980 Alois Danner komissarisch berufen. Neuer Werkdirektor wurde 1983 Dieter Buhmann.

Am 18. Oktober 1980 wurde als Test für das Ringlinienkonzept die seit 1970 nur als Betriebsgleis dienende Strecke Rotkreuzplatz – Leonrodplatz – Nordbad – Hohenzollernplatz der ehemaligen Linie 22 reaktiviert. Die neue Tangentiallinie 12 verkehrte von Neuhausen zum Scheidplatz.

Im Dezember 1982 stellten MVV und Stadtwerke das von ihnen erarbeitete „ÖV-Konzept 2000" vor. Ein kombiniertes Straßenbahn-/Bus-Zubringernetz im Jahr 1995 wurde einem reinen Busnetz gegenübergestellt. Bei ersterem waren alle „Parallelstrecken" zu Schnellbahnlinien gestrichen worden, darunter auch gut ausgelastete Strecken wie z.B. in der Landsberger Straße oder zur St.-Veit-Straße. Das Restnetz bestand nur noch aus den drei Linien 12 (Amalienburgstr. – Rotkreuzpl. – Scheidpl.), 18 (Petuelring – Barer Str. – Karlspl. – Isartor – Maxmonument – Effnerpl.) und 20 (Westfriedhof – Karlspl. – Maximilianstr. – Steinhausen). Wie nicht anders zu erwarten, hätte ein solcher Rumpfbetrieb pro Jahr 20 Mio. DM Mehrkosten verursacht. Das Gutachten sprach sich deshalb für die Stillegung der Straßenbahn aus. Neubaustrecken wurden nicht untersucht: Sie seien immens kostspielig, wären zu gering ausgelastet bzw. nicht durchsetzbar.

Der neue Werkreferent Walter Layritz gab Schützenhilfe: Eine Ringlinie um die Stadt sei wenig sinnvoll, weil sie von den Fahrgästen nur in einzelnen Segmenten benutzt würde (!).[87] Auch Kreisverwaltungsreferent Dr. Peter Gauweiler (CSU) hatte sich gegen die Tram ausgesprochen: Die Stadt könne sich auf Dauer keine drei Betriebszweige (U-Bahn, Tram, Bus) leisten. Die Trambefürworter tröstete er mit den Worten: „Wir behalten ja die Straßenbahn ... nur tiefer gelegt und schneller gemacht und mit einem – U – davor." Gemäß Gauweiler war die „Masse der Zubringerdienste" nur mit einem „engmaschigen und variablen Busnetz" zu leisten. In diesem Zusammenhang regte er den Einsatz von Obussen an.[88] Im „ÖV Gutachten München" von 1985 wurde unter anderem der Einsatz von Obussen bzw. Duobussen in der Tat geprüft, aber nicht befürwortet.

Aufgrund seiner offenkundigen Einseitigkeit war das ÖV-Konzept 2000 im Stadtrat nicht mehrheitsfähig. So hatte der AAN detailliert nachgewiesen, daß die zugunsten des Omnibusses ausfallenden Energie- und Schadstoffbilanzen falsch gerechnet waren. Auf Antrag von Manfred Brunner (F.D.P.) wurde im Dezember 1982 mit den Stimmen der CSU beschlossen, ein neues, unabhängiges Verkehrsgutachten in Auftrag zu geben. Unter Leitung von Prof. Gerhard Heimerl, Stuttgart, wurde es von der Münchner Ingenieurfirma Dorsch-Consult als Hauptgutachter sowie der Hamburg-Consult und dem Münchner Architekten Karl Klühspies als Nebengutachtern bearbeitet.

Dies hinderte aber den Stadtrat unter Oberbürgermeister Erich Kiesl (CSU) nicht daran, am 15. Dezember 1982 die größte Stillegung in der Geschichte der Münchener Straßenbahn zu beschließen. Der bereits drei Jahre zuvor geplante Kahlschlag wurde am 27. Mai 1983 nachgeholt: Eingestellt wurden die Linien 4 und 17 sowie Teile der Linien 16 und 21. Außerdem wurde der 1980 wegen U-Bahn-Baues „vorübergehend" eingestellte Abschnitt Effnerplatz – Cosimapark entgegen den seinerzeitigen Versprechungen nicht wieder hergestellt. Damit sollten zweifellos vollendete Tatsachen geschaffen werden. Insgesamt wurden in der Amtszeit von Erich Kiesl 18,6 km Straßenbahnstrecken ersatzlos stillgelegt oder durch Buslinien ersetzt. Die Stadt betrachtete die Straßenbahn weiterhin als Auslaufmodell. Mit dem Argument des „überflüssigen Parallelverkehrs" war die gut frequentierte Linie 17/Nord in der Arnulfstraße ersatzlos eingestellt worden, obwohl sie in bis zu 600 Meter Entfernung zur U- und S-Bahn verkehrt. Weitere kurzfristige Stillegungen standen im Raum (Pasing, Grünwald). Außenstrecken sollten nicht mehr direkt in die Stadt geführt, sondern zu U-Bahn-Anschlußlinien degradiert werden, wobei „Hakenlinien" wie z.B. Petuelring – Nordbad – Scheidplatz – Hasenbergl konzipiert wurden.

Waren die Stillegungen der 60er und 70er Jahre von der Bevölkerung noch relativ klaglos hingenommen worden, so zeigte sich nun Widerstand: Fahrgastinitiativen, Straßenbahnfreunde, Bund Naturschutz, Verkehrswacht und andere Organisationen forderten vehement den Erhalt und die Modernisierung der Münchner Straßenbahn. Schließlich untersagte der Stadtrat im Februar 1984 den weiteren Abbau von Gleisen und Fahrleitungen stillgelegter Strecken bis zur Herbeiführung eines Grundsatzbeschlusses.

Wahlplakat der SPD im Kommunalwahlkampf 1984

Der Oberbürgermeisterwahlkampf im Frühjahr 1984 wurde stark vom Thema Straßenbahn bestimmt. SPD, F.D.P. und Grüne setzten sich für den Erhalt und die Modernisierung dieses Verkehrsmittels ein. Die F.D.P. wollte vom Ja zur Tram sogar die Koalitionsfrage abhängig machen. Fraktionschef Manfred Brunner ließ auch die SPD nicht ungeschoren: Nicht ganz zu Unrecht warf er ihr vor, daß sie versäumt habe, während ihrer Regierungszeit rechtzeitig ein zukunftsweisendes Tramkonzept zu erstellen. Die SPD stand damit in einer bewährten Münchner Tradition: Anstelle von Grundsatzplanungen wurden stets Fall-zu-Fall-Entscheidungen bevorzugt. Der verkehrspolitisch akzentuierte Wahlkampf trug wesentlich zur Wende im Münchner Rathaus bei: Mit klarer Mehrheit setzte sich Altoberbürgermeister Georg Kronawitter (SPD) gegen den Amtsinhaber Erich Kiesl (CSU) durch.

Der neue Oberbürgermeister hielt sein Wahlversprechen: Am 15. September 1984 wurde die Strecke zum Lorettoplatz als Linie 26 feierlich wiedereröffnet. Die Regierung von Oberbayern als zuständige Aufsichtsbehörde hatte ursprünglich nur einen 20-Min.-Takt (!) genehmigen wollen, der sicherlich das baldige Aus zur Folge gehabt hätte. Daraufhin setzten die Stadtwerke unter Betriebsleiter Dieter Buhmann, sogar trotz Androhung eines Bußgeldbescheides, einen 10-Min.-Takt durch. Der Glaubenskrieg um die Linie 26 war allerdings eher kontraproduktiv. Denn es handelte sich in der Tat um weitgehenden Parallelverkehr zur U-Bahn. Die in der Boulevardpresse als „Geister-Tram“[89] verspottete Linie 26 erreichte nur knapp 4 000 Fahrgäste pro Tag auf dem stärksten Querschnitt. Für einen wirtschaftlichen Trambetrieb sind aber mindestens 8 000 notwendig. 1993 wurde sie endgültig eingestellt. Die von Kronawitter versprochene Wiedereröffnung der verkehrlich wesentlich bedeutenderen Linie 17 / Nord kam jedoch nicht recht voran.
Im Jahr 1985 wurden die Linien 19 und 29 zwischen der Landsberger / Trappentreustraße und Pasing / Marienplatz durch Einbau von Mikroprozessorsteuerungen in den Lichtzeichenanlagen beschleunigt: Die Tram bekam „Grüne Welle“. Das System funktionierte aber nur, wenn der vorgesehene Fahrplan eingehalten wurde. Anders als bei dem heute verwendeten System konnte die Tram die Lichtzeichen nicht selbst beeinflussen. Durch Veränderung der Ampelschaltungen wurde die Beschleunigung später wieder verwässert.

In den 80er Jahren brachte es die Münchner Tram zu ungewöhnlichen Schlagzeilen: 1983 entführten zwei Männer mit Waffengewalt einen Zug der Linie 19 und flüchteten schließlich unter Mitnahme der Fahrscheine. Drei Jahre später wurde nachts ein Straßenbahnzug im Betriebshof 3 gestohlen. Bei der Rückfahrt vom Gondrellplatz sprangen die jugendlichen Diebe ab. Als der Beiwagen entgleiste und über die Westendstraße rutschte, entstand ein Gesamtschaden von rund 2,2 Mio. DM.

Das im November 1985 vorgestellte „ÖV Gutachten München“ sprach sich nun eindeutig für ein Mischsystem Tram / Bus aus, da es wirtschaftlich günstiger sei. Neben der U-Bahn könne die Straßenbahn eigenständige Funktionen zur Verdichtung des Schnellbahnnetzes auf radialen Strecken sowie als tangentiales Verkehrsmittel übernehmen. Insbesondere auf Strecken mit einem täglichen Fahrgastaufkommen von 10 000 bis 25 000 Fahrgästen sei die Straßenbahn das geeignetste Verkehrsmittel. Der Omnibus erreiche bei 13 000 Fahrgästen seine Kapazitätsgrenze. Das Gutachten empfahl die Reaktivierung des Nordastes der Linie 17, die Verlängerung der bestehenden Tramlinie vom Effnerplatz nach Englschalking, den Bau einer Nord- und Westtangente sowie die Verlegung der Straßenbahn aus der inneren Dachauer in die Seidlstraße und aus der Fraunhoferstraße in die Cornelius- und Falkenstraße. Die Verlegungsvorschläge wurden schließlich nicht aufgegriffen, ebensowenig wie verschiedene angedachte Stillegungen (Agnes-Bernauer- / Siglstr. – Pasing, Westfriedhof – Moosach, St.-Martins-Pl. – Schwanseestraße, Isartor – Herkomerplatz). Durch den Wegfall von 26 500 Privatautofahrten sollte die Stadt 2 100 Tonnen Abgase jährlich einsparen.
Auch die CSU mochte nun nicht zurückstehen. Alle Stadtratsfraktionen beschlossen im Juli 1986, „die Straßenbahn als Teil des MVV-Gesamtsystems“ zu erhalten. Die Verwaltung wurde beauftragt, unter Berücksichtigung des Gutachtens ein verbindliches ÖV-Konzept zu erstellen. Damit war die Systemstillegung abgewendet.

Eröffnung von elektrischen Strecken

06.03.1967 Dachauer-/Augustenstr. – Stiglmaierpl. (Wiedereröffnung)

21.04.1968 Einstein-/Grillparzerstr. – Haidenaupl.

21.04.1968 Berg am Laim-/Baumkirchner Str. – St.-Veit-Str.

08.03.1969 Rosenheimer Pl. – Weißenburger Pl. – Weißenburger/Orleansstr. (Streckenverlegung)

12.09.1970 Michaelibad – Neuperlach

17.10.1970 Effnerpl. – Cosimapark

28.09.1973 Neuperlach – Neuperlach/Zentrum

30.09.1973 Ramersdorf – Hechtseestr. – Michaelibad (Streckenverlegung)

28.05.1978 Dachauer-/Joseph-Ruederer-Str. – Sandstr. – Sand-/Nymphenburger Str. (Streckenverlegung)

14.07.1978 Nymphenburger Str./Landshuter Allee – Landshuter Allee/Leonrodstr. (Streckenverlegung)

15.09.1984 Harras – Waldfriedhof/Fürstenrieder Str. – Lorettopl. (Wiedereröffnung)

Stillegung von elektrischen Strecken

06.03.1967 Starnberger Bahnhof – Hbf. (Streckenverlegung)

09.04.1967 Sendlinger Tor – Isartalbahnhof

Mitte 1967 Stiglmaierpl. – Seidlstr. (Streckenverlegung)

14.08.1967 Soxlethstr. (Betriebshof) – Schenkendorfstr. – Schenkendorf-/Ungerer Str. – Nordfriedhof

02.03.1968 Maximilianspl. – Odeonspl. – Ludwig-/Theresienstr.

21.04.1968 Karlspl. – Marienpl. – Isartor

21.04.1968 Milch-/Wörthstr. – Rosenheimer Pl. – Regerpl. – Ostfriedhof

21.04.1968 Berg am Laim-/Baumkirchner Str. – Baumkirchner Pl.

08.03.1969 Rosenheimer Pl. – Rosenheimer/Orleansstr. (Streckenverlegung)

01.03.1970 Nikolaipl. – Kurfürstenpl.; Donnersberger/Arnulfstr. – Kazmair/Trappentreustr.

01.08.1970 Lindwurm/Implerstr. – Thalkirchen/Tierpark

19.04.1971 Ismaninger/Prinzregentenstr. – Prinzregententheater (nur für Sonderwagen)

19.10.1971 Scheidpl. – Kölner Pl. – Münchener Freiheit – Ludwig-/Theresienstr. – Theresien-/Barer Str.

1972 Martin-Greif-/Schwanthalerstr. – Schwanthaler-/Hermann-Ling-Str.

ca. 1972 Gollier-/Ridlerstr. – Astaller-/Ridlerstr. (Schleife)

04.05.1972 Scheidpl. – Berliner Str.

28.05.1972 Rosenheimer Str./Am Gasteig – Rosenheimer Pl. – Weißenburger Pl. – Weißenburger-/Orleansstr.

28.05.1972 Milbertshofen/Anhalter Pl. – Riesenfeld – Petuelring

11.11.1972 Tiroler Pl. – Schwaige Harlaching (Karolinger Allee)

30.09.1973 Rosenheimer-/Anzinger Str. – Bad-Schachener-Str. – Michaelibad

01.06.1975 Fraunhofer-/Müllerstr. – Fraunhofer-/Reichenbachstr. (Streckenverlegung)

23.11.1975 Sendlinger-Tor-Pl. – Goethepl. – Lindwurm-/Plinganserstr.

28.05.1978 Gärtnerpl. – Fraunhofer-/Reichenbachstr.

15.09.1978 St.-Bonifatius-Str./Edelweißstr. – Edelweißstr. – Edelweiß-/Tegernseer Landstr./Edelweißstr. (Streckenverlegung)

22.09.1979 Westend-/Zschokkestr. – Zschokke-/Hans-Thonauer-Str. (seit 10.09.1952 nur Betriebsgleis)

01.06.1980 Effnerpl. – Cosimapark

19.10.1980 Dachauer/Augustenstr. – Josephspl. – Nordbad

19.10.1980 Josephspl. – Hohenzollernpl.

19.10.1980 Ostbahnhof – Ramersdorf – Hechtseestr. – Michaelibad – Neuperlach – Neuperlach/Zentrum

14.07.1979 Rotkreuzpl. – Arnulf-/Donnersberger Str. (seit 1970 nur Betriebsgleis)

06.06.1981 Barer Str. – Lenbachpl. („Bernheimer Klamm“, zuletzt nur Betriebsgleis)

17.04.1983 Harras – Waldfriedhof/Fürstenrieder Str. – Lorettopl.

29.05.1983 Dachauer-/J.-Ruederer-Str. – Sandstr. – Nymphenburger Str. – Landshuter Allee/Leonrodstr. – Rotkreuzpl.

29.05.1983 Silberhornstr./Tegernseer Landstr. – Baldepl. – Goethepl. – Paul-Heyse-Unterführung – Arnulfstr. inkl. Schleife Spatenstr. – G.-Schätzel-Str. – Wredestr.

29.05.1983 Müller-/Corneliusstr. bzw. Reichenbachpl. – Gärtnerpl.

11.03.1984 Theresienhöhe/Bavariaring – Hermann-Lingg-Str. – Hermann-Lingg-Str./Bayerstr. (Schleife für Wiesnlinie)

18.04.1989 Einsteinstr./Betriebshof – Steinhausen/Schleife

8. Renaissance der Münchner Tram (seit 1986)

In den 80er und 90er Jahren entwickelte sich München zu einem attraktiven Wirtschafts- und Investitionsstandort. Zur traditionellen Industrie und dem Banken- und Versicherungswesen traten zahlreiche Unternehmen der HighTech-, Kommunikations- und Medienbranche hinzu. Hierzu haben viele Faktoren beigetragen: die gezielte Förderung durch Landeshauptstadt und Freistaat, der vorteilhafte Standort am Schnittpunkt europäischer Verkehrsachsen, die überdurchschnittliche Bildungsinfrastruktur, der hohe Freizeitwert und nicht zuletzt der gut ausgebaute ÖPNV. 1999 hatte München 1,2 Mio. Einwohner. Als vorläufig letzte soll in Freiham eine Trabantenstadt angelegt werden. Außerdem wird bis 2020 infolge des Rückbaus von Bahnanlagen zwischen Pasing und Hackerbrücke eine neue Siedlungsachse mit 8550 Wohnungen und 11 760 Arbeitsplätzen entstehen.

Bei der Oberbürgermeisterwahl 1990 siegte mit Christian Ude wiederum der SPD-Kandidat. Tatkräftiger als sein Vorgänger setzt sich der in Schwabing aufgewachsene Ude für den Ausbau des ÖPNV und der Straßenbahn ein. Verschiedene Maßnahmen der rot / grünen Stadtratsmehrheit zur Verkehrsberuhigung und Bevorrechtigung des ÖPNV stießen auf erbitterten Widerstand von CSU, Republikanern und Automobile Steuerzahler-Partei (ASP).

1996 stellte die DB AG das in mehreren Varianten ausgeführte Großprojekt „München 21" vor. In der Maximalvariante sollen alle Züge ab Friedenheimer Brücke unterirdisch zum Ostbahnhof geführt werden. Der Hauptbahnhof soll ein unterirdischer Durchgangsbahnhof werden. In der „Kombi-Variante" bleibt der oberirdische Hauptbahnhof in reduzierter Form bestehen. Nur ein Teil der Züge wird

Im Mai 1993 wurde der gesamte Südwesten tramfrei, hier kurz vor Einstellung die Linie 26 mit M5-Triebwagen 2613 und m5-Beiwagen an der Sendlinger Kirche

in diesem Fall unterirdisch zum Ostbahnhof geführt. In der Minimalvariante sollen zusätzliche Züge über den bestehenden DB-Südring geführt und die Gleisanlagen im zentralen Bereich reduziert werden. Bei Verwirklichung der Maximalvariante würden zwischen Friedenheimer Brücke und Hauptbahnhof rund 150 Hektar Fläche für eine Neubebauung frei. Die Verwirklichung dieses Jahrhundertprojektes würde auch im Bereich der ÖPNV-Anbindung umfangreiche Veränderungen erfordern.

Der 1992 eröffnete Großflughafen München-Erding wurde durch eine S-Bahn-Verlängerung von Ismaning aus angebunden. 1999 kam ein zweiter S-Bahn-Anschluß via Neufahrn hinzu. Die einst hochgelobte S-Bahn entwickelte sich allerdings zum Sorgenkind des Münchner ÖPNV. Ähnlich wie die örtliche Presse in den 50er Jahren die „Trambahnmisere" kritisiert hatten, prangerte sie nun die „S-Bahnmisere" an. Der überlastete Innenstadttunnel erlaubt keine Verdichtung des Taktes von 20 auf 10 Minuten auf allen Linien. Nun rächte sich, daß die Stationen nur zweigleisig ausgeführt wurden, bzw., daß kein zweiter S-Bahn-Tunnel angelegt wurde. Ersatzweise sollen nun der Südring für S-Bahn-Betrieb ausgebaut oder doch ein zweiter S-Bahn-Tunnel angelegt werden. Außerdem sollen neue Straßenbahntangentialstrecken die S- und U-Bahn im Innenstadtbereich entlasten.

Unter Oberbürgermeister Kronawitter kam die Modernisierung der Münchner Tram nur zaghaft voran. Vorsichtig deutete er 1987 an, nur für das Bestandsnetz eine Zukunft zu sehen. Neue Strecken könnten wegen der knappen Haushaltslage und der zu erwartenden Widerstände voraussichtlich nicht verwirklicht werden.[90] Dies war auch die Position der SZ: Ekkehard Müller-Jentsch kritisierte 1990 das „Wolkenkuckucksheim" der „Plaudertaschen und Tüftelfreaks" im Stadtrat. München könne sich den Luxus neuer Tramstrecken nicht leisten. Sinnvoll sei lediglich die Modernisierung des bestehenden Streckennetzes und der Kauf neuer Niederflurfahrzeuge.[91]

Es sollte noch drei Jahre dauern, bis das Planungsreferat im November 1989 die „Integrierte ÖPNV-Planung für die Landeshauptstadt München" vorstellte. Sie lehnte sich im wesentlichen an das Verkehrsgutachten von 1985 an. Das Tramnetz sollte nicht nur erhalten, sondern auch erweitert werden. Die CSU-Fraktion kritisierte den Investitionsbedarf von DM 481 Mio. DM für neue Strecken und Fahrzeuge. Die Verkehrsbetriebe versuchten, das Steuer

Die abseits der Straßen trassierte Strecke nach Fürstenried-West wurde im Juni 1991 durch die U-Bahn ersetzt

noch einmal herumzureißen. Werkreferent Layritz plädierte für ein „billigeres" Busnetz. Werkdirektor Heinz Halder monierte, daß das Tramnetz nicht für Zubringeraufgaben konzipiert sei. Busse seien in dieser Funktion effizienter. Bei der Straßenbahn seien die vorgesehenen Investitionen „nicht sinnvoll angelegt".[92] Auch MVV-Chef Dieter Lippert war vom Paulus zum Saulus geworden: „Wenn die Kosten für den Nahverkehr nicht sprunghaft steigen sollen, müssen wir jetzt Ballast abwerfen."[93] Gleichzeitig machte die Entwicklung des Niederflurwagens gute Fortschritte, bei der sich die technische Abteilung der Verkehrsbetriebe sehr engagierte.

Erst nachdem 1990 die Wirtschaftlichkeit des gemischten Tram-/Buskonzepts detailliert nachgewiesen wurde, gab die CSU ihren Widerstand auf. Im Januar 1991 wurde die Integrierte ÖPNV-Planung vom Stadtrat einstimmig verabschiedet. Nun war es endlich möglich, den jahrzehntelang vernachlässigten Trambetrieb zu modernisieren. 1992 wurden die Verkehrsbetriebe zum Werkbereich Verkehr, einer eigenständigen Abteilung der Stadtwerke, aufgewertet. Mit der gleichzeitigen Berufung von Dipl.-oec. Herbert König zum Werkleiter Verkehr kam frischer Wind in die Einsteinstraße. König war zuvor Chef des Augsburger Verkehrsverbundes und ist ein überzeugter Verfechter eines wirtschaftlichen Verkehrsmittels Straßenbahn. Konsequent sucht er die Wirtschaftlichkeit der Tram durch Rationalisierungsmaßnahmen zu verbessern.

Die Umsetzung der Integrierten ÖPNV-Planung benötigte noch eine Anlaufzeit. Zunächst mußte das Straßenbahnnetz weiter schrumpfen: 1991 wurde Linie 16 nach Fürstenried-West durch eine U-Bahn ersetzt, 1993 folgten alle restlichen Tramstrecken im Südwesten, da sie als unwirtschaftlich beurteilt worden waren. Außerdem wurden die Schnellstraßenbahnstrecken zum Harthof und Hasenbergl durch eine U-Bahn-Verlängerung ersetzt. Es fehlte nicht an Kritik an dieser Maßnahme. Denn die schnellstraßenbahnmäßig trassierten Tramlinien 12/Nord und 13 erreichten eine mittlere Reisegeschwindigkeit von 25 km/h. Die Trassen wurden teilweise in Rad- und Fußgängerwege umgewandelt, die Tunnel zugeschüttet.

Relikte der Münchner Stadtbahn: Tunneleinfahrt Boschetsrieder Straße und Heinrich-Wieland-Straße/ Neuperlach

Die ersten neuen Straßenbahnwagen seit 22 Jahren: Ohne Schwierigkeiten meistert der Niederflur-Prototyp 2701 (Typ R1.1) im Februar 1992 die S-Kurve an der Theatiner-/Perusastraße

Die ab 1994 abgelieferten Niederflurwagen der Serienausführung R2.2 ersetzen die Zweiwagenzüge des Typs M/m. Dank der Beschleunigung können die Straßenbahnen die Sonnenstraße ohne Warten überqueren

Im November 1993 wurden die Paradestrecken zum Harthof und Hasenbergl durch die U-Bahn ersetzt: Ein P3/p3-Kurzgelenkzug trifft am Euro-Industriepark einen M4/m4-Zug

Doch langsam, aber sicher wurde die Münchner Tram saniert. 1990 trafen die ersten Niederflurwagen ein, und 1993 wurde die 400 m lange Verbindungsstrecke in der Zschokkestraße wiederhergestellt. Anstatt das vom restlichen Netz abgehängte Stück Gondrellplatz – Westendstraße als U-Bahn-Anschlußlinie zu betreiben, wie einst geplant, wurde mit der neuen Führung der Linie 18 eine direkte Verbindung vom Gondrellplatz über Westend-, Zschokke-, Sigl- und Landsberger Straße zur Stadtmitte eingerichtet.

Im Sommer 1994 wurde als erste die damalige Linie 20 zwischen Moosach und Effnerplatz (12,3 km) nach Züricher Vorbild beschleunigt. Nun wird der ÖPNV nicht nur passiv vom Individualverkehr geschützt, sondern aktiv bevorrechtigt. Das Beschleunigungsprogramm umfaßt den Einbau verkehrsabhängiger Ampelsteuerungen bei Lichtzeichenanlagen mit Priorität für die Straßenbahn, den Umbau von Straßenkreuzungen (so z.B. Verlegung der Straßenbahnhaltestellen hinter die Kreuzung zur optimalen Ausnutzung der Fahrphase), die Verbreiterung von Haltestelleninseln, den Bau von Wartehaltestellen, die Einrichtung von Ampelschutz für Fahrgäste bei der Straßenüberquerung an „dynamischen Haltestellen" und die Umrüstung von Weichen.
Alle Münchner Fahrzeuge wurden Anfang der 90er Jahre mit IMU-Weichensteuerungen und IBIS-Bordrechnern ausgestattet. Nähert sich eine Tram oder ein Bus einem Lichtsignal, erfolgen nacheinander per Funksignal zwei Voranmeldungen, und die Kreuzung wird frei geschaltet. Hat das Fahrzeug das Lichtsignal hinter sich zurückgelassen, erfolgt die Abmeldung.
Für den Kunden stehen zweifellos die reduzierten Fahrtzeiten, die erhöhte Pünktlichkeit und der größere Haltestellenkomfort im Vordergrund. Für den Betreiber ist die verbesserte Wirtschaftlichkeit der entscheidende Pluspunkt: Durch verringerte Umlaufzeiten werden Kurse eingespart, was den Fahrzeug- und Personaleinsatz reduziert. Bei der Linie 20 bezifferten sich die Einsparungen auf 3,25 Mio. DM pro Jahr. Außerdem wird die Verkehrssicherheit erhöht. So kann die Kollisionshäufigkeit durch den Wegfall gleichzeitiger Grünphasen für Tram und linksabbiegende Pkw deutlich eingeschränkt werden.
Ein Jahr nach der Beschleunigung der Pilotlinie 20 konnten die Stadtwerke eine rundum positive Bilanz ziehen: Verminderung der Fahrzeit von 51 Min. auf 43 Min., Erhöhung der mittleren Reisegeschwindigkeit von 14,2 auf 17,2 km/h, Verbesserung der Pünktlichkeit von 7 bzw. 9 Prozent auf 55 bzw. 73 Prozent, Fahrgastzuwächse auf Teilabschnitten von bis zu 6,4 Prozent. Ziel ist es, alle Straßenbahnlinien sowie eine Anzahl wichtiger Buslinien zu beschleunigen.
Widerstand gab es von Autofahrerseite. Lokale Boulevardblätter und die Münchner CSU griffen das Thema auf und beschworen „Staufallen" und den „Verkehrskollaps". Seit Mitte der 90er Jahre hat die CSU, sekundiert von ADAC und IHK, leider wieder einen tramfeindlichen Kurs eingeschlagen. Kreisverwaltungsreferent Dr. Hans-Peter Uhl (CSU) mochte in der Straßenbahn nur ein „Schikane-Instrument" bestimmter Politiker zu Lasten der Autofahrer sehen. „Dort, wo sie ohnehin verkehrt, sollte man sie auch weiter fahren lassen, aber neue Trassen dazuzubauen, ist ein Anachronismus. (...) Wer aber wirklich etwas für den MVV tun will, der sollte besser die Busse im Fünf-Minuten-Takt fahren lassen. Das kostet zwar Geld, ist aber immer noch billiger als neue Straßenbahnstrecken."[94]

Zahlreiche Verbesserungen haben den Komfort und die Sicherheit der Fahrgäste erhöht: So wurden „Kaphaltestellen" und dynamische Haltestellen eingeführt. Bei ersteren wird der Gehsteig an die Haltestelle herangezogen, so daß die Fahrgäste unbehindert vom Autoverkehr direkt einsteigen können. Bei dynamischen Haltestellen wird der Individualverkehr während des Haltevorgangs hinter der Haltestelle mit einer roten Ampel aufgehalten. An den meisten Haltestellen wurden in den letzten Jahren pflegeleichte Wartehäuschen aufgestellt. Auch werden elektronische Anzeigetafeln aufgestellt, die über die reale Wartezeit informieren.

Gemäß den Vorgaben des Stadtrates wurde 1993 in der Zschokkestraße erstmals in München ein Rasengleis angelegt. 1997 wurde erstmals in Deutschland in der Haidhauser Steinstraße das neuentwickelte Rasengleissystem INFUNDO eingebaut. Bei diesem Rasengleissystem wird die Schiene mittels einer Polyurethan-Kork-Masse in ausgesparte Tröge der Betontragplatte eingeklebt. Das System garantiert eine dauerhaft exakte Schienenlage und reduziert die Schallemission. Kunststoffwaben unter dem Rasen ermöglichen es Polizei- und Rettungsfahrzeugen, den Gleiskörper zu befahren. An anderen Stellen des Münchner Gleisnetzes kommen unter der Betonschicht sog.

„Unterschottermatten" (USM) auf Sylomerbasis zum Einbau. Sie entkoppeln den Oberbau vom übrigen Straßenraum und bewirken ebenfalls eine erhebliche Körperschallminderung.

Im Jahr 1994 wurden erstmals Nachtlinien eingeführt. Da der Linienweg nicht unbedingt identisch mit demjenigen der Tageslinie ist, wird ein „N" vorangestellt. Die Fahrzeuge rücken auf der Nachtlinie aus und übernehmen morgens die ersten Kurse der Tageslinie. Die Nachtlinien N17, N19, N20, N27 fahren nicht nur an Wochenenden (Halbstundentakt), sondern auch von Montag bis Freitag (Stundentakt). Mit Beschluß vom Februar 1996 wurde der dauerhafte Erhalt der in der ÖPNV-Planung nicht enthaltenen Strecke zum Petuelring beschlossen. Im Gegenzug wurde der Bau der 1991 beschlossenen Abzweigstrecke Tivolistraße – Tucherpark auf unbestimmte Zeit zurückgestellt. Außerdem kam man 1999 überein, den Erhalt der Tramstrecke nach Pasing zu prüfen, die ursprünglich zum Zeitpunkt der U-Bahn-Verlängerung zum Pasinger Bahnhof eingestellt werden sollte. Die Linie 19 soll im Falle ihres Fortbestehens ebenfalls zum Pasinger Bahnhof verlängert werden. Dort wird ein wichtiger Verknüpfungspunkt zwischen Fern- und Nahverkehr entstehen. Bereits 1955 hatten die Verkehrsbetriebe Alternativen zur störenden Schleife auf dem Pasinger Marienplatz untersucht: eine neue Wendeschleife vor dem Pasinger Rathaus, eine Verlängerung mit neuer Wendeschleife zum Jugendheim an der Bodenseestraße sowie eine Häuserblockschleife via Gleichmannstraße, Bahnhof Pasing und Bäckerstraße. Letztere Lösung wurde eine Zeit lang favorisiert, doch verhinderten die Pasinger Geschäftsleute den Bau, da sie nicht auf ihre Laufkundschaft verzichten wollten.

Die Integrierte ÖPNV-Planung weist der Trambahn vier Hauptfunktionen zu:

- *Zubringer zur U-Bahn in Außenbereichen;*
- *Direktverbindung zur Innenstadt auf Relationen, die nicht von der U-Bahn erschlossen werden,*
- *Erschließung als Ergänzung zur U-Bahn bei hoher Nachfragedichte,*
- *Herstellung neuer Tangentialverbindungen.*

Mit 34 000 Fahrgästen pro Tag auf dem stärksten Querschnitt (Zahlen von 1995) werden auf den Linien 20/21 die größten Beförderungsleistungen erbracht. Vor dem Westfriedhof fährt ein R2.2-Niederflurwagen der Linie 20 in der Dachauer Straße stadteinwärts

Seit über 90 Jahren wendet die 19 auf dem Pasinger Marienplatz. Wenn die Strecke erhalten bleibt, soll endlich die Verlängerung zum Bahnhof München-Pasing verwirklicht werden (Führung vorne nach rechts durch die Gleichmannstraße)

Am Leonrodplatz treffen sich die stark frequentierten Linien 20/21 zum Westfriedhof bzw. nach Moosach und die Linie 12 (vorne). Künftig wird hier auch die „Nordtangente" (Linie 22) verkehren

Mit Eröffnung der „Osttangente" im November 1997 fuhren nach 29 Jahren Pause wieder Straßenbahnen in der Regerstraße

Kernstück des Konzepts sind die Nord-, West-, und Osttangente. Die ursprünglich diskutierte Südtangente von der Aidenbachstraße über Thalkirchen zum Giesinger Bahnhof wird seit 1985 nicht weiter verfolgt, da sie baulich nur schwer zu realisieren wäre. Insgesamt sollen 25 km Strecken neu gebaut oder wieder in Betrieb gesetzt werden. Hierfür wurden Investitionskosten von ca. 290 Mio. DM (Preisstand 1995) veranschlagt, denen bei der U-Bahn 2,3 Milliarden DM für 18,3 km Neubaustrecken gegenüberstehen.

Als erste Strecke wurde die Linie Effnerplatz – St. Emmeram in Angriff genommen, da man hier infolge der bereits seit den 60er Jahren frei gehaltenen

Trasse keine größeren Probleme erwartete. Doch gelang es einer kleinen Anliegerinitiative, die Umsetzung des Projektes mit Einsprüchen aufzuhalten. Seither stockt es in der Planfeststellung. Derzeit genießt diese Neubaustrecke aus wirtschaftlichen Gründen aber auch keine Priorität. Lediglich der unproblematische Anfangsabschnitt zur U-Bahn-Station Arabellapark (mit Zwischenschleife) soll 2001 gebaut werden.

Die drei nächsten Neubauprojekte (Zschokkestraße, Hauptbahnhof – Romanplatz, Osttangente) wurden zwischen 1993 und 1997 ohne größere Probleme verwirklicht. Insbesondere die Wiedereröffnung der Linie 17/Nord zum Romanplatz erwies sich als Glücksgriff. Statt der erwarteten 11 000 Fahrgäste pro Tag wird die Linie von 14 000 Fahrgästen genutzt. Seit 13. September 1999 wird die alle 10 Minuten verkehrende Linie 17 von Montag bis Samstag durch eine neue Linie 16 verstärkt. Zwischen Romanplatz und Sendlinger Tor wird dadurch ein 5-Min.-Takt angeboten. Da Linie 16 eine Wechsellinie ist und am Romanplatz ohne Zwischenhalt in Linie 12 übergeht, müssen nur vier zusätzliche Kurse eingesetzt werden. Um die Schleife am Sendlinger Tor zu entlasten, wurden gleichzeitig die Linien 20/21 zum Karlsplatz zurückgezogen. Sie wenden über einen neu angelegten Gleisbogen von der Prielmayerstraße zur Bayerstraße. Die im Planfeststellungsverfahren befindliche Nordtangente vom Elisabethplatz über den Englischen Garten zur Tivolistraße erregte bislang die größten Widerstände (siehe hierzu S. 127).

Die Linie 17/Nord wird wiedereröffnet. Der eigene Bahnkörper in der Arnulfstraße war an manchen Stellen zum wilden Parkplatz degradiert worden

Vor dem Hintergrund der dramatisch sinkenden Einnahmen mußten die Neubauprojekte Ende der 90er Jahre überdacht werden. Denn die Quersubventionierung des Unternehmensbereiches Verkehr durch Überschüsse im Unternehmensbereich Energie wird infolge der Liberalisierung des Strommarktes entfallen. Ein von der öffentlichen Hand finanzierter Ausgleich ist nicht absehbar. Um das hohe Qualitätsniveau des Verkehrsangebotes zu halten, müssen betriebliche Einsparungen vorgenommen und besonders strenge Kriterien für Neuinvestitionen angelegt werden. Im Fall der Neubaustrecken werden alle Projekte zurückgestellt, die zwar gesamtwirtschaftlich sinnvoll sind, jedoch eine Steigerung der Betriebskosten beinhalten. Die Nordtangente, die die Betriebskosten deutlich reduzieren würde, ist davon nicht betroffen, doch wurde neben der Verlängerung nach St. Emmeram die Westtangente zurückgestellt.

Gemäß ÖPNV-Planung sollen auf der Westtangente zwei Linien ganztägig zusammen einen 5-Min.-Takt zwischen Romanplatz und Waldfriedhof anbieten. Eine der beiden Linien soll am Waldfriedhof zum Lorettoplatz abzweigen. Diese noch vorhandene Stichstrecke ist Teil der 1993 stillgelegten Strecke Harras – Lorettoplatz (zuletzt Linie 26). Die andere Linie soll zur U-Bahn-Station Aidenbachstraße verkehren. Auf dem stärksten Querschnitt werden täglich etwa 20 000 Fahrgäste prognostiziert. Im Gegenzug werden 3 400 Autofahrten weniger erwartet. Die CSU macht seit geraumer Zeit auch gegen die Westtangente Front. Oberbürgermeisterkandidat Aribert Wolf bezeichnete sie 1999 als „absoluten Irrsinn. Ich kann mir nicht vorstellen, daß eine Trambahn durch die Laimer Röhre durchgepreßt werden kann. Die ist heute schon zu knapp."[95]

In der Prioritätenliste vor die Projekte St. Emmeram und Westtangente gerückt ist die „Kasernenlinie" 23. Diese in der Integrierten ÖPNV-Planung nicht enthaltene Neubaustrecke soll von der Münchner Freiheit zur ehemaligen Funkkaserne-West in Freimann verkehren. Dort entsteht auf einem ehemaligen

Mit über 14 000 Fahrgästen pro Tag auf dem stärksten Querschnitt übertraf die wiedereröffnete Linie 17/Nord alle Erwartungen. In der Arnulfstraße liegt nun ein Rasengleis. Aus der Donnersberger Str. (rechts) bog bis 1970 die Halbringlinie 22 ein

Industrie- und Militärgelände ein neues Wohn- und Gewerbegebiet. Nach der Haltestelle Parzivalplatz soll die Linie 23 auf eine stillgelegte DB-Gütertrasse einschwenken und den Mittleren Ring auf einer neu zu errichtenden Brücke überqueren. Am 15. Juli 1997 beschloß der Stadtrat die Detailplanung des ersten Bauabschnittes. In einem zweiten Bauabschnitt könnte die Linie 23 von der Funkkaserne-West zum Euro-Industriepark und weiter zu den U-Bahn-Stationen Hasenbergl und / oder Kieferngarten verlängert werden. Auf dem stärksten Querschnitt werden täglich über 16 000 Fahrgäste erwartet. Um die „Kasernenlinie" mit dem vorhandenen Straßenbahnetz zu verknüpfen, wird der Bau einer kurzen, eingleisigen Betriebsstrecke zum Scheidplatz erforderlich. Darüber hinaus erscheint im Stadtgebiet vor allem eine Neubaustrecke aussichtsreich: Langfristig könnte sich eine neue Tramlinie von Pasing / Bahnhof über Westkreuz und Neuaubing nach Freiham rentieren, wo eine neue Trabantenstadt mit 11 000 Wohnungen und 6 000 Arbeitsplätzen angelegt werden soll. Wenn die Trabantenstadt Freiham im geplanten Umfang verwirklicht wird, könnte eine alleinige Erschließung durch die S-Bahn-Linie S5 und Buslinien unzureichend sein. Außerdem sollte der U-Bahn-Ausbau in weniger dicht besiedelten Außenbezirken kritisch hinterfragt werden, denn der Bau von 1 km U-Bahn ist rund zehnmal so teuer wie der Bau von 1 km Straßenbahn. Beispielsweise gaben die Gutachten von 1985 und 1989 der Straßenbahn auf der Strecke nach Englschalking eine bessere Bewertung als der U-Bahn. Dennoch ist diese U-Bahn-Verlängerung nun beschlossen.

An dieser Stelle soll auch das Projekt einer Regionalstadtbahn kurz angesprochen werden. Eine Studie des Bundes Naturschutz und des Verkehrsclubs Deutschland empfahl 1996 die Anlage einer „Münchner UmlandBahn" (MUB).[96] Das MUB-Netz soll aus Ring- und Tangentialstrecken bestehen. Es umfaßt ca. 160 km, wovon nach Karlsruher Vorbild ca. 41 km vorhandene DB- bzw. Tramstrecken mitbenutzt werden könnten. Durch Verwendung von Mehrsystemtriebwagen könnten bestehende Teilstrecken des S-Bahn-Netzes genutzt werden. 1999 wurde eine von den Kommunen Dachau und Karlsfeld in Auftrag gegebene Machbarkeitsstudie für eine Linie Moosach – Ludwigsfeld – Karlsfeld – Dachau (15,2 km) vorgestellt. Sie prognostiziert der projektierten Linie 24 pro Werktag 10 900 Fahrgäste. Der MVV hat die Option Regionalstadtbahn in seine Planungen einbezogen.

Die vierteiligen R3.3-Niederflurwagen ersetzen die über 30 Jahre alten P3/p3-Kurzgelenkwagen: Neuankömmling 2201 bei der Vorstellung am 13. Dezember 1999, St.-Veit-Straße

Künftig wird sich der Unternehmensbereich Verkehr der Stadtwerke dem EU-weiten Wettbewerb stellen müssen. Nicht nur im Busbetrieb, sondern auch bei Straßenbahn und U-Bahn droht eine Privatisierung. So betreibt inzwischen ein französisches Unternehmen die Stockholmer U-Bahn.

Die seit 1999 als GmbH organisierten Stadtwerke versuchen, durch Einsparungen im Bereich der Quantität die Qualität des Münchner ÖPNV aufrechtzuhalten. Nach Möglichkeit sollen alle derzeitigen Linien bei der Stadt verbleiben. Die Stadtwerke planen, das operative Geschäft und den Unterhalt der Betriebsinfrastruktur an ein marktwirtschaftlich organisiertes Tochterunternehmen zu übertragen. Es soll bei Neueinstellungen Verträge zu marktüblichen Bedingungen abschließen. Bei den Stadtwerken werden die Betriebsinfrastruktur und Altlasten (wie z.B. die umfangreichen Pensionsverpflichtungen) verbleiben. Im Sparprogramm von Verkehrsbetriebechef Herbert König sind schmerzhafte Einsparungen vorgesehen. Es bleibt zu hoffen, daß auch unter verschlechterten Rahmenbedingungen das traditionell hohe Niveau des Münchner ÖPNV gehalten werden kann.

Eröffnung von elektrischen Strecken

23.05.1993	Westend-/Zschokkestr. – Zschokke-/Hans-Thonauer-Str. (Wiedereröffnung)
01.06.1996	Romanpl. – Arnulfstr. – Hbf. (Wiedereröffnung)
08.11.1997	Milch-/Wörthstr. – Rosenheimer Pl. – Regerpl. – Ostfriedhof (Wiedereröffnung)

Stillegung von elektrischen Strecken

02.06.1991	Harras – Ratzingerpl. – Fürstenried/West
22.05.1993	Westend-/Zschokkestr. – Kazmairstr. – Ganghoferstr. – Harras – Waldfriedhof/Fürstenrieder Str. – Lorettopl.
23.05.1993	Bayer-/Martin-Greif-Str. – Theresienhöhe – Heimeran-/Ganghoferstr. (seit 11.03.1984 nur noch als Betriebsgleis benutzt)
20.11.1993	Scheidplatz – Siedlung am Hart – Harthof bzw. – Hasenbergl
06.02.1996	Barer/Karlstr. – Augusten-/Karlstr. (seit 04. 06. 1977 nur Betriebsgleis)

9. Tram im Spiegel der Literatur und Kunst

Der literarische Stellenwert der Münchner Straßenbahn kann nicht hoch genug angesetzt werden. Bei zahlreichen bedeutenden Autoren finden sich Belegstellen, manche geben der Tram sogar eine tragende Rolle. Thomas Mann (1875–1955) lebte von 1893 bis zu seiner Emigration 1934 in München. Diese Stadt prägte ihn nachhaltig. Seine bekannte Novelle „Der Tod in Venedig" (1911) beginnt damit, daß der Protagonist Gustav von Aschenbach am Nordfriedhof auf die Straßenbahn wartet und in die Ungererstraße blickt, „deren Schienengeleise sich einsam gleißend gegen Schwabing erstreckten".[97] In seinem Spätwerk „Dr. Faustus" (1947) kommt es gar zum Mord in der Tram: In einem Zug der Linie 10 erschießt die eifersüchtige Ines Institoris auf Höhe der Universität ihren Verlobten, den Geiger Rudolf Schwerdtfeger. Auf Anraten Münchner Exilfreunde soll Thomas Mann die falsche Bezeichnung „Linie 1" in „Linie 10" verändert haben, die ja zwischen 1907 und 1923 die Hauptlinie auf der Ludwigstraße war. Die Fahrzeuge werden detailreich beschrieben: „Diese bayerisch-blauen Münchener Trambahnwagen sind ja sehr schwer gebaut und machen, liege es nun eben an dieser Schwere oder an besonderen Eigenschaften des Untergrundes, einen erheblichen Lärm. Elektrisches Feuer zuckte beständig unter den Rädern des Gefährtes und noch stärker oben an der Kontaktstange, von wo diese kalten Flammen zischend in ganzen Funkenschwärmen zerstoben."[98]
Die Münchner Trambahn hinterließ auch im Leben von Thomas Mann Spuren: Seiner späteren Ehefrau Katja Pringsheim begegnete er in der Straßenbahn, als sie ohne Fahrschein mitfuhr. Ihre resolute Auseinandersetzung mit dem Schaffner soll ihn so sehr beeindruckt haben, daß er sie näher kennenlernen wollte.
Oskar Maria Graf (1894–1967) äußerte die bekannten Worte: „Wenn einer was vom Wesen Münchens spüren will, so muß er in die Biergärten gehen oder Trambahn fahren."[99] Ludwig Thoma (1867-1921) war ein guter Beobachter der Menschen seiner Zeit. Nicht nur in der Dachauer Lokalbahn, sondern auch in der Münchner Tram betrachtete er die Bühne des Lebens. In seiner Erzählung „Auf der Elektrischen"[100] beschreibt er gruppendynamische Prozesse: Eine Frau besteigt mit einem gebrauchten Bettzeug die Tram. Als sich ein Fahrgast über das unhygienische Transportgut ereifert, richtet sich der Zorn des ganzen Wagens gegen die unverschämte Frau. Doch als sich ein offenkundig preußischer Fahrgast beschwert, verteidigen alle das arme Weiberl gegen den frechen „Preißn". Einen ähnlich delikaten Vorgang greift Julius Kreis auf: Darf eine Frau einen Kanarienvogel in der Tram mitführen? Nach langen Diskussionen siegt die Nachgiebigkeit. Seine Erzählung „Ein Vogel fährt mit der Trambahn" endet mit den Worten: „Die Trambahn bimmelt wieder der Stadt zu, und der Schaffner hat sein ernstes verschlossenes Stadteinwärts-Gesicht, mit einem scharfen Auge für jede Verletzung der Verkehrsordnung."[101] In dem Werk von Eugen Roth (1895–1976) finden sich zahlreiche Anekdoten, die sich um die Münchner Tram ranken.[102]
Für Otto Bierner haben die ersten Straßenbahnwagen „etwas Erregendes": „Wenn die Frühzüge aus dem 'Deboh' ausrücken, dann fahren sie die sonderbarsten Wege, die sich sonst eine rechtschaffene Vierer oder eine brave Linie Neunzehn tagsüber nie erlauben dürfte, ohne das städtische Verkehrswesen hoffnungslos aus dem Konzept zu bringen. Den Gelegenheitsfahrgast mutet es an, als seien alle Weichen und Kreuzungen über Nacht verhext worden."[103] Seine Erzählung „Die erste Trambahn" ist den besonderen Fahrgästen einer Frühtrambahn gewidmet: „Arbeiter, Frühschichtler für die Fabriken oder Putzfrauen". Ernst Hoferichter schildert in seiner Erzählung „Der Engel im Straßenbahnwagen", wie sich ein kleines Mädchen auf einer weihnachtlichen Fahrt der Linie 23 zum Staunen der Fahrgäste vorübergehend in einen Engel verwandelt.[104]

Der langjährige Kolumnist der AZ, Sigi Sommer, hatte ein zwiespältiges Verhältnis zur Münchner Tram. In seiner Glosse „Stoßzeit in der Trambahn" geißelt er die „Straßenbahn-Misere" in einer „weißblauen Schienen-Arche" während der Fahrt mit der überfüllten 1er vom Marienplatz zum Hauptbahnhof.[105] Hingegen erinnerte er sich in „Das alte Trambahnhäusl" wehmütig an einen „kleinen Bahnhof der Gemütlichkeit", der verschwinden mußte, „als die neue breite Straße mit dem hohen Schienengeleise gebaut wurde."[106]

Auch die Gilde der Münchner Turmschreiber hat sich mit der Straßenbahn beschäftigt. „Ein Münchner in der Hölle“ von Alfons Schweiggert (geb. 1947) schildert die Höllenfahrt des Schorsch Rackl, Trambahnführer der Linie 19.[107] Die stimmungsvollen Illustrationen stammen von Franz Eder. Der älteste Turmschreiber Hans Hösl schrieb mit 85 Jahren das Buch „D'Stangerltrambahn, eine bayrische Bilderbogengschicht“ mit Zeichnungen von Trude Richter.[108]

Aus dem Repertoire der Münchner Kabarettisten ist die Tram nicht wegzudenken. Karl Valentin (1882–1948) philosophierte in einer Liedstrophe über Sinn und Zweck des „Anhängerwagens“. Berühmt wurde sein Rezept gegen den Verkehrsinfarkt: „Am Montag dürfen in ganz München nur Radfahrer fahren, am Dienstag nur Automobile, am Mittwoch nur Droschken, am Donnerstag nur Lastautos, am Freitag nur Straßenbahnen, am Samstag nur Bierfuhrwerke. Die Sonn- und Feiertage sind nur für Fußgänger. Auf diese Weise könnte nie mehr ein Mensch überfahren werden.“[109] Alternativ schlug er eine stundenweise Aufteilung vor. Emil Vierlinger schrieb für die Volkssängerin Ida Schumacher den herrlichen Monolog „Die Trambahnritzenreinigungsdame“.[110]

Karl Valentin

Weiß Ferdl

Der Humorist Ferdinand Weißheitinger (1883-1949) alias Weiß Ferdl dichtete 1946 das bekannte Couplet „Ein Wagen von der Linie Acht“. Der ständig wiederkehrende Ruf des Schaffners „Aba Leit, loßt'S doch d' Leit naus!“ illustriert die oft vergeblichen Bemühungen, aus den überfüllten Wagen auszusteigen. Weiß Ferdl war damals selbst ein Leidtragender, denn die Besatzungsmacht hatte ihm die vergötterte Limousine weggenommen. Doch schließlich erhielt er sie zurück und mußte nicht mehr mit dem ungeliebten 8er von der Boschetsrieder Straße in die Stadt fahren. Daß dieses nicht unbedingt straßenbahnfreundliche Lied unreflektiert zur Hymne aller Tramfreunde wurde, zählt zu den Merkwürdigkeiten der Münchner Verkehrsgeschichte.

Ein Theaterstück über die Münchner Tram wurde noch nicht geschrieben. Doch diente die Straßenbahn bereits als Theaterbühne: 1986 führte das Schwabinger Off-Off-Theater das Stück „Dutchman“ von LeRoi Jones im fahrenden Straßenbahnwagen Nr. 2526 (Typ M5.65) auf. Das amerikanische Original spielt in der New Yorker U-Bahn und war für Münchner Verhältnisse adaptiert worden. Während der Fahrt verwischten die Grenzen zwischen Zuschauern und Statisten.
Im Jahr 1919 entstand in Geiselgasteig bei München eine Filmstadt – Sitz der späteren Bavaria Film GmbH. Für Münchner Sujets wurden wiederholt Straßenbahnwagen auf das Gelände geholt. So war der historische A-Triebwagen 256 in der 1981 gedrehten Thomas-Mann-Verfilmung „Dr. Faustus“ von Franz Seitz und in der zeithistorischen Fernsehserie „Die Löwengrube“ zu sehen. Münchner Fahrzeuge mußten auch als ortsfremde Statisten herhalten: Derselbe Triebwagen 256 wurde 1976 als gelber Berliner Wagen kostümiert, um in dem Film „Das Schlangenei“ von Ingmar Bergman aufzutreten. Ebenfalls als Berliner Fahrzeug wurde ein G-Triebwagen für die Fernsehserie „Berlin Alexanderplatz“ hergerichtet. Im Gegenzug dekorierte die DDR-Filmgesellschaft DEFA in den 60er Jahren Dresdner und Potsdamer Triebwagen mehr schlecht als recht in Münchner Fahrzeuge um.

Auch die bildende Kunst wurde von der Münchner Straßenbahn angeregt. Bei bevorzugten Themen wie dem Karlsplatz, dem Marienplatz oder der Ludwigstraße sind die weiß/blauen Tramwagen seit dem ausgehenden 19. Jahrhundert ein unverzichtbarer Bestandteil der Szenerie. Für die

Im fahrenden M5-Triebwagen 2526 wurde im September 1986 das Theaterstück „Dutchman" aufgeführt

Bei der Bavaria Film GmbH in Geiselgasteig wurde 1982 ein Münchner G-Triebwagen für die Fernsehserie „Berlin Alexanderplatz" als Berliner Elektrische hergerichtet

Pferdebahnepoche ist das um 1900 entstandene Aquarell „Das Karlstor“ mit einem offenen Wagen von Karl Heinisch (1847-1923) repräsentativ. Während viele Berliner Maler der 20er und 30er Jahre die Verkehrsmittel ihrer Stadt als Symbole der Moderne aufgriffen, findet sich bei ihren Münchner Kollegen kaum eine Entsprechung. Sie bevorzugten weiterhin traditionelle Motive und Stilrichtungen. Eine Ausnahme stellt das um 1919 entstandene Bild „Münchner Straßenszene“ von Max Unold (1885–1964) dar, der sich der „Neuen Sachlichkeit“ annäherte. Fußgänger mit einheitlich ausgerichteten Gesichter hasten in dieselbe Richtung. Im Kontrast dazu ist im Hintergrund ausschnittsweise ein Straßenbahnwagen dargestellt, dessen Fahrgäste ebenso uniform in eine andere Richtung blicken.

Das berühmteste Münchner Straßenbahnbild stammt von Wilhelm Heise (1892–1965). Sein Aquarell „Der Stiglmaierplatz“ aus dem Jahr 1935 zeigt den Platz im vorabendlichen Stoßverkehr. Das dichte Gedränge von Straßenbahnen, Lastwagen, Pkw und Fußgängern war für die damalige Zeit sicherlich übertrieben – prophetisch nahm der Künstler damit das Verkehrschaos der Gegenwart vorweg. Das Bild wird von einem E-Triebwagen mit dazugehörigem e-Beiwagen auf Linie 1 beherrscht. Nicht weniger als vier weitere Straßenbahnzüge der Linien 4, 11, 14 und 24 sind im Hintergrund zu erkennen.
Ein ungewöhnliches Motiv wählte 1941 Siegfried Kühnel (1900-1976): Sein mit Bleistift, Wasser- und Deckfarben gezeichnetes Bild „An der Dachauer Straße“ zeigt einen nach Moosach fahrenden Dreiwagenzug vor dem Moosacher Gaskessel. Von der ehemaligen Landshuter Eisenbahnstrecke steht noch das Bahnwärterhäuschen. Das 1941 entstandene Aquarell „Verdunklung“ von Felix Büttner (1900–1961) zeigt eine Luftschutzübung. Die Stadt ist in graublaue Finsternis gehüllt. Über der Mariahilfskirche kreisen Suchscheinwerfer. In der Ohlmüllerstraße ist ein Straßenbahnanhänger zu erkennen, dessen Seitenscheiben mit blauer Farbe abgedunkelt sind. Nur durch kleine Schlitze dringt Licht ins Freie.
Ein Jahrzehnt später hielt Siegfried Kühnel (1900-1976) den Wiederaufbau Münchens im Bild fest. In seinem mit Bleistift-, Deck- und Wasserfarben erstellten Bild „Neubau an der Theresienstraße“ ist ein Solotriebwagen zu sehen, wie er damals auf der Linie 37 eingesetzt war. Den Umbau des Karlsplatzes im Zuge des S-Bahn-Baues wurde 1966 von Bert Malland (geb. 1913) mit Deck- und Wasserfarben gezeichnet. Die Straßenbahngleise sind provisorisch verschwenkt. Wolfgang Niesner (1925–94) porträtierte 1974 die Trabantenstadt Neuperlach mit einer Bleistift- / Tuschpinselzeichnung. Ein dreiteiliger Gelenktriebwagen, der an die Einzelgänger 101–102 (Typ P1.65) erinnert, befährt die kurvenreiche Heinrich-Wieland-Straße.[111] In der Naiven Malerei beziehen Petra Moll und andere Künstler häufig die weiß-blaue Tram in ihre Stadtansichten ein. In der SZ war der Karikaturist Ernst Hürlimann über Jahrzehnte ein treuer Begleiter des Straßenbahngeschehens. Die heute sehr bekannte Zeichnerin Franziska Bielek zeichnete in den 50er Jahren die lehrreichen Bilder auf der Rückseite der Fahrscheine.

Abschließend sei auf den Münchner Trambahnliebhaber Hans Pollitzer verwiesen. An die 100 Straßenbahngemälde gab er in den 60er und 70er Jahren bei Münchner Künstlern wie Prof. Günther Voglsamer und Max Pfaller in Auftrag. Damit entstand eine weltweit einzigartige Sammlung. In ihrer naturalistischen Darstellung erinnern sie an Heises „Stiglmaierplatz“.

Von den Drei hier in der Mitten fehlt's bei zwei an guten Sitten.

Eine Fahrscheinzeichnung von Franziska Bielek

10. Münchens einzige Außenlinie: die 25 nach Grünwald

Die Linie 25 stellt in mehrfacher Hinsicht eine Besonderheit dar: Als einzige verläßt sie die Stadtgrenzen. Außerdem ist sie Münchens traditionsreichste Linie: Seit ihrer Eröffnung im Jahr 1910 trägt sie die Nummer 25, ergänzt seit 1929 durch die ebenfalls ohne größere Unterbrechung verkehrende Verstärkungslinie 15. Die stadtseitigen Endstationen wechselten im Lauf der Geschichte. Grundsätzlich kann man vier unterschiedliche Linientypen unterscheiden, die sich abwechselten:

- *lange Durchmesserlinie von einem nördlichen Münchner Vorort über das Stadtzentrum nach Grünwald (16–21 km)*
- *mittellange Radiallinie vom Stadtzentrum nach Grünwald (13–14 km)*
- *kurze Anschlußlinie von Giesing (Ostfriedhof bzw. St.-Martins-Platz) nach Grünwald (10–11 km) sowie seit November 1997 eine*
- *mittellange Tangentiallinie im Osten vom Max-Weber-Platz in Haidhausen nach Grünwald (12,6 km).*

Bereits in der ersten Planung des Stadterweiterungsbüros von 1895 war diese Außenlinie als Tangentialverbindung vorgesehen: Als „Isarparallele" sollte sie von Grünwald über Wettersteinplatz, Kolumbusplatz, Mariahilfplatz, Lilienstraße, Gasteig, Max-Weber-Platz, Bogenhausen und Priel nach Oberföhrung verkehren. Das Projekt wurde von der Heilmann'schen Immobiliengesellschaft vorangetrieben, die damals am östlichen Isarhochufer neue Gartensiedlungen angelegte. Im Jahr 1897 versuchte diese vergeblich, ein Konsortium für den Bau einer Straßenbahnlinie nach Grünwald zusammenzbringen. Widerstand kam vor allem aus Giesing, da man dort Konkurrenz für das eigene Bauland fürchtete. Kurz darauf beauftragten die Grundbesitzer der Menterschwaige und Harlachings den Münchner Ingenieur Böckler, in Zusammenarbeit mit der Kölner Elektrizitätsgesellschaft Helios ein Straßenbahnprojekt auszuarbeiten. Böckler propagierte daneben auch eine elektrische Straßenbahnlinie von Sendling nach Planegg. Die Firma Helios bot der Stadt an, die Linie nach Grünwald auf eigene Kosten zu erbauen. Doch überraschenderweise lehnte die Stadt ab. Denn sie wollte

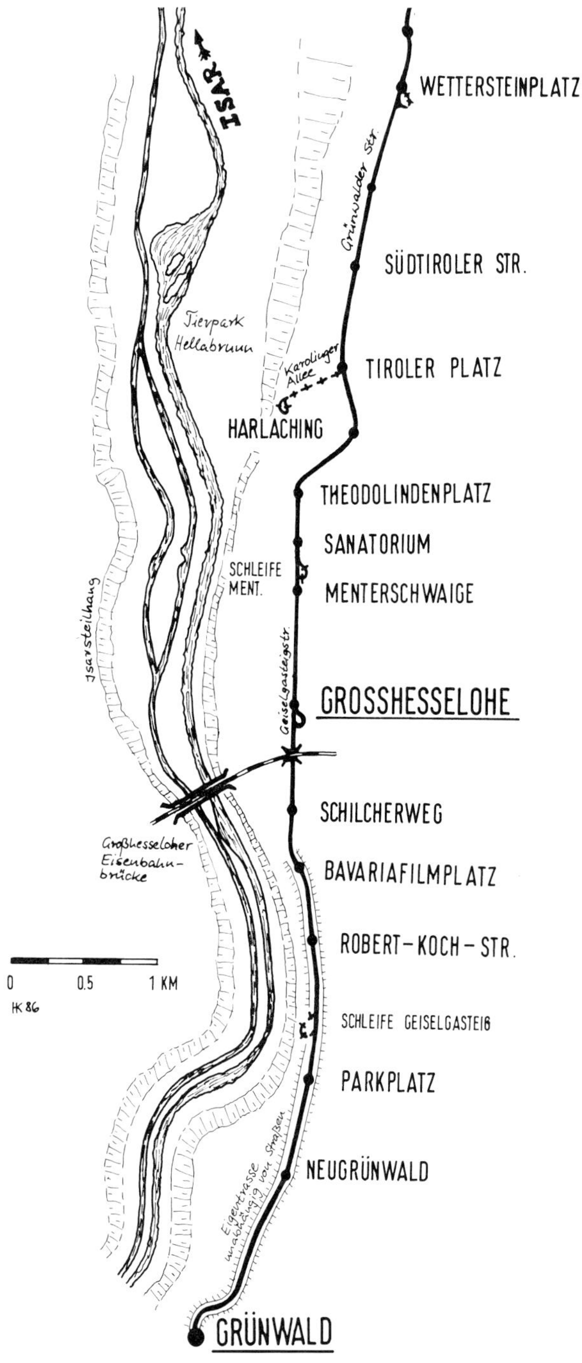

Die zunächst eingesetzten A-Wagen konnten den Ansturm der Fahrgäste nicht bewältigen. Im Hintergrund die aus dem 15. Jh. stammende Burg

die Linie selbst anlegen.[112] Bei dieser Entscheidung hatte auch eine Rolle gespielt, daß der Magistrat die „persönlichen und finanziellen Verhältnisse" Böcklers als „nicht geeignet" beurteilt hatte.[113]

Noch vor der Jahrhundertwende wurde debattiert, ob die Linie nach Grünwald vom Candidplatz über Schönstraße und Harlachinger Berg oder vom Ostfriedhof entlang der künftigen Grünwalder Straße geführt werden sollte.[114] Schließlich fiel die Wahl auf die Grünwalder Straße, die 1899/99 gebaut wurde. Im Unterschied zur heute üblichen Praxis setzten sich damals die „Adjacenten" (Anlieger) vehement für den Trambahnbau im Zuge ihrer Straße ein.

Im Generallinienplan von 1905 war der Bau einer Verlängerung von der Deisenhofener Straße zur Menterschwaige, später bis Grünwald, vorgesehen. Nach Übernahme der Münchner Trambahn AG machte sich die Stadt an die Verwirklichung des Projektes und suchte 1906 bei den Königlichen Staatseisenbahnen um Genehmigung einer schienengleichen Kreuzung auf Höhe der Großhesseloher Brücke nach. Denn die Stadt plante auf der Ausflugslinie den Einsatz doppelstöckiger Trieb- und Beiwagen (!), weswegen eine Unterführung besonders tief angelegt hätte werden müssen. In dem Gesuch wurde auf die Tram-/Eisenbahnkreuzung an der Nymphenburger Straße Bezug genommen, die zwischen 1883 und 1892 problemlos und unfallfrei funktioniert habe.[115] Doch die Staatseisenbahnen lehnten das Ansuchen ab. Schließlich ging die Stadt von den „Imperialwagen" wieder ab. Doppelstöckige Fahrzeuge hätten nicht nur den Unterführungsbau, sondern auch die Oberleitungsmasten verteuert.

Im Jahr 1910 befürworteten die Stadtkollegien den Bau der Außenlinie. In dem Beschluß hieß es zutreffend: „Nach Erbauung der Linie wird wohl keine deutsche Grossstadt in der Lage sein, eine derart schöne, durch Wald und in den Wald führende Strassenbahn Ausflugs-Linie ihr Eigen nennen zu können."[116] Am 14. März 1910 wurde ein Garantievertrag abgeschlossen. Die seinerzeit 114 Garanten verpflichteten sich zur Zahlung von insgesamt 50 000 Mark jährlich, die einen Teil der Bau- und Betriebskosten abdeckten. Da die Linie 25 nach Passieren der Haltestelle Großhesselohe die Stadtgrenze verließ, wurden bis zur Einführung des Verbundtarifs (Mai 1972) Zuschläge erhoben.

Beinahe wäre der Bau der Linie noch am Grünwalder Bürgermeister Georg Portenlänger gescheitert: Während andere Grundbesitzer den erforderlichen Grund teilweise sogar kostenlos zur Verfügung stellten, erhöhte er seine Forderung plötzlich auf das Doppelte. Die Stadt erwog daraufhin, die

Linie nur bis zur Großhesseloher Brücke zu bauen. Doch schließlich kam eine Einigung zustande. Am 12. August 1910 wurde die neue Linie feierlich eingeweiht.

Die Strecke wurde ab Wettersteinplatz auf eigenem Bahnkörper mit Vignolschienen angelegt und teilweise durch Hecken abgeschirmt. Mitte der 20er Jahre erreichte sie in diesem Abschnitt eine mittlere Reisegeschwindigkeit von 23,0 km/h. Zunächst verlief sie in der Mitte der Grünwalder Straße. An der Haltestelle Theodolindenstraße wechselte sie an die Seite der später als Geiselgasteigstraße bezeichneten Hauptstraße nach Grünwald, da dort die beabsichtige Trassierung in Straßenmitte nicht genehmigt worden war. Nach der Stadtgrenze (heutige Haltestelle Schilcherweg) verließ die Linie den Straßenbereich und schwenkte auf eine unabhängige Trasse ein, die durch dichten Wald führte. Kurz vor Erreichen der Endstation Grünwald/Derbolfinger Platz überquerte Linie 25 die stark befahrene Hauptstraße, die in Grünwald den Namen Münchner Straße trägt. Von Anfang an warnten Blinklichter an einigen Kreuzungen vor einem herannahenden Straßenbahnzug. Nach verschiedenen Zusammenstößen wurden in den 80er Jahren Ampeln errichtet. Bei der Straße zum Bavaria-Filmgelände gibt es nun sogar den ersten beschrankten Bahnübergang.

Die neue Linie erfreute sich großer Beliebtheit. Die zunächst eingesetzten A-Wagen zeigten sich dem unerwartet großen Fahrgastansturm nicht gewachsen. Eine Fahrt von der Stadt kostete 25 Pfennig und war damit billiger als eine Fahrt mit der Isartalbahn zum Bahnhof Höllriegelskreuth-Grünwald am gegenüberliegenden Isarufer, die 30 Pfennig kostete. Neben viel Lob gab es auch Kritik: Ein Dr. Karl Koll bemängelte in den MNN, daß die Stadt anstatt einer leistungsfähigen „Vorort-Schnellbahn" nur eine „Vorort-Straßenbahn" angelegt habe. Die Trasse hätte im Münchner Stadtgebiet ebenfalls abseits der Straße angelegt werden müssen. Statt der Rollenstromabnehmers sollten Bügelstromabnehmer verwendet werden, um höhere Geschwindigkeiten zu ermöglichen. Schließlich seien die zweiachsigen Beiwagen zu leicht gebaut. Auf Überlandstrecken müßten grundsätzlich große, vierachsige Beiwagen eingesetzt werden.[117]

An der Menterschwaige wurde 1910 eine Zwischenschleife für Einsatzwagen angelegt, eine weitere Zwischenschleife kam 1913/14 in Geiselgasteig hinzu. Am 1. Juli 1928 wurde die Schleife Menterschwaige durch eine neue Schleife vor der Großhesseloher Brücke ersetzt. Jahrzehntelang war eine umfangreiche Abstellanlage in Betrieb. Die Schleife Geiselgasteig wurde um 1955 aufgegeben.

An der Haltestelle Tiroler Platz führte von 6. Januar 1912 bis 11. November 1972 eine kurze Zweigstrecke durch die Karolinger Allee zu einer Endschleife an

Im Sonntagsverkehr wurden in den 30er Jahren Dreiwagenzüge der Typen F/f/f eingesetzt

In den 30er Jahren wurden Rundreisekarten zu 50 Pfennigen in Kombination mit der Isartalbahn ausgegeben

der Harlachinger Schwaige. Linienmäßig wurde sie nur vorübergehend bedient. Die Abzweigstrecke hatte vor allem Bedeutung als Aufstellanlage für Einsatzwagen bei Fußballspielen im Giesinger „Sechziger Stadion".

Die Linie 25 begann als 16,3 km lange Durchmesserlinie vom Feilitzschplatz (heute Münchner Freiheit) über Odeonsplatz, Marienplatz, Sendlinger-Tor-Platz, Ostfriedhof nach Grünwald. Sie wurde ergänzt durch die nur nachmittags verkehrende Durchmesserlinie 35 (Neuhausen – Stiglmaierplatz – Hbf. – Karlspl. – Sendlinger-Tor-Platz – Ostfriedhof – Grünwald). Beide Linien verkehrten stündlich, so daß nachmittags ein 30-Min.-Takt angeboten wurde. Bereits am 15. Oktober 1913 wurde die 25 zum Ostfriedhof verkürzt, die Linie 35 wurde aufgegeben. Gemäß dem Generallinienplan von 1928 sollte die Linie 25 von Grünwald über Straßlach, Deining, Egling und Ascholding nach Dietramszell verlängert werden. Außerdem sollte sie in Geiselgasteig/Süd vom künftigen Außenring (Streckenabschnitt Unterhaching – Pullach) gekreuzt werden. Leider konnten diese Planungen nicht verwirklicht werden. Sie erinnern an das heutige Konzept einer „Münchner UmlandBahn" (siehe S. 113).

Noch in den 50er Jahren waren die Wiesen entlang der Strecke in Grünwald nicht bebaut

Im Jahr 1938 verlangte das bayerische Innenministerium die Beseitigung des Bahnübergangs in Grünwald. Die Münchner Straße und die Straßenbahntrasse sollten so verlegt werden, daß die Tram die Straße nicht mehr überqueren mußte. Aufgrund des Krieges konnte die Baumaßnahme nicht mehr durchgeführt werden, nach 1945 wurde sie nicht mehr weiterverfolgt.[118]
Im Stadtentwicklungsplan von 1963 war die Grünwalder Strecke Bestandteil der Tiefbahnlinie 7 (Anhalter Platz – Hauptbahnhof – Sendlinger-Tor-Platz – Giesing – Neuharlaching/Naupliastraße – Großhesseloher Brücke – Grünwald). In den U-Bahn-Planungen fand sich anfangs hinter Harlaching ein Erweiterungspfeil in Richtung Grünwald. Inzwischen hat man von dieser Option stillschweigend Abstand genommen.

Der ab 23. November 1975 gültige Winterfahrplan 1975/76 wartete mit sensationellen Neuerungen auf: Nach 62 Jahren wurden die Linien 15 und 25 wieder zu Durchmesserlinien und führten über die Innenstadt hinaus: Linie 15 wurde zum Scheidplatz, Linie 25 sogar bis zum Harthof verlängert. Mit einer Länge von 21,3 km war die 25 zur längsten Straßenbahnlinie geworden, die jemals in München betrieben wurde. Sie erwies sich allerdings als störanfällig. Ab Sommerfahrplan 1976 (30. Mai) wurde sie zum Scheidplatz zurückzogen.
Ab 19. Oktober 1980 endeten die Linien 15/25 wieder am Sendlinger Tor. Doch noch einmal sollten sie in Durchmesserlinien verwandelt werden: Ab 5. Oktober 1981 wurden sie zu Stoßzeiten vom Sendlinger Tor über Karlspl., Hbf., Stiglmaierplatz und Leonrodplatz zur Hanauer Straße verlängert. Die Linienlänge ab Grünwald betrug nun 18,3 km. Damit nicht genug: Zwei Fahrpläne lang wurden die Linien 15 und 25 in der nachmittäglichen Stoßzeit von der Hanauer Straße nach Moosach weitergeführt. Damit war man wieder bei stolzen 20,3 km Linienlänge. Zwischen 19. Oktober 1980 und 4. Oktober 1981 hatte bereits Linie 15 zur Stoßzeit ein kurzes Gastspiel auf der Moosacher Strecke gegeben. Ab 2. Juni 1985 gab man die zeitweise Verlängerung nach Moosach wieder auf.

Linie 15 wurde ab 6. Juni 1986 zur Anschlußlinie Großhesseloher Brücke – Ostfriedhof – St.-Martins-Platz degradiert. Ab 23. Mai 1993 verkehrte auch Linie 25 nur noch zwischen Grünwald und St.-Martins-Platz. Durch diese Maßnahme verbesserte sich die Pünktlichkeit der Linien 15 und 25.

Ein von dem D-Triebwagen 479 geführter Kurs der Schülerlinie E20 unterquert die Eisenbahn. Im Hintergrund die Schleife Großhesseloher Brücke und die nicht mehr existente Abstellanlage

Aufgrund des Rückgangs des Ausflugsverkehrs entfiel Ende der 70er Jahre die an Sonn- und Feiertagen bedarfsweise eingesetzte Verstärkungslinie E25. Es war die letzte der einst zahlreichen Ausflugslinien. Seit den 80er Jahren ging das Stillegungsgespenst um. 1982 meinte Werkreferent Walter Layritz, daß die Grünwalder Tram keine Zukunft habe, „weil sich die Fahrer heute schon oft darüber freuen, wenn sie einmal einen Fahrgast haben."[119] Im Zuge des Neubaues der Großhesseloher Eisenbahnbrücke gab es bei den Stadtwerken Planungen, die Linie 25 nach dem Ende der Bauarbeiten nicht mehr nach Grünwald zu führen. Der CSU-Bürgermeister der Nachbargemeinde gab ein klares Votum für die Tram ab. Der Wahlsieg von Georg Kronawitter (SPD) beendete 1984 die Stillegungsdiskussion.

Ende der 80er Jahre verdüsterten sich erneut die Zukunftsaussichten der Linie 25. Die Verkehrsbetriebe beklagten ein jährliches Defizit von 2,6 Mio. DM. Diverse Dauerlangsamfahrstellen deuteten darauf hin, daß keine Investitionen mehr vorgenommen wurden. Doch kam 1990 anläßlich des 80jährigen Streckenjubiläums ein neuer Betriebsvertrag zwischen der Stadt München, der Gemeinde Grünwald und dem Landkreis zustande. Die Ausgleichszahlungen wurden erhöht. Bei festgelegten Verhältnis 1:2 entfielen 1996 auf die Gemeinde Grünwald DM 405 000, auf den Landkreis DM 810 000. Vom 25. Juli bis 20. September 1991 wurde die Strecke gründlich saniert.

Zusammen mit der Verlängerung der U1 zum Mangfallplatz am 8. November 1997 wurden die Linien 15/25 über eine 1,9 km lange Neubaustrecke zum Max-Weber-Platz in Haidhausen geführt. Am Wettersteinplatz (U1), an der Silberhornstraße (U1, U2, U7, U8), am Rosenheimer Platz (S1-S8) und am Max-Weber-Platz (U4, U5) sind sie mit dem Schnellbahnnetz verknüpft.

Häufig fuhren auf den Grünwalder Linien Einzelgänger, so die Typen Z4, P1 und P2/p2. Seit 1954 wurden die neuen dreiachsigen Großraumwagen der Typen M/m eingesetzt. Ab 1983 wurde Linie 25 ausschließlich mit P3/p3-Gelenkzügen betrieben, während auf Linie 15 M/m-Züge verblieben. Da das Platzangebot der Gelenkwagen von Montag bis Freitag aber zu groß war, kehrten an diesen Tagen ab 1985 die M/m-Züge auf Linie 25 zurück. Seit Herbst 1995 kommen niederflurige R2.2-Wagen zum Einsatz. Bis November 1997 fuhren sie noch im Mischbetrieb mit M/m-Zügen. Im Wochenendverkehr sind anstelle der dreiteiligen Niederflurwagen die fassungsstarken P3/p3-Gelenkzüge im Einsatz. Im Lauf des Jahres 2000 werden letztere von den vierteiligen R3.3-Niederflurgelenkwagen ersetzt werden.

Von 1960–72 verkehrten auf der Linie 25 die beiden Doppelgelenkwagen des Typs P1.65, hier die Nr.102 im Mai 1972 am Nockherberg

Besonders stimmungsvoll ist die Linie im Winter: Anfang der 80er Jahre steht der M5-Triebwagen 2526 mit Beiwagen an der Haltestelle Menterschwaige

In der Grünwalderstraße fahren die Linien 15 und 25 in Straßenmitte auf Hochgleis. Im Sommer 1997 war noch ein M5/m5-Zug im Einsatz

Im Oktober 1983 wurde Linie 25 an allen Tagen mit Kurzgelenkzügen des Typs P3/p3 betrieben. In Geiselgasteig befand sich bis etwa 1955 eine Wendeschleife. 1983 war sie unter der Grasnarbe noch vorhanden

Seit 1995 kommen Niederflurwagen des Typs R2.2 zum Einsatz. Vor der Haltstelle Schilcherweg verläßt die 25 das Stadtgebiet

11. Der Jahrhundertstreit um eine Tram durch den Englischen Garten

Mit einer Fläche von 370 Hektar ist der Englische Garten die weltweit größte Grünanlage. Der von dem pfälzischen Landschaftsarchitekten Friedrich Ludwig Sckell (1750–1823) angelegte Garten zählt zu den weltweit schönsten Parkanlagen. Im Einweihungsjahr 1789 dachte noch niemand an die Notwendigkeit von Straßen- oder Bahnverbindungen. Ein Jahrhundert später kam das Bedürfnis auf, den in Nord-Süd-Richtung verlaufenden Park zu durchqueren. Die zu beiden Seiten des Englischen Gartens liegenden Stadtteile Schwabing und Bogenhausen dehnten sich nach Norden aus und drängten nach einer direkten Verbindung. Seither hat sich die Stadt immer wieder bemüht, eine Straßenbahnstrecke durch den Englischen Garten anzulegen. Die zahllosen Vorstöße dokumentieren einerseits, welche verkehrliche Bedeutung ein solcher Lückenschluß hat. Andererseits zeigen sie auch, wie stark die Widerstände gegen einen solchen Eingriff sind.

Die erste Planung datiert von 1895: Gleich zwei Tramlinien sollten den Englischen Garten nördlich und südlich des Kleinhessoloher Sees durchqueren (siehe S. 22). Auf Geheiß des Prinzregenten signalisierte die königliche Civilliste ihre grundsätzliche Zustimmung, mahnte allerdings Rücksichtnahme auf die landschaftliche Schönheit des Parks an und wünschte, „Daß die Durchquerung thunlichst an einer Stelle erfolge, an welcher der Charakter der Parkanlage verhältnismäßig am Wenigsten beeinträchtigt werde."[120] Bevorzugt wurde eine Führung nördlich des Kleinhesseloher Sees. Der Obersthofmeisterstab wünschte 1901 eine Absenkung der Trasse und (!) eine Überquerung der Wege auf Brücken. Die Stadt plädierte jedoch für eine ebenerdige Führung.[121]

Im Generallinienplan von 1905 ist ein „Großer Ring" einschließlich eines Streckenabschnittes im Englischen Garten zwischen Nikolaiplatz und Tivolistraße enthalten. Schon zur damaligen Zeit wurde die „Gartentram" von Gemeindebevollmächtigten, Behörden und Journalisten kontrovers erörtert. Mit dem Königlichen Hof kam bis zum Ausbruch des Weltkrieges keine Einigung zustande. Zwischenzeitlich hatte der Stadtmagistrat mit der Einrichtung einer Obusverbindung geliebäugelt (siehe S. 33f.).

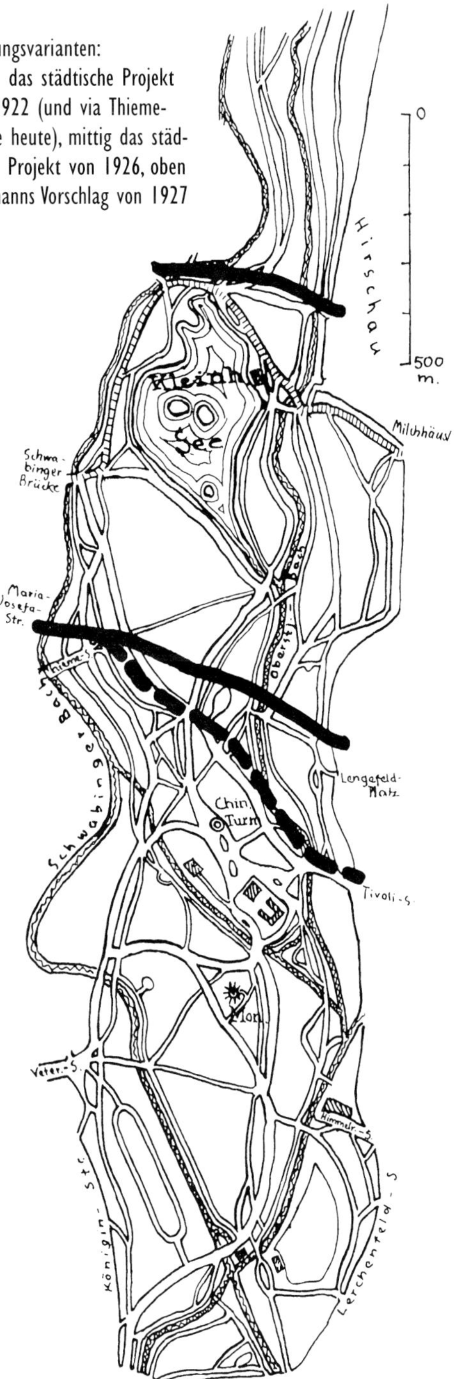

Querungsvarianten:
Unten das städtische Projekt von 1922 (und via Thiemestraße heute), mittig das städtische Projekt von 1926, oben Hoffmanns Vorschlag von 1927

Zeitungsmeldung von 1926

Keine Straßenbahn durch den Englischen Garten

Schwabing und Bogenhausen bleiben somit ohne Verbindung

Im „Generalplan“ von 1922 findet sich erneut der „Große Straßenbahnring“. Als am 20. September 1926 die Strecke Leopold-/Hohenzollernstraße – Nikolaiplatz eröffnet wurde, entstand in der Maria-Josepha-Straße das erste Stück der geplanten Verlängerung: zwei stumpf endende Gleise, die zunächst zum Abstellen von Anhängern verwendet wurden. Unter dem Asphalt sind noch heute Reste zu erkennen. Am 8. Oktober 1926 beschloß der Werksausschuß einstimmig den Bau der Linie. Sie sollte nicht mehr, wie 1922 (und heute wieder) projektiert, ab Königin-/Thiemestraße entlang der Parkwege zur Tivolistraße geführt werden, sondern von der Maria-Josepha-Straße auf neuer Trasse quer über den Rasen zum Lengefeldplatz (heute Hirschauer Str./Am Tucherpark) verlaufen und über die Jeaner Straße (heute nicht mehr existent) in die Tivolistraße einbiegen.

Der Ingenieur Rudolf Hoffmann propagierte 1927 in einer Denkschrift[122] eine alternative Linienführung nördlich des Kleinhesseloher Sees. In diesem Bereich durchschneidet seit 1963 der Mittlere (Straßen-)Ring den Englischen Garten. Diese Trassenführung hätte den Bau einer neuen Isarbrücke erfordert. Als Vorteile dieser Variante nannte Hoffmann: die fehlende Berührung des „eigentlichen“ Englischen Gartens zwischen Prinzregentenstraße und Kleinhesseloher See, der eine historische und künstlerische Einheit bilde, die geringere Querungslänge (360 statt 700 Meter) und die kleinere Zahl von Wegkreuzungen (vier statt neun). Die Stadt hielt jedoch an der südlichen Trasse fest, da sie eine direkte Verbindung zwischen Schwabing und Bogenhausen bot und ein größeres Verkehrsaufkommen versprach.

Bayerische Volkspartei, SPD und NSDAP befürworteten das Projekt. Zurückhaltender war die Deutschnationale Fraktion: Sie wollte der Krongutsverwaltung die Entscheidung überlassen und auf das Projekt verzichten, wenn sich unüberwindbare Hindernisse ergeben würden. In diesem Fall sei an die Einrichtung einer Buslinie zu denken. Entschiedene Ablehnung kam von Seiten des „Bayerischen Heimat- und Königsbundes, vereinigt mit der Bayerischen Königspartei“: Durch die Straßenbahntrasse würde „der von den Bayernfürsten geschaffene herrliche Naturpark zu einem Tummelplatz eitler Vergnügungen herabgewürdigt und seine Bedeutung als Stätte der Ruhe und Erholung verlorengehen“[123]. Dies kommentierte die sozialdemokratische „Münchener Post“ mit den Worten:

Eine Veranschaulichung des städtischen Projektes von 1926

Seit 1963 fährt die Straßenbahn in der Lerchenfelder Straße am Ostrand des Englischen Gartens

„Das ist der Ruf des Spießers und Dreiviertelprivatiers, der 'sei Ruah' haben will. Was kümmern sich diese Gesellen um das Aufblühen der Stadt, um das Wirtschaftsleben und die dadurch gegebenen neuzeitlichen Verkehrsbedingungen?"[124]

Auch die bürgerliche Münchner Presse unterstützte das Straßenbahnprojekt, ebenso das Kultusministerium wegen dessen stadtteilverknüpfender Wirkung.

Gegen die geplante Straßenbahnlinie formierte sich eine Allianz aus Interessenverbänden: Die Münchner Vereinigung für künstlerische Fragen, der Landesausschuß für Naturpflege, die Deutsche Gesellschaft für Gartenkunst, der Landesausschuß für Denkmalpflege, der Bund Naturschutz in Bayern, der Bayerische Landesverein für Heimatschutz (Verein für Volkstum und Volkskunde), der Bayerische Kunstgewerbeverein, der Münchner Bund und der Bund Deutscher Architekten (BDA) protestierten in einer Stellungnahme gegen die geplante Linienführung. Sie wurden dabei vom Staatsgärtendirektor Schall unterstützt.

Schließlich schlossen sich das Innen- und Finanzministerium mit Schreiben vom 20. Januar 1927 den Bedenken der Verbände an und lehnten die von der Stadt beschlossene Trassenführung ab. NSDAP-Stadtrat Karl Fiehler machte daraufhin den Vorschlag, unter dem Park einen Straßenbahntunnel zu bauen. Dies wurde vom Werksausschuß abgelehnt. Im Jahr 1931 unternahm die Stadt einen erneuten Vorstoß. Nun wollte sie eine Fahrstraße mit Straßenbahntrasse durch den Park bauen. Als repräsentativer Boulevard ausgeführt, sollte sie sich in das Umfeld des Parkes einfügen. Wiederum wurde ein alternativer Trassenvorschlag nördlich des Kleinhesseloher Sees entgegengehalten, diesmal von dem BDA-Architekten Karl Bückler. Bei seinem Entwurf mußte die Straßenbahn nicht notwendigerweise auf einer neuen Isarbrücke zum Herzogpark fahren, sondern sollte entlang der Isar im Zuge der Ifflandstraße zur Tivolistraße geführt werden. Wiederum lehnte die Stadt diesen Vorschlag ab. Die einsetzende Wirtschaftskrise beendete die Diskussion. „Es waren heftige Auseinandersetzungen und Versammlungsfehden, die um diese Verbindung im letzten Jahrzehnt geführt wurden. Aber sie kamen nicht zusammen: der Staat, der Stadtrat, die Polizeidirektion, die Krongutsverwaltung, der Naturschutz, die Bezirks- und Interessenvereinigungen.", schrieb der Völkische Beobachter drei Jahre später.[125]

Überraschenderweise wurde das Tramprojekt nach der „Machtergreifung" aufgegeben, obwohl die NSDAP-Fraktion zu dessen Befürwortern gezählt hatte. Ratsherr Christian Weber setzte 1934 die

Verbreiterung der Straße zwischen Thieme-/Königinstraße und Tivolistraße sowie die Errichtung einer Omnibuslinie zum Straßenbahntarif durch. Das zuständige Wirtschaftsministerium hatte sich zunächst sowohl gegen das Straßen-/Autobusprojekt als auch gegen eine Straßenbahntrasse ausgesprochen. Schließlich stimmte es ersterer Lösung zu. Im Gegenzug erreichte es den Einschluß einer Schutzklausel: § 7 des Vertrages zwischen Regierung und Stadt schloß aus, daß die Stadt in den nächsten 50 Jahren die Anlage einer Straßenbahntrasse beantragte.[126]

Am 8. Oktober 1934 wurde die vom Nikolaiplatz zur Grillparzer-/Äußere Wiener Straße verkehrende Omnibuslinie A22 eröffnet. Um die Linie der Parkumgebung anzupassen, waren die neu beschafften Daimler-Benz-Busse dunkelgrün/gelb lackiert worden. Seit 1961 wird die inzwischen zur Münchner Freiheit und zum Ostbahnhof verlängerte Buslinie als 54 bezeichnet. Zusätzlich fährt heute die Buslinie 154 durch den Englischen Garten. Die Teerstraße wurde 1973 für den allgemeinen Durchgangsverkehr gesperrt.

Trotz der Vertragsklausel von 1934 wagte die Stadt nach Kriegsende einen neuen Anlauf. Am 28. Oktober 1946 stellte Oberbürgermeister Karl Scharnagl (CSU) beim damaligen Ministerpräsidenten Dr. Wilhelm Hoegner (SPD) den Antrag auf Bau einer Tramstrecke. Als Gründe machte er das gestiegene Verkehrsbedürfnis zwischen Schwabing und Bogenhausen sowie die geringere Lärm- und Geruchsbelästigung des Straßenbahnbetriebes gegenüber dem Omnibusverkehr geltend. Die Verbindung sollte Teil des künftigen „Großen Tramringes" sein. Die Militärregierung für Bayern – Transportabteilung (Oberst Giddens) war dringend gebeten worden, die Aufhebung des § 7 des Betreibervertrages zu erwirken und ihrerseits eine Genehmigung zu erteilen. Rudolf Esterer, Präsident der Bayerischen Verwaltung der Schlösser, Gärten und Seen, verwarf in einer Stellungnahme das Vorhaben und berief sich dabei auf das Gebot des Landschafts- und Naturschutzes (Art. 141 der neuen Bayerischen Verfassung). Das Projekt scheiterte schließlich an Ministerpräsident Hoegner, der die Genehmigung verweigerte.[127] Dennoch hielt auch der Generallinienplan von 1952 an der Idee des Großen Ringes fest. Der Münchner Merkur schrieb hierzu: „Etwas sorgenvoll deutete Baudirektor Dobler allerdings mit seinem Zeigefinger auf die gestrichelte Linie durch den Englischen Garten. Hier müßte wohl ein Tunnel gebaut werden."[128]

Im 1963 beschlossenen Tiefbahnnetz waren keine neuen Ringverbindungen enthalten. Als die Verkehrsbetriebe diese anmahnten, entgegnete ihnen das Stadtplanungsamt, daß eine oberirdische Verlängerung der Linie 22 durch den Englischen Garten den Abmachungen mit dem bayerischen Staat und der Schlösser- und Seenverwaltung widerspreche. Kurz darauf beschloß der Stadtrat den Bau eines U-Bahn-Netzes. Eine Ring-U-Bahn nach dem Vorbild von London und Moskau war nach dem Planungsstand von 1964/65 „in einer ferneren Zukunft vorgesehen"[129]. Sie sollte vom Nikolaiplatz über Leonrodplatz, Rotkreuzplatz, Heimeranplatz, Sendlinger Berg, Candidplatz, Rosenheimer Platz, Max-Weber-Platz, Englischer Garten zurück zum Nikolaiplatz verlaufen. In der vom Stadtrat beschlossenen Planung war sie aber nicht mehr enthalten. Quer- und Tangentialverbindungen wurden nun ausschließlich dem Omnibus zugewiesen.

An einer anderen Stelle näherte sich allerdings die Straßenbahn dem Englischen Garten: Ab 7. August 1963 wurde die Tramstrecke durch das Lehel (damals Linie 20) aus den engen Straßenzügen Tattenbach-, Oettingen- und Emil-Riedel-Straße herausgenommen und in die Trift-, Wagmüller-, Lerchenfeld- äußere Oettingen- und Theodorparkstraße umgelegt. Im Bereich der Lerchenfeldstraße wurde das stadteinwärtige Gleis am östlichen Rand des Englischen Gartens auf Hochgleis angelegt. Der damalige Präsident der Verwaltung der staatlichen Schlösser, Gärten und Seen, Freiherr Levin von Gumppenberg, hatte im Planfeststellungsverfahren entschiedenen Widerspruch angemeldet, da der Englische Garten durch Gleisanlage, Oberleitung und Schutzgitter gegen Osten abgeriegelt werde. Erfolglos hatte der Bezirksausschuß Lehel für die Umstellung auf Busbetrieb plädiert. Die Regierung von Oberbayern stimmte schließlich der neuen Trassenführung am 12. Juni 1962 zu. Die Münchner haben sich an die Straßenbahn am östlichen Ende des Englischen Gartens gewöhnt. Die befürchteten Unfälle an den Überwegen sind ausgeblieben, obwohl die Tram hier mit der regulären Höchstgeschwindigkeit von 50 km/h verkehren darf.[130]

Mitte der 70er Jahre wurde die Idee einer Straßenbahnverbindung durch den Englischen Garten neu belebt. Gemäß der 1991 beschlossenen Integrierten ÖPNV-Planung soll die künftige „Nordtangente" (Linie 22) auf einer 2,2 km langen Neubaustrecke von der Tivolistraße durch den Englischen Garten (mit Haltestelle am Chinesischen Turm) und weiter über

Thieme-, Martius- und Franz-Joseph-Straße zum Elisabethplatz führen, wo sie in das bestehende Straßenbahnnetz eingefädelt wird. In Schwabing wird sie demnach südlich der früher vorgesehenen Streckenführung (Königinstr. – Maria-Josepha-Straße – Nikolaiplatz – Hohenzollernstraße) verkehren. Die neue Streckenführung ist günstiger, da sie breitere Straßenzüge nutzt.
Mit folgenden Argumenten warb die Stadt München für die 700 m lange Straßenbahntrasse durch den Englischen Garten: Die standardisierte Bewertung habe den hervorragenden Kosten/Nutzen-Faktor von 2,2 erbracht, womit die Straßenbahnwürdigkeit der Verbindung eindeutig nachgewiesen sei. Auf dem stärksten Querschnitt werden 17 000 Fahrgäste pro Tag prognostizert. Da das Fassungsvermögen eines spurgeführten Straßenbahnzuges deutlich über dem eines Gelenkbusses liege, würden pro Tag nur noch 275 Straßenbahnzüge anstelle von 310 Bussen durch den Englischen Garten verkehren. Dadurch würden nicht nur der Verkehr im Park vermindert, sondern zudem rund DM 1,6 Mio. Betriebskosten pro Jahr eingespart. Die elektrisch angetriebene Straßenbahn sei zudem leiser und umweltfreundlicher als ein Dieselbus. Zwar beinhalte der Straßenbahnbau einen Eingriff in den Englischen Garten, doch biete sich dadurch auch die Chance, die 8 Meter breite, wenig attraktive Teerstraße zurückzubauen. Neben der vorzugsweise auf Rasengleis zu trassierenden Straßenbahnstrecke solle ein Fuß- und Radweg angelegt werden. Da der Fahrweg der Straßenbahn im Gegensatz zu dem des Omnibusses äußerlich erkennbar sei, werde die Unfallgefahr für Passanten herabgesetzt. Aus diesem Grund würden sich Straßenbahnen auch besser als Omnibusse in Fußgängerzonen integrieren lassen. In der stark besuchten Fußgängerzone Maffei-/Perusastraße könne die Straßenbahn ohne Probleme mit einer Geschwindigkeit von 10–15 km/h verkehren. Im weniger frequentierten Englischen Garten erachtet die Stadt eine Geschwindigkeit von 30 km/h für adäquat.

Die Aussagen stützen sich auf eine unabhängige Umweltverträglichkeitsstudie der Firma Bosch & Partner GmbH. Dezidierte Befürworter des Projektes sind Oberbürgermeister Christian Ude (SPD), der Werkleiter Verkehr Herbert König, die Mehrheitsfraktionen der SPD und Grünen im Stadtrat, das Münchner Forum, der Verkehrsclub Deutschland (VCD), Pro Bahn e.V., der AAN sowie – im Unterschied zu 1926 – der Bund Naturschutz.

Auf der Teerstraße fahren seit 1973 nur Linienbusse, Sonderfahrzeuge und Fahrradfahrer

Wurde das neue Straßenbahnkonzept zunächst allgemein begrüßt, so regte sich allmählich Widerstand gegen die Linie durch den Englischen Garten. Mit Bürgerinitiativen, Plakaten, Eingaben, Unterschriftensammlungen und der ersten Anti-Straßenbahn-Demonstration Münchens am 16. November 1996 (gefolgt von einer Pro-Straßenbahn-Demonstration) traten die Gegner des Projektes an die Öffentlichkeit. Hierbei wurden sie massiv von der AZ unterstützt, während die anderen Zeitungen neutral blieben oder, wie die SZ, das neue Projekt positiv beurteilten.

Die Gegner argumentieren, daß eine Straßenbahnlinie das Landschaftsbild zu sehr beeinträchtige und ein Sicherheitsrisiko darstelle. Gerade weil das Wegesystem im Englischen Garten in Nord-Süd-Richtung verlaufe, weise die Straßenbahn wegen ihrer leisen Fahrweise und der fehlenden Ausweichmöglichkeit ein höheres Unfallrisiko als der Omnibus auf. Mittelfristig sei daher eine konsequente Abschirmung der Trasse erforderlich („Ist das erste Zamperl tot, werden Schranken zum Gebot!"). Eine mit Zäunen, Gittern und Warnschildern abgeschirmte Strecke würde jedoch das Landschaftsbild irreparabel schädigen und geradezu eine „Schneise der Zerstörung"[131] durch den Englischen Garten schlagen. Die von der Stadt vorgesehene Fahrgeschwindigkeit von 30 km/h sei zu hoch angesetzt. Bei einer langsameren Durchfahrt würde hingegen die Wirtschaftlichkeit in Frage gestellt. Zwar sei die Straßenbahn umweltfreundlicher als der Dieselbus, doch könnten auch Erdgas-, Wasserstoff-, Batterie- oder Obusse im Englischen Garten eingesetzt werden. Darüber hinaus zweifeln sie die von der Stadt prognostizierten höheren Fahrgastzahlen von täglich 12 500 statt derzeit 7 500 Busfahrgästen an (Hans-Peter Uhl: „Mondzahlen"). Die bisherige Busverbindung sei durchaus ausreichend.
Die Gegner des Projektes bilden eine recht heterogene Koalition:

- *Liebhaber des Englischen Gartens wie dessen ehemaliger Direktor Wilhelm Palten und die „Freunde der Residenz e.V.", die bei der Güterabwägung zwischen Verkehrsausbau oder Landschaftsschutz letzterem den Vorrang geben,*
- *manche Vertreter der Münchner CSU, die mit der Kampagne Wähler zu mobilisieren suchen und grundsätzlich den Bus als geringeres Übel für den Autofahrer einzustufen pflegen, sowie*
- *Anwohner der Martius- und Franz-Joseph-Straße, die eine Verschlechterung ihrer exklusiven Wohnlage durch den Bau einer Straßenbahnstrecke befürchten.*

Insbesondere bei den Angehörigen der letzten beiden Gruppen entsteht mitunter der Eindruck, daß sich hinter der vorgebliche Sorge um den Englischen Garten andere Motive verbergen. So trat Aribert Wolf (CSU) im Oberbürgermeisterwahlkampf 1999 als Retter des Englischen Gartens auf, doch manche seiner Argumente erinnern an die widerlegten Glaubenssätze der 50er Jahre: (...) der flexible Omnibus paßt weit besser in das Straßenbild der Schwabinger Boulevards als die Trambahn mit ihrer starren Gleisbindung."[132]
Zunächst schien die Umsetzung der „Parktram" gut anzulaufen. Nach anfänglichem Widerstand gab Finanzminister Dr. Georg von Waldenfels, zu dessen Ressort die Bayerische Schlösser- und Seenverwaltung gehört, am 13. Mai 1994 sein Einverständnis zum Bau bei erfolgreichem Planfeststellungsverfahren. Gegen den Wunsch der Stadt setzte die Schlösser- und Seenverwaltung allerdings durch, daß die Strecke nicht auf eigenem Bahnkörper und Rasengleis, sondern auf der fortbestehenden Busstraße angelegt würde. Anfang 1997 ging das Projekt in die Phase der Bürgerbeteiligung, wonach das Planfeststellungsverfahren eingeleitet wurde.
Nun traten die Gegner mit einem Werbefeldzug an die Öffentlichkeit. Die Münchner CSU und die CSU-Landtagsfraktion stellten sich an die Spitze der Proteste und griffen die „Prestigetram" des Oberbürgermeisters massiv an. So meinte der Münchner CSU-Chef Dr. Peter Gauweiler „Für wichtige soziale Aufgaben für die einheimische Bevölkerung ist kein Geld da, aber für Schnapsideen sollen zweistellige Millionenbeträge nach Schwabing gepumpt werden."[133] Der CSU-Landtagsabgeordnete Ludwig Spaenle wollte gar bei der UNESCO eine Klassifizierung des Englischen Gartens als „Weltkulturerbe" einleiten lassen, um dadurch den Straßenbahnbau zu erschweren. Gekämpft wurde mit harten Bandagen: So wurden von den Gegnern perspektivisch unrichtige Fotomontagen mit monumentalen Masten verbreitet. Darauf kreuzen sich überbreite P3/p3-Züge – obwohl die künftige Linie 22 mit den schmäleren Niederflurwagen Typ R2.2 betrieben werden soll. Die Stadt reagierte mit der Veröffentlichung einer perspektivisch und inhaltlich korrekten Fotomontage.
Wiederum wurden Alternativlösungen ins Spiel gebracht: Gemäßigte Tramkritiker holten den Plan eines Straßenbahntunnels aus der Schublade. Die Stadtwerke fühlten bei der Industrie vor, ob es eine befriedigende technische Lösung für Unterleitungs- oder Kabelbetrieb gäbe.[134]

Die von der Stadt ursprüngliche vorgesehene Trassierung auf Rasengleis (Fotomontage)

Die von der Schlösser- und Seenverwaltung durchgesetzte Variante in Straßenlage (Fotomontage)

Abendzeitung

1,20 DM Nr. 231/40 Samstag/Sonntag, 5./6. Oktober 1996 80265 München
S 17,- ★ Lit 2500,- ★ ★ ★ B 1017

Der Millionen-Schmarrn: Tram durch den Englischen Garten

Im Oberbürgermeisterwahlkampf 1999 erhob Aribert Wolf die Rettung des Englischen Gartens zu einem zentralen Wahlkampfthema. Schließlich wurde, gut terminiert für einen abendlichen Wahlkampfauftritt Wolfs, die Entscheidung verkündet: Der neue Finanzminister Prof. Dr. Kurt Faltlhauser (CSU) versagte am 11. Mai 1999 die Zustimmung für den Bau der Straßenbahntrasse, denn „Eine Tram ist ein starres Fahrzeug mit starren Gleisen. Das paßt nicht zu den weichen Linien des Parks. Und der Flächenverbrauch ist höher."[135] Zumindest letzteres Argument ist schlichtweg falsch.

Der mit einer großen Mehrheit von 61 Prozent wiedergewählte Oberbürgermeister Christian Ude (SPD) warf der Staatsregierung Wortbruch vor und bestand auf der Fortführung des laufenden Planfeststellungsverfahrens. Sollte die Regierung nicht einlenken, müsse ein Enteignungsverfahren geprüft werden. Im städtischen Investitionsprogramm ist der Bau der Nordtangente für 2001 enthalten. Das Tauziehen wird also weitergehen. Leider hat sich die Diskussion stark polarisiert. Sicherlich wäre es vernünftiger, wenn sich Befürworter und Kritiker zusammensetzen, um zu einer allseits befriedigenden Kompromißlösung zu kommen. Denn es gibt gute Vorbilder für eine gelungene Integration von Tramstrecken in ein landschaftliches Umfeld.

Läßt man die Geschichte Revue passieren, so zeigt sich, daß nicht wenige Neubauprojekte nach jahrzehntelangem Widerstand gut angenommen wurden, z.B. die Verbindung zwischen Promenadeplatz und Nationaltheater. Eine Straßenbahnstrecke ruft in der Regel zweimal Proteste hervor: Wenn sie gebaut werden soll und wenn sie eingestellt werden soll...

Dramatis personae: 2. bzw. 3. von links Oberbürgermeister Christian Ude und Verkehrsbetriebechef Herbert König, rechts außen Aribert Wolf

12. Die frühere Poststraßenbahn

Der zweiachsige Posttriebwagen 2

Münchens Poststraßenbahn ist den älteren Bürgern im Gedächtnis geblieben, denn die gelb lackierten Triebwagen hoben sich von den weiß/blauen Linienwagen ab. Gemäß dem am 17. April 1905 zwischen der Königlich-Bayerischen Post und der Münchner Trambahn AG geschlossenen Vertrag wurden drei zweiachsige Triebwagen der Type Z in Posttriebwagen umgebaut und gelb lackiert. Der Innenraum wurde in einen Großgepäckraum und einen kleinen Laderaum unterteilt. Der Großgepäckraum wurde von beiden Seiten durch geräumige Mittelöffnungen beladen, die mit Jalousien verschlossen wurden. Der kleine Laderaum für Wertsendungen, Geld- und Briefbeutel war von einer Plattform aus zugänglich. Für 36 000 Mark wurden die drei Triebwagen umgebaut und verkauft.

Ab Juli 1905 beförderten die drei Triebwagen 1–3 des Typs P1.22 Brief- und Paketpost zwischen dem Postamt 1 am Max-Joseph-Platz und dem Postamt 3 an der Bayerstraße. Die Verkehrsbetriebe hatten an beiden Endstellen Anschlußgleise verlegt. Entsprechend ausgebildete Postbedienstete steuerten die Posttriebwagen. Eingestellt wurden Bewerber, die als städtische Fuhrwerkslenker bereits Erfahrung besaßen. Ein Begleiter stellte während der Fahrt die Weichen, legte bei Bedarf den Stromabnehmer an die Oberleitung und diente bei Unfällen als Zeuge. Die Posttram wurde ausschließlich für innerbetriebliche Postzwecke benutzt. Einwurfbriefkästen für Münchner Bürger, wie andernorts praktiziert,

1926 lieferte MAN acht vierachsige Posttriebwagen: Nr. 6 im Hof des Postamtes Bayerstraße, dahinter die später gesprengte Kuppel des ehemaligen Verkehrsministeriums (April 1959)

Letzte Fahrt der geschmückten Poststraßenbahn am 22. Juni 1959. Im Bild die Triebwagen 8 und 11 in der Arnulfstraße

waren nicht vorgesehen. Gegenüber den früher eingesetzten Pferdewagen ergaben sich Einsparungen von fast 50 Prozent. Im Ersten Weltkrieg transportierten die Postwagen auch Verwundete. Im Hof des Postamtes 3 wurden sie von Lazarettzügen direkt in die Postwagen umgeladen.
Mitte der 20er Jahre entwickelte die nunmehrige Reichspost zusammen mit der Straßenbahn eine neue Generation von Postwagen. 1926 lieferte MAN acht große Triebwagen mit Maximum-Drehgestellen (Nr. 4–11, Typ P2.8) und acht zweiachsige Beiwagen (Nr. 801–808 = 2801–2808, Typ p2.48). Die mit Rollläden verschließbaren Seiten waren völlig offen und ermöglichten ein schnelles Beladen von erhöhten Plattformen aus. Im Triebwagen konnten fünf, im Beiwagen vier Paketkarren untergebracht werden. Nach dreimonatiger Pause wurde die gleisgebundene Postbeförderung ab 6. September 1926 in erweiterter Form wiederaufgenommen. Infolge der mechanischen Verteilungsanlage, die im Paketzustellamt an der Arnulfstraße installiert worden war, konnte der Posttransport ausgeweitet werden. Neben dem neu eröffneten Paketzustellamt an der Arnulfstraße (Nr. 6) wurde auch das Postamt 8 am Ostbahnhof einbezogen.
Im Dritten Reich erhielt die Reichspost eine rote Farbe, weswegen die Münchner Fahrzeuge ab 1935 ihre gelbe Lackierung verloren. Zum Kriegsende wurden sie in einem unauffälligen Dunkelgrau lackiert. Wegen schwerer Zerstörungen konnte die Poststraßenbahn vom 7. Januar 1945 bis einschließlich 5. März 1946 nicht verkehren. Seit der Wiedereröffnung der Postbeförderung mit Fahrzeugen im vertrauten Gelb wurde das Postamt 1 am Max-Joseph-Platz nicht mehr bedient. An Werktagen wurden 27 planmäßige Fahrten durchgeführt, bei Bedarf mehr.
Um das Umsetzen von Beiwagen in den engen Posthöfen einzusparen, erhielten die Triebwagen 1956 durchgehende Bremsen, so daß Tw+Bw+Tw bzw. Tw+Tw-Züge gebildet werden konnten. Die Motoren wurden allerdings nicht durchgeschaltet: Der hintere Triebwagen wurde nur geschleppt. Wegen der geringen Beschleunigungswerte von Dreiwagenzügen wurden daher bald nur noch Zweiwagenzüge eingesetzt.
Am Morgen des 22. Juni 1959 fuhr letztmals eine Poststraßenbahn. Die alten Wagen waren reparaturanfällig geworden und erwiesen sich im modernen Großstadtverkehr als zu langsam. In den letzten Jahren waren nur noch Pakete und Päckchen befördert worden. Für einen Zweiwagenzug mußten fünf Lkw beschafft werden. Die Fahrzeuge wurden von der Deutschen Bundespost an die Stadtwerke verkauft und zum Teil in Arbeitswagen umgebaut. Hiervon ist der aus dem Posttriebwagen 7 entstandene Fahrdrahtkontrollwagen 2942 noch heute im Einsatz. Ein neuer Aufbau hat sein Erscheinungsbild allerdings stark verändert. Postgleise sind noch in der Tillystraße (Einfahrt zum Postamt 6) vorhanden.

13. Die Fahrzeuge der Pferde- und Dampftram

Die Pferdebahn verwendete geschlossene dreifenstrige Wagen mit Längssitzen und offenen Plattformen (ab 1876) sowie offene Wagen mit durchgehenden Bänken und seitlichen Laufbrettern (ab 1878). Einzelgänger waren der 1878 in Dienst gestellte, doppelstockige „Imperialwagen" und die zwei halboffenen Wagen von 1882. Der erstere mußte von zwei Pferden gezogen werden. Nach oben führte eine Wendeltreppe. Aus Gründen der Schicklichkeit verbot eine polizeiliche Anordnung Frauen die Benutzung des Oberdecks. 1900 wurde der Doppelstocker zum Eindecker umgebaut und bald danach verschrottet. Beim Publikum waren die luftigen Sommerwagen besonders beliebt. Während der Fahrt konnte man besonders gut auf- und abspringen.

Wegen der anfänglichen Dominanz ausländischer Betreiber und des Entwicklungsrückstandes der deutschen Waggonindustrie kam die erste Münchner Wagengeneration von der Firma Henry Plas in Cureghem bei Brüssel. Ab 1882 wurden die Wagen bei deutschen Herstellern in Auftrag gegeben.

Aufgrund von Schwierigkeiten bei Probefahrten wurden Spindelbremsen eingebaut, die auf die Räder beider Achsen wirkten. Zunächst verwendeten die Pferdebahnwagen zur Federung Gummizylinder und waren damit sehr fortschrttlich. Diese aufwendige Federung wurde jedoch 1885/86 zugunsten billigerer Spiralfedern aufgegeben. Zur Beleuchtung dienten Petroleumlampen. Versuche mit Heizungen bewährten sich nicht.

Der höchste Fahrzeugbestand war 1895 erreicht: 150 geschlossene Wagen, 137 offene, 2 halboffene und 1 doppelstockiger Wagen. 755 Pferde mußten in verschiedenen Stallungen vorgehalten werden, denn durchschnittlich alle zwei Stunden mußte das Zugpferd ausgetauscht werden. Hinzu kamen Vorspanndienste an Steigungsstrecken. Nach durchschnittlich fünf bis sechs Jahren mußten die ausgepowerten Tiere verkauft werden. Als die Trambahngesellschaft einmal einen Schwung Zirkuspferde kaufte, regte sie damit die satirischen Blätter an: In phantasievollen Zeichnungen malten sie sich die Folgen aus.

Infolge der Elektrifizierung wurden zwischen 1896 und 1904 zahlreiche Pferdebahnwagen für den Einsatz hinter elektrischen Triebwagen umgebaut. Bei acht geschlossenen Wagen wurde dabei der

Dreifenstriger geschlossener Pferdebahnwagen 87 mit Kutscher und Schaffner

Dampftramlok 4 mit dem geschlossenen Beiwagen VIII

Innenraum verlängert. Alle anderen Wagen wurden lediglich mit Kupplungen versehen. Sie wurden in die Nummernreihen 1...150 (geschlossener Typ) und 203...339 (offener Typ) eingereiht. Die beiden halboffenen Wagen wurden in geschlossene Anhängewagen umgebaut.
Zum 75jährigen Jubiläum der Münchner Straßenbahn im Jahr 1951 entstand wieder ein Pferdebahnwagen. Auf dem Fahrgestell des einstigen Nürnberger Pferdebahnwagens 94 (erbaut 1891 von MAN) wurde der offene Sommerwagen Nr. „75" (später „58", heute „273") rekonstruiert. Da er einen längeren Aufbau mit einer zusätzlichen Sitzbank aufweist, entspricht er nicht ganz dem historischen Vorbild. Der Wagen konnte ursprünglich mit Schienen- oder Gummirädern eingesetzt werden. Heute kann er nur noch als Straßenfahrzeug laufen. 1973 wurde er dem Deutschen Museum übergeben, im Folgejahr aber wegen Platzmangels an die Verkehrsbetriebe zurückgegeben.

Der Stolz der Dampftrambahn waren die sieben Kastendampfloks:

Nummer	Baujahr	Typ	Fabriknummer
1-4	1883	XLIVa	1026-1029
5	1886	XXXVIL	1674
6-7	1891	XXXVIO	2433-2434

Alle Lokomotiven trugen eine schmucke blaue Lackierung mit weißen Zierstreifen und durften bis zu fünf Personenwagen ziehen. Nach Einbau der durchgehenden automatischen Bremse System Körting im Jahr 1887 konnte man auf die Wagenbremser verzichten. Nach der Betriebseinstellung (1900) wurden sie an verschiedene private Abnehmer verkauft und taten mitunter noch jahrzehntelang als Werkloks Dienst. Leider blieb kein Exemplar erhalten.

Ähnlich wie bei der Pferdebahn waren geschlossene und offene Personenwagen im Einsatz. Sie unterschieden sich jedoch baulich: Die geschlossenen Wagen waren länger und wiesen sechs statt drei Seitenfenster sowie ein Laternendach statt eines Flachdaches auf. Die offenen Wagen besaßen keine durchgehende Querbänke, sondern Einstiegsplattformen und einen Mittelgang. Seitliche Vorhänge schützten bei Bedarf die Fahrgäste vor Sonneneinstrahlung oder Regen.
Zwischen 1891 und 1900 wurde ein Höchststand von 13 geschlossenen und 20 offenen Dampfbahnwagen erreicht. Alle Wagen wurden für den elektrischen Betrieb adaptiert und unter den Nummern 151–163 bzw. 356–375 eingereiht.

14. Die Fahrzeuge der elektrischen Straßenbahn

Die Münchner Straßenbahn war stets bemüht, den Betrieb durch die Anschaffung von Großserien wirtschaftlich zu gestalten. Einzelgänger hatten meist kein langes Leben. Vier verschiedene Grundtypen von Triebwagen waren prägend:

- *zweiachsige Triebwagen mit starren Fahrgestellen (beschafft von 1895–98, danach nur in Ausnahmefällen),*
- *vierachsige Triebwagen mit Maximum-Drehgestellen (beschafft zwischen 1898 und 1946),*
- *dreiachsige Triebwagen mit Lenkgestellen (beschafft zwischen 1946 und 1965),*
- *vier-, sechs- und achtachsige Gelenktriebwagen unterschiedlicher Konfiguration (beschafft seit 1959).*

Bei den Beiwagen sind drei Grundtypen zu unterscheiden:

- *zweiachsige Beiwagen mit starren Fahrgestellen (beschafft zwischen 1896 und 1952),*
- *dreiachsige Beiwagen mit Lenkgestellen (beschafft zwischen 1947 und 1964; baugleich mit den dreiachsigen Triebwagen),*
- *vierachsige Kurzgelenkbeiwagen (beschafft von 1964–69; baugleich mit den Kurzgelenktriebwagen).*

Anläßlich des 1908 stattfindenden 15. Kongresses des Deutschen Straßenbahn- und Kleinbahnwesens rühmte die Münchner Zeitung den Ruf der Münchner Tram in der Fachwelt, „technisch die am meisten fortgeschrittene zu sein".[136] Hervorgehoben werden die hohe Netzspannung von 650 Volt, die geräumigen Triebwagen mit geschlossenen Plattformen, die hohe Fahrgeschwindigkeit (max. 25 km/h auch im Stadtzentrum), die besonders hell leuchtenden Innenlampen, die zusätzliche Luftdruckbremse, die erstmals mit dieser kombinierte Sandstreuung, die von Direktor Ferdinand Dix entwickelten, fingerfreundlichen Plattformgitter, die Haltestellentafeln mit Linien- und Zielangabe, der von Oberingenieur Reitz entwickelte Hobbelapparat gegen Schienenriffelbildung, die erstmalige Nutzung der Wasserkraft zur Fahrstromerzeugung, das von vielen anderen Städten übernommene Münchner Schienenprofil sowie die Versuchsstrecke in der Hauptwerkstatt zur Messung von Stromverbrauch und Geschwindigkeit.

Im Laufe der Zeit wurden grundlegende technische Veränderungen vorgenommen, die mehrere oder alle Wagentypen betrafen:

- *1902 wurden die Triebwagen an den Plattformen mit Fangkörpern ausgerüstet. Sie sollten ein Überfahren von Fußgängern vermeiden. Bis 1945 wurden solche Fangkörbe in allen neuen Fahrzeugen eingebaut. Im Dezember 1969 wurden sie einheitlich ausgebaut.*
- *1927 erhielten alle Triebwagen Scheibenwischer.*
- *1936 wurden Fahrtrichtungsanzeiger angebracht.*
- *1939 wurden die farbigen Signallichter wegen der Verwechslungsgefahr mit Verkehrsampeln entfernt.*
- *1940 wurden elektrische Schlußlichter angebracht.*
- *1943–47 wurden die meisten Triebwagen auf Einrichtungsbetrieb umgebaut, um Fahrschalter einzusparen.*
- *Von 1948–59 wurden alle Triebwagen mit indirekt wirkenden Bosch-Druckluftbremsen ausgestattet, die bei Zugtrennung alle Wagen automatisch abbremsen.*
- *Von 1949–55 wurden alle Triebwagen mit Scherenstromabnehmern anstelle der Stangenstromabnehmer ausgerüstet (wie schon ab 1932 vorgesehen).*
- *Von 1956–59 wurden in allen Fahrzeugen elektromagnetische Schienenbremsen eingebaut, wie sie die Betriebsordnung für Straßenbahnen (BOStrab) ab 1. Januar 1960 als zusätzliches, unabhängiges Bremssystem vorschrieb.*
- *Von 1962–71 wurden UKW-Funksprechgeräte in die Triebwagen eingebaut.*
- *Von 1963–64 erhielten alle Triebwagen Impulsgeber für die Frequenzsteuerung von Weichen.*
- *Von 1970–75 wurden alle Großraum- und Gelenkwagen auf völlig schaffnerlosen Betrieb umgebaut, soweit sie nicht ausgemustert wurden.*
- *Anfang der 90er Jahre erhielten die M5- und P3-Triebwagen die in den Niederflurwagen von Anfang an vorhandenen IBIS-Bordrechner und IMU-Weichensteuerungen. Dafür verloren sie wegen Ersatzteilmangels die halbautomatischen GEAMATIC-Steuerungen.*

In München werden die Triebwagen mit aufeinanderfolgenden Großbuchstaben, die Beiwagen mit Kleinbuchstaben bezeichnet. Folgende Typen kamen zum Einsatz:

Z-Triebwagen 1–32 (= 351–374)

Für die ersten elektrischen Linien wurden 32 leichte, zweiachsige Triebwagen mit starren Fahrgestellen bestellt. Die Plattformen waren offen, bereits ab 1896 wurden sie mit Wetterschutzvorhängen ausgestattet. Die Fahrgäste saßen einander auf Längsbänken gegenüber. Lediglich ein einziger, von der Union Elektrizitätsgesellschaft gelieferter 25-PS-Motor trieb eine Achse an. Als Betriebsbremse diente die handbediente Klotzbremse. Nur in Notfällen durfte die grobstufige „Kurzschlußbremse" verwendet werden. Es gab verschiedene Unterbauarten.

Von 1903–05 wurden alle Z-Triebwagen mit verglasten Plattformen und Druckluftbremsen ausgestattet. Einige erhielten auch neue Fahrgestelle bzw. einen zweiten Motor. Doch genügten die kleinen Fahrzeuge den gestiegenen Verkehrsanforderungen nicht mehr. Ab 1910 wurden Z-Triebwagen in Arbeitstrieb- und -beiwagen umgebaut. 1921/22 wurden sie aus dem Personenverkehr genommen und z.T. in Beiwagen umgebaut. Der letzte Vertreter wurde erst 1959 verschrottet.

Nummern	Typ	Hersteller	Baujahr	Bemerkungen
1-12 (= 351-362)	Z1.22	Union	1895	5 Seitenfenster
15-20 (= 363-368)	Z1.22 (= Z1.23)	Union	1895	5 Seitenfenster
21-22 (= 369-370)	Z2.22 (= Z2.23)	Union	1895	? Seitenfenster
13-14, 23-28	Z-.31 (= Z-.22)	Schuckert	1895/96	6 Seitenfenster
29-31 (=371-373)	Z3.- (= Z3.24)	Breslauer Waggonfabrik	1897/98	6 Seitenfenster, ursprünglich mit zusätzlichen Akkumulatoren ausgerüstet, längerer Wagenkasten, 20 statt 16 Sitzplätze
32 (= 374)	Z-.-	Kummer	1897/98	Einzelgänger mit abweichendem Wagenkasten

Der fünffenstrige Z1-Triebwagen 5 der ersten elektrischen Linie auf der Schiebebühne in der „Centralwerkstatt"

Als Schneepflugtriebwagen 37 überlebte ein Z-Wagen von 1896 bis 1956

Seltene Ansicht des sechsfenstrigen Z3-Triebwagens 373 (ehemals 31) mit Liniennummer: aufgenommen um 1909 auf Linie 20, Max-Joseph-Brücke

A-Triebwagen 51–300 (=101–350)

Noch vor der Jahrhundertwende beschloß die Münchener Trambahn AG den Kauf größerer, vierachsiger Triebwagen. Sie verfügten pro Drehgestell über eine angetriebene, große „Maximum-Achse" und eine nicht angetriebene, kleine „Minimum-Achse". Auch die von Anfang an verglasten Plattformen und die Druckluftbremse waren für die damalige Zeit sehr modern. Der eckige Grundriß und die kleinen Bogenfenster verliehen den A-Wagen ein unverwechselbares Äußeres. Innen wurden die gewohnten Längsbänke eingebaut. Die Plattformen waren vom Fahrgastraum durch eine Tür abgetrennt. Nach außen wurden die Plattformen lediglich von Gittern verschlossen.
Die 1852 gegründete Waggonfabrik Jos. Rathgeber an der Marsstraße (gegenüber der Hopfenstraße) lieferte zwischen 1898 und 1902 insgesamt 250 Triebwagen, die die Wagennummern 51–100 (= 301–350) bzw. 101–300 und die Typenbezeichnung A1.1 (Nr. 51–150) bzw. A2.2 (151–300) erhielten. Alle Maximum-Drehgestelle wurden von der Bergischen Stahlindustrie in Elberfeld bezogen.
Nachdem ein dazugehöriger Beiwagen aus Kostengründen nicht in Serie ging (der Prototyp war die Nr. 164 des Typs e1.47), wurden die A-Triebwagen zunächst mit ehemaligen Pferdebahnwagen, später auch mit neu beschafften Beiwagen behängt. Häufig fuhren sie alleine. Im Lauf ihrer Einsatzgeschichte wurden sie immer wieder modernisiert. So erhielten sie 1910–12 zwei 45-PS-Motoren statt der 25-PS-Motoren. Die auffälligste Veränderung war der Umbau eines Teiles der Serie von sechs kleinen zu drei großen Seitenfenstern in den 20er Jahren (Umbautyp A3.1 bzw. A4.2).
Aus vier Fahrzeugen bauten die Verkehrsbetriebe 1936/37 die beiden „Zwillingswagen" 351, 352 (Typ Z4.2). Die stark motorisierten Fahrzeuge wurden insbesondere auf Eil- und Einsatzlinien verwendet. Es war vorgesehen, pro Jahr rund 10 A-Wagen entsprechend umzubauen. Die beiden Zwillingswagen bewährten sich aber nicht. Der nach 1945 noch

Einer der beiden „Zwillingswagen" (351 und 352) in der Schleife Grünwald, um 1936

A-Triebwagen 233 mit Sommerbeiwagen um 1905 an der Kapuziner-/Thalkirchner Straße. Trotz des Zielschildes fährt er in Richtung Bayerstraße

Der auf drei Seitenfenster umgebaute A-Triebwagen 262 mit c-Beiwagen, aufgenommen im März 1954 am Herkomerplatz

vorhandene Tw 352 war lange abgestellt und wurde 1954 verschrottet.
In den 50er Jahren erwiesen sich die auf den Linien 5, 12, 20, 30 und E-Linien eingesetzten A-Wagen mit ihren 22 Sitz- und 32 Stehplätzen den Verkehrsanforderungen nicht gewachsen, vom mangelnden Komfort ganz abgesehen. Die letzten A-Wagen fuhren im Februar 1956 im Linienverkehr (Stoßzeitlinie E28), danach noch bis 1960 als Arbeitswagen. Sie hatten z.T. noch einteilige Frontscheiben und Liniennummerkästen sowie Scherenstromabnehmer erhalten.
Bei der Ausmusterung des Triebwagens 303 im Jahr 1954 gaben die Verkehrsbetriebe bekannt, daß er im Lauf seines Lebens 2 750 000 km zurückgelegt und über 100 Kollisionen überstanden habe.
Erhalten blieb lediglich Tw 256. Zum 100jährigen Tramjubiläum 1976 wurde er in den Zustand von 1925 zurückversetzt. Viele Teile mußten neu angefertigt werden, so nahezu die gesamte Inneneinrichtung. Wegen fehlender Schienenbremsen darf das Fahrzeug allerdings nur mit max. 30 km/h fahren. Es verwendet einen mit einem Schleifstück versehenen Stangenstromabnehmer, um die modernen Fahrleitungen in Zick-Zack-Aufhängung befahren zu können.

B-Triebwagen 375–424

Die 1908 von Rathgeber gelieferten B-Triebwagen entsprachen in ihrem Grundriß den A-Triebwagen, besaßen jedoch aufgrund der abgerundeten Plattformen und viereckigen Seitenscheiben ein gefälligeres Äußeres. Auch war die Motorleistung gesteigert worden (36-PS- statt 25-PS-Motoren). Die Tw 375–379 (Typ B1.-) waren anfangs mit Lenkachsen der Firma Böker ausgerüstet. Sie bewährten sich aber nicht und wurden 1909/10 durch Maximum-Drehgestelle ersetzt (neuer Typ B 1.3). Diese waren von Anfang an in den Tw 380–424 (Typ B2.3) eingebaut worden. Zuerst kamen die B-Wagen auf der neueröffneten Linie 29 nach Pasing zum Einsatz. Bis 1945 war die Ringlinie 2 ihre Domäne.
Nach dem Krieg machte sich die geringere Motorleistung gegenüber den mit Austauschmotoren versehenen A-Triebwagen negativ bemerkbar. Bei Rathgeber wurden die noch vorhandenen 28 Triebwagen in 14 „Zwillingswagen" umgebaut. Motoren und Bremsen wurden durchgeschaltet. Die Garnituren konnten bei Bedarf zusätzlich einen Beiwagen mitführen. Der Umbau bewährte sich nicht, weswegen die „Zwillingswagen" fast nur auf E-Linien liefen. Bereits 1956 wurden sie ausgemustert.

Die Linie 5 war eine Stammlinie der B-Wagen, hier ein Bild aus dem Zweiten Weltkrieg mit Verdunklung

C-Triebwagen 425–494; 503–505 (=496–498); 499–502; 506–524, 496–498 (=503–505)

Die von 1910–13 gelieferten C-Wagen waren 1 Meter länger als ihre Vorgänger und boten ungewohnten Komfort: gepolsterte Quersitze, die in Fahrtrichtung umgelegt werden konnten. Verschiedene Wagenfirmen hatten sich den Bau des neuen Wagentyps geteilt:

Rathgeber produzierte seit 1907 auf dem neuen Fabrikgelände in Moosach. Besonders elegant waren die MAN-Wagen 435–444 mit ihren fünf Seitenfenstern in der Anordnung kurz-lang-lang-lang-kurz. Sie zeichneten sich außerdem durch einen besonders ruhigen Lauf aus. Mit den Lindner-Wagen 445–456 aus dem sächsischen Ammendorf waren erstmals nichtbayerische Triebwagen beschafft worden.

Nummern	Typ	Hersteller	Baujahr	Bemerkungen
425–434	C1.4	Rathgeber	1910	8 Seitenfenster
435–444	C4.5	MAN	1910	5 Seitenfenster
445–456	C3.5	Lindner	1911	8 Seitenfenster
457–494	C1.6	Rathgeber	1911	8 Seitenfenster
503–505 (= 496–498)	C2.7	Rathgeber	1913	8 Seitenfenster
499–502, 506–524,				
496–498 (= 503–505)	C2.4	Rathgeber	1913	8 Seitenfenster

Achtfenstriger C1.4-Triebwagen 432 vor dem Ersten Weltkrieg

D-Triebwagen 495 bzw. 425–494, 496–498, 499–524

Die Typenbezeichnung D wurde in München zweimal vergeben: Zunächst wurde damit ein Einzelgänger bezeichnet, später der Umbauzustand der C-Triebwagen. Der D1.6-Triebwagen 495 war 1912 von Rathgeber für eine Ausstellung gebaut worden und wurde danach von den Verkehrsbetrieben gekauft. Von den C-Triebwagen unterschied er sich durch die sechs gleich großen Fenster und die Längsbänke. Bereits 1927 wurde er in den Wanderbüchereiwagen 24 (Typ WB) umgebaut. Die Fensteröffnungen wurden mit Blechtafeln verschlossen, innen wurden Bücherregale eingebaut. Von 13. Februar 1928 bis zum 5. April 1970 war das Fahrzeug im Auftrag der städtischen Leihbücherei unterwegs, dann führten anstehende Reparaturen zur Ausmusterung. Das einzigartige Fahrzeug steht heute im Hannoverschen Straßenbahnmuseum.

Von 1926–31 wurden alle C-Wagen modernsiert: Das Laternendach wurde zu den Plattformenden

Das Innere des Wanderbüchereiwagens

Der Wanderbüchereiwagen 24 wurde 1927 aus dem Einzelstück Nr. 495 (Typ D1.6) umgebaut

Die formschöne MAN-Serie 435-444 (Typ D5.5., früher C4.5), aufgenommen 1938 am Ausstellungspark auf Linie 22

In den 50er Jahren neukarossierter D-Triebwagen 485 am Gasteig, kurz vor der Ausmusterung. Links stehen heute das Kulturzentrum und das Hilton-Hotel

herabgezogen („Schleppdach"), und die Richtungsschilder und Signallampen wurden darin integriert. Für die Liniennumer wurden große Kästen mit weißem Hintergrund installiert, auf die eine schwarze Schablone aufgesteckt wurde. Außerdem wurden stärkere Motoren eingebaut. Gleichzeitig wurden neue Typbezeichnungen vergeben (D3.4, D5.5, D4.5, D2.6, D1.7, D1.4).
Eine noch umfangreichere Modernisierung erfolgte von 1953–57: Alle 64 noch vorhandenen D-Wagen erhielten einen neuen, verlängerten Stahlrahmen mit Außenschiebetüren anstelle der Umsetzgitter. Alle Wagen besaßen nun einheitlich fünf Seitenfenster (kurz-lang-lang-lang-kurz). Die beliebten Quersitze wurden durch hölzerne Längsbänke ersetzt. Schiebetüren zwischen Plattformen und Innenraum waren nicht mehr vorhanden. Bei den Triebwagen wurden Einheitsfahrerstände mit Fahrersitzen eingebaut. 1959 erhielten die D6.6- und D6.7-Triebwagen im Tausch Untergestelle der ausgemusterten B-Triebwagen. Die Typenbezeichnungen lauteten ab 1959: D6.4, D6.5, D6.5, D6.3, D6.3, D6.4. Ihre frühere Eleganz hatten sie verloren. Bis zu den Olympischen Spielen im August/September 1972 konnte auf die Veteranen nicht verzichtet werden. Im November 1999 wurde der für den Personenverkehr aufgearbeitete Museumstriebwagen 490 der Presse vorgestellt.

E-Triebwagen 526–625

Neben dem A-Wagen ist der E-Wagen der klassische Altwagen Münchens. Nicht weniger als 100 Stück wurden in den Jahren 1925/26 geliefert. Nach dem Ersten Weltkrieg hatten die Münchner Verkehrsbetriebe mit einem großräumigen Mitteleinstiegwagen geliebäugelt, doch schließlich blieb man beim Bewährten: Endeinstiege und Maximum-Drehgestelle. Die Wagenlänge war wiederum erweitert worden. Erstmals wurden die Plattformen von Schiebetüren verschlossen. Das Laternendach wurde zu den Plattformenden hin herabgezogen („Schleppdach"), womit die Fahrzeuge ein elegantes Aussehen erhielten. Für die Liniennummer war ein besonderer Kasten vorgesehen; Richtungsschild und Signallampen waren in das Dach integriert. Im

Die 100 E-Triebwagen prägten mehrere Jahrzehnte die Münchner Tram. Die Nr. 572 trägt den Ende der 20er Jahre üblichen blau/grauen Anstrich

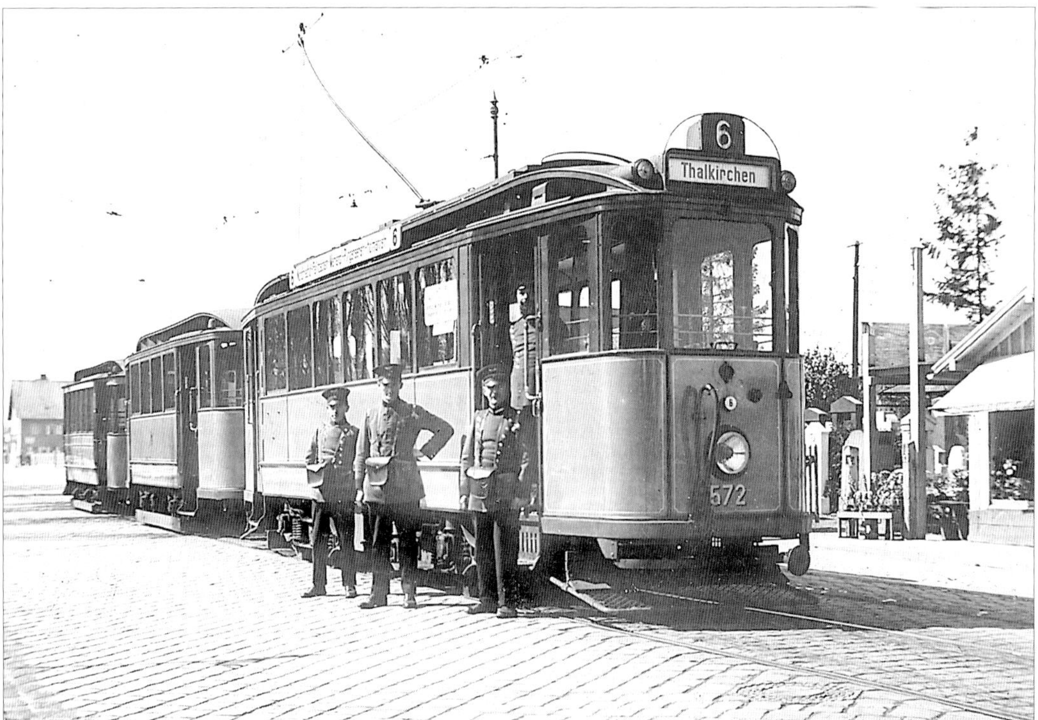

Nach dem Fliegerangriff vom 18. März 1944 blieb der F-Triebwagen 643 mit zwei Beiwagen im Tal liegen und mußte abgeschleppt werden.

Innenraum wurden hölzerne Längsbänke eingebaut. Mit zwei 60-PS-Motoren waren die sechsfenstrigen E-Wagen stark motorisiert. Erstmals waren nichtbayerische Waggonfirmen in großem Umfang zum Zug gekommen:
In der Öffentlichkeit wurden die neuen Fahrzeuge kritisiert. Die spartanischen Längsbänke wurden als Rückschritt bewertet. Die Schiebetüren erschwerten ein Auf- und Abspringen während der Fahrt, und in den innen liegenden Türschloßfallen klemmten sich viele Fahrgäste die Hände ein. Der neue, pflegeleichte grau/blaue Anstrich mißfiel den Münchnern ebenso wie die Tatsache, daß viele Wagen bei „preußischen" Waggonfirmen bestellt worden waren. Ab 1929 wurden die fingergefährdenden Türschloßfallen nach innen verlegt und ein weiß/blauer Anstrich angebracht.
In den 50er Jahren wurden Sicherheitsglasfenster mit abgerundeten Metallrahmen und Gummizügen eingebaut. Außerdem erhielten die E-Wagen neue Einheitsfahrerstände mit Fahrersitz. Die Türen zwischen Innenraum und Plattformen wurden ausgebaut. 1969 wurden die letzten Vertreter außer Dienst gestellt.

Nummern	Typ	Hersteller	Baujahr
526–585	E2.8	Linke-Hofmann-Lauchhammer	1925/26
586–605	E1.8	MAN	1925
606–625	E3.8	Schöndorff	1926

F-Tw 626; 627–666

Im Unterschied zu den E-Wagen stießen die F-Wagen auf ungeteilten Beifall, trugen sie doch wieder die klassische weiß/blaue Lackierung, und im Innenraum fanden sich die beliebten Abteil-Quersitze. Statt sechs gleich große Seitenfenster wiesen die F-Wagen deren fünf in der Anordnung kurz – lang – lang – lang – kurz auf. Ansonsten entsprachen sie weitgehend den E-Wagen. Der Einzelgänger 626 (Typ F1.9, später F1.8) war von der Münchner Firma Autokasten erbaut. Er unterschied sich in einigen Details von der Serie 627–666 (Typ F2.10), die bei der Hannnoverschen Waggonfabrik (HAWA) gefertigt worden war.
Nach 1945 waren nur noch 23 betriebsfähige F-Wagen vorhanden. In den 50er Jahren erfuhren sie die gleichen Umbauten wie die E-Wagen. Zusätzlich wurden die beliebten Quersitze durch Längsbänke ersetzt. Triebwagen 633 fuhr am Morgen des 21. April 1968 als letzter Wagen über den Münchner Marienplatz. Bis zu den Olympischen Spielen im August/September 1972 blieben die F-Triebwagen im Linieneinsatz. Die historische Garnitur 642+1401 verabschiedete am 22. November 1975 die Linie 8.

G-Triebwagen 667–685

Unter Verwendung von Drehgestellen, Motoren und Rahmen kriegszerstörter E-Wagen wurden 1943–45 im Reichsbahnausbesserungswerk München-Neuaubing die Triebwagen 667–685 (Typ G1.8) gebaut. Äußerlich fielen sie durch das bis an die Wagenenden gezogene, nicht nach unten gezogene Laternendach auf, womit sie ein recht eckiges Aussehen erhielten. Zur Einsparung von Glas wurden anfangs einige Seitenfenster mit Pappe verkleidet. Bei Auslieferung trugen sie noch den sandbraunen Kriegsanstrich.
In den 50er Jahren wurden die G-Wagen entsprechend den E- und F-Wagen umgebaut. Bereits 1964 wurden sie aus dem Liniendienst genommen und als Personal- bzw. Arbeitswagen eingesetzt. Unter den Nr. 2961–2977 wurden sie in das neue Nummernschema eingereiht. Bis heute wird der mit Eisenbahnkupplungen und -puffern versehene und in Orange gestrichene Tw 2973 (ex 680) in der Hauptwerkstätte verwendet.

G-Triebwagen 669 in der Schleife Grünwald, aufgenommen am 30. Juli 1953

Neben einem Marktdreirad steht am Max-Weber-Platz der frisch lackierte „Römer" 2022 (Typ X1 = R1.32)

X1-Triebwagen 2001–2025; X7-Triebwagen 2053–2083 (=101–112, Typ H)

Infolge des „Reichsleistungsgesetzes" von 1939 wurden zahlreiche Fremdfahrzeuge nach München überstellt, um kriegsbedingte Lücken zu schließen. 1943/44 trafen 148 Trieb- und Beiwagen aus Dresden, Kattowitz, Köslin, Leipzig, Mailand, Oslo, Rom, Stettin und Turin in München ein, ergänzt durch Arbeitswagen und Fahrgestelle. Die Mehrzahl war allerdings nicht für das Münchner Gleisnetz geeignet. Längere Zeit in Verwendung standen nur die aus Mailand und Rom übernommenen, zweiachsigen Fahrzeuge.

Die aus Rom übernommenen Trieb- und Beiwagen wurden fest gekuppelt und waren zunächst auf Linie 22 eingesetzt, später auf den Linien 3 und 12. Der sandbraune Anstrich wurde 1947/48 durch eine weiß/blaue Lackierung ersetzt. 1949 mußten sie auf Anordnung der Besatzungsmacht zurückgegeben werden, obwohl sie die Verkehrsbetriebe gerne für die geplante Wiedereröffnung der Linie 30 (Bogenhausen – Isartalbahnhof) behalten hätten.

Die Mailänder Triebwagen wurden erst nach einer Grundüberholung ab 1946 im Personenverkehr eingesetzt. Anstelle der fernbedienten Falttüren wurden

Nummern	Typ	Hersteller	Baujahr	Bemerkungen
2001–2025	X1 (= R1.32)	Offizine Elettro Ferroviarie	1921	Triebwagen; ex Rom Nr. 287...467
2053–2083	X7 (= S1.33)	?	1925	Triebwagen; ex Mailand Nr. 603...724
2201–2224	x1	Offizine Meccaniche Roma	1919	Beiwagen; ex Rom Nr. 216...374

die in München gebräuchlichen, handbedienten Schiebetüren eingebaut. Fahrschalter und Bremsen wurden angepaßt. Die „Mailänder" fuhren auf den Linien E6 und 10 zum Waldfriedhof bzw. Isartalbahnhof. Obwohl sie, wie auch die „Römer", 1943/44 bezahlt worden waren, sollten sie auf Anordnung der Besatzungsmacht zurückgegeben werden. 1949 wurden wegen des herrschenden Wagenmangels zwölf Triebwagen nochmals für je DM 16000,– erworben. Sie wurden nun auf Linie 37 (Nordbad – Ostbahnhof) eingesetzt. Die „Mailänder" gehörten zwei geringfügig unterschiedlichen Unterbauarten an. In den 50er Jahren wurden sie mit Scherenstromabnehmern ausgerüstet (Typ H1.32). Die letzten Vertreter wurden 1959 ausgemustert.

Der „Mailänderwagen" 111 auf seiner Stammlinie 37, aufgenommen 1953

Ein modernisierter „Heidelberger-Zug" mit J-Triebwagen 717 am Pasinger Marienplatz. Die i4-Beiwagen mit kürzeren Plattformen und längerem Fahrgastraum (hier in Zugmitte) wurden 1952 zur Bildung von Dreiwagenzügen nachgeliefert

J-Triebwagen 750–754 (= 716–720), 721; 722–749

Zur Bewältigung großer Fahrgastströme wurde 1943 ein reichseinheitlicher „Kriegsstraßenbahnwagen" (KSW) als ein „in jeder Hinsicht vereinfachter und besonders leichter Kriegswagentyp" entwickelt.[137] Seine Kennzeichen waren die geräumigen Plattformen mit großen, einteiligen Schiebetüren und die wenigen Quersitze. Trieb- und Beiwagen waren baugleich ausgeführt. Innen gab es keine Zwischentüren mehr. Aufgrund des hohen Stehplatzanteils konnte ein Dreiwagenzug 283 Personen befördern. Nach München gelangten bis 1945 nur die Triebwagen 750–754 (= 716–720), 721 (Typ J.30) zusammen mit sechs Beiwagen. Von 1948–50 wurden von der Waggonfabrik Uerdingen die Triebwagen 722–749 (Typ J2.30) nebst Beiwagen geliefert. Da die ersten Triebwagen von der Waggonfabrik H. Fuchs in Heidelberg stammten, nannte das Personal diese Bauart „Heidelberger". Aufgrund ihres hohen Fassungsvermögens und der starken Motorisierung mit 60-kW-Einheitsmotoren waren sie sehr beliebt. Ihre Stammlinien waren die 1 und 10, ab Winterfahrplan 1952/53 auch die Linien 19 und 29.

1950/51 erhielten die „Heidelberger" die in München gebräuchlichen Druckluftbremsen. Außerdem wurden in den 50er Jahren Sicherheitsglasfenster mit Gummizug, die in München üblichen Liniennummerkästen sowie gummigefederte Radsätze eingebaut. Ab 1966 erhielten sie neue Einheitsfahrschalter und Luftkompressoren mit Elektromotoren. Die letzten „Heidelberger-Züge" liefen am 16. Januar 1973 auf der Stoßzeitlinie 29.

K-Triebwagen 701–705, 711, 721, 731–736 (spätere Serie 686–714)

Auch nach Kriegsende entstanden Neuaufbauten unter Verwendung brauchbarer Fahrgestelle, Rahmen und Motoren. Für die bei der Firma Rathgeber entstandenen K-Wagen konnten nur die allernötigsten Materialien verwendet werden. So wurden sie außen nicht mit Blech, sondern mit Holz verkleidet. Auch im zweiten und fünften Seitenfenster wurde Holz eingelegt. Das seitlich nach unten gebogene Dach verlieh den Wagen ein güterwagenähnliches Aussehen.

K-Triebwagen 700 mit zwei k-Beiwagen am Hauptbahnhof/Nord. Er ist beblecht und den sonstigen Münchner Altwagen angeglichen (vgl. Bild S. 59)

Nummern	Typ	Hersteller	Baujahr	Bemerkungen
701–705 (= 686–690), 691–694, 711 (= 695), 696–703	K1.8	Rathgeber	1945/46	unter Verwendung von Rahmen, Drehgestellen und Motoren von E-Triebwagen
721 (= 705), 706–708, 731–736 (= 709–714)	K2.10	Rathgeber	1945/46	unter Verwendung von Rahmen, Drehgestellen und Motoren von F-Triebwagen

Stammlinien der K-Wagen waren die 7, 10 und 22. Nach der Währungsreform wurden in allen Seitenfenstern Glasscheiben eingesetzt und Außenbleche angebracht. In den 50er Jahren wurden sie entsprechend den D-, E-, F- und G-Wagen modernisiert. Sie erhielten nun auch Liniennummerkästen auf dem Dach. Die eigentümliche Dachform blieb erhalten. Manche Neuerungen wurden ausgerechnet an K-Wagen getestet: 1949 gehörten sie zu den ersten Fahrzeugen, die mit Scherenstromabnehmer ausgestattet wurden. 1962/63 fuhr Triebwagen 700 versuchsweise mit einem Einholmstromabnehmer. Von 1966–68 wurden die K-Wagen ausrangiert. Tw 687 stand noch lange für Eingleisungsübungen in der Feuerwache Aidenbachstraße. Leider wurde er Mitte der 70er Jahre abgebrochen.

L-Triebwagen 748–749 (=762–763), 761

Unter Direktor Dr. Julius Ulsamer (1947–50) wandte sich die Münchner Straßenbahn dem dreiachsigen Lenkgestell zu. Diese Schweizer Entwicklung aus dem Jahr 1933 wurde in Deutschland von der Kölner Firma Westwaggon vertrieben, zu der Ulsamer nach seinem Ausscheiden wechselte. Sie ermöglichte eine preiswerte Konstruktion von großräumigen Fahrzeugen. Beim dreiachsigen Lenkgestell werden die beiden über mittlere Drehzapfen schwenkbaren Endachsen von der mittleren Laufachse, mit der sie über Deichseln verbunden sind, in Kurven radial eingestellt. Die gering bela-

Die L-Wagen dienten als Versuchsträger für dreiachsige Untergestelle (Triebwagen 748 und Beiwagen 761 am Kapuzinerplatz um 1948)

stete Mittelachse ist frei beweglich und ohne Verbindung zum Wagenkasten angeordnet. Es werden befriedigende Laufeigenschaften erzielt. Allerdings tritt bei kleinem Spurspiel, bei Verschleiß bzw. bei höheren Geschwindigkeiten ein Schaukeln auf.
Dr. Ulsamer zog das dreiachsige Lenkgestell dem Drehgestellwagen vor, da letzterer wegen des größeren Hüllraumbedarfs entweder eine Verdopplung der Begegnungsverbote oder einen kostspieligen Umbau des Gleisnetzes erfordert hätte. Ausgestattet mit vier Motoren, wie damals überwiegend der Fall, waren Drehgestellwagen in Kauf und Unterhalt zudem teurer als der zweimotorige Lenkdreiachser.
Zur Erprobung wurden drei motorisierte Lenkgestelle von Westwaggon gekauft. Zum Einbau wurden 1946/47 die Aufbauten der F-Triebwagen 632, 636 bzw. 630 per Bahn nach Köln gesandt. 1948 kehrten die umgebauten Fahrzeuge nach München zurück. Sie erhielten die neuen Nummern 748, 749 (Triebwagen) bzw. 761 (Beiwagen) – bei letzterem hatten die Verkehrsbetriebe versuchsweise die Motoren und Fahrschalter entfernt. Alle drei Wagen erhielten die Typenbezeichnung L1.61. Beiwagen 761 wurde 1949 motorisiert. Die Dreiachser wurden auf Linie 4 erprobt, wo an der Schleife Hanauer Straße eine der engsten Kurven des Netzes zu durchfahren war. 1953 erhielten die Fahrzeuge wieder die alten Maximum-Drehgestelle und wurden damit wieder zu den F-Triebwagen 632, 636 und 630.

M-Triebwagen 764–775 sowie 776–1049 (=2301...2670)

Nach Kriegsende war bei den Münchner Verkehrsbetrieben ein Planungsbüro zur Entwicklung eines Großraumwagens ins Leben gerufen worden. Direktor Dr. Ulsamer, Hans Köhl und weitere Beteiligte besichtigten Herstellerfirmen und Straßenbahnbetriebe. Als Vorbild des Münchner M-Wagens wurde der 1942 im Rahmen des Projektes „Deutscher Einheitsstraßenbahnwagen" für Berlin entwickelte, aber aufgrund der Kriegsereignisse nicht fertiggestellte Großraumwagen mit dreiachsigem Lenkgestell ausgewählt. Der M-Wagen verwendete den für den Einheitsstraßenbahnwagen entwickelten Leichtstahlrahmen.
Die Fertigung von Probezügen war erst nach der Freigabe entsprechender Materialkontingente und

Vorbild des M-Wagens war der 1942 in zwei Exemplaren in Auftrag gegebene Berliner Dreiachser (Modellaufnahme)

Fertigungskapazitäten möglich. Am 13. März 1950 wurde der erste Münchner Großraumzug im Rahmen einer kleinen Feier auf dem Gelände des Betriebshofes 3 (Westendstraße) den Stadträten und Journalisten sowie dem Leiter der US-Zivilverwaltung, George H. Godfrey, vorgestellt. Ab 8. Mai wurde der M1.62-Triebwagen 764 und der m1.62-Beiwagen 1601 auf Linie 22 im Linienverkehr eingesetzt. Wegen seiner zahlreichen Neuerungen erregte der Zug großes Aufsehen:

- *gefällige, abgerundete Formen,*
- *großflächige Seitenfenster mit Lüftungsfenstern,*
- *nach unten gezogene Seitenschürzen, die das Fahrgestell verdeckten,*
- *abnehmbare Rahmen und Verkleidungen an der Vorderplattform des Triebwagens zur kostensparenden Behebung von Kollisionsschäden,*
- *hohes Fassungsvermögen,*
- *über Druckluft fernbediente Türen (womit ein Auf- und Abspringen während der Fahrt nicht mehr möglich war),*
- *vorgeschriebener Fahrgastfluß von den beiden Mitteltüren zu den beiden Endausstiegen,*
- *fester Schaffnerplatz (zwischen den Mitteltüren auf der linken Wagenseite),*
- *Quersitze in Fahrtrichtung (Anordnung 2 | 1, Stahlrohrgestell mit Kunststoffauflage),*
- *Fußboden-Gummimatten statt Holzlatten,*
- *moderne Deckenbeleuchtung,*
- *zu zwei Drittel abgeschlossene Fahrerkabine,*
- *automatische Kompaktkupplung (bei den Altbaufahrzeugen entgegen ursprünglicher Planungen nicht mehr eingebaut).*

Der Großraumwagen war so konzipiert, daß er auch auf Unterpflasterbahnstrecken eingesetzt werden konnte. Ursprünglich wollten die Verkehrsbetriebe zum anhängerlosen Betrieb in dichter Taktfolge übergehen, um die Reisegeschwindigkeit zu steigern. 1950 führte Hans Köhl aus: „Für die Münchener Verkehrsverhältnisse wäre zweifellos, wie in Mailand, der einzelfahrende Triebwagen (kein Anhänger) das Gegebene. Dass sich dies in kurzer Zeit nicht verwirklichen lässt, ist selbstverständlich, doch sollte unbedingt dieses Ziel angestrebt werden. Dieser Weg führt aber nur über einen Grossraumwagen mit seiner grossen Transportleistung. Ob hier der 3- oder 4-Achser zu wählen ist, muss die Bewährung der ersten Versuchswagen zeigen.“[138]

Die dreiachsigen Lenkgestelle wurden für geeignet befunden. Bei den Probewagen hatte Westwaggon die Lenkgestelle geliefert. Ab 1951 baute Rathgeber alle Triebwagen-Lenkgestelle und einen großen Teil der Beiwagen-Lenkgestelle in Lizenz. Der zweite bayerische Hersteller MAN bemühte sich mehrfach, an dem Großauftrag beteiligt zu werden, doch

Der Typ M2 mit drei Türen, aber noch gerader Stirnscheibe. Triebwagen 769 mit Beiwagen hat auf der Maximilianbrücke Fototermin. Linie 18 fuhr hier nie

gelang es der ortsansässigen Waggonfirma Rathgeber, durch Reduzierung des Preises und Einschaltung des Betriebsrates den Konkurrenten auszubooten.

Das neue Fahrzeug konnte zwar technisch, aber nicht betrieblich überzeugen. Die Anordnung des Schaffnerplatzes zwischen den Mitteltüren führte im Stoßverkehr zu chaotischen Situationen. Der Sitzschaffner konnte den Andrang nicht bewältigen, weswegen dann zwei Pendelschaffner eingesetzt werden mußten. 1951 wurden die vordere Mitteltür geschlossen, der Fahrgastfluß von hinten nach vorne umgestellt und der Schaffnersitz am Heck installiert. Bei den ab 1951 gebauten M2.63-/m2.63-Wagen wurde ein solcher Fahrgastfluß von Anfang an vorgesehen. Die vordere Mitteltür entfiel.
Die elektrische Schaltausrüstung ermöglichte den Einsatz von zwei Triebwagen in Doppeltraktion. Wegen der störungsanfälligen Starkstromkabel zwischen den Triebwagen wurde diese Betriebsform aber nicht verwendet.

Der erste Münchner Großraumzug (M1 764 und m1 1601) wurde am 13. März 1950 vorgestellt

Ab dem M2.63-Tw 775 wurden weitere Verbesserungen verwirklicht: Der Scherenstromabnehmer wurde von der Mitte nach vorne verschoben. Die verbleibende Mitteltür erhielt wie bei den Endausstiegen eine Teleskopschiebetür anstelle der Einfachschiebetüren. Das Frontfenster wurde nun leicht nach hinten geneigt, um dem Fahrer eine blendfreie Sicht zu ermöglichen. Auf dem Dach wurde der in München übliche Liniennummernkasten installiert. Triebwagen 775 und Beiwagen 1609 wurden im Sommer 1953 im Rahmen der „Deutschen Verkehrsausstellung" auf dem Neubaugleis in der Heimeranstraße ausgestellt (siehe Bild S. 66). Zur Verkehrsausstellung fuhr eine mit den neuen M2.63-Triebwagen bestückte Sonderlinie V. In der Innenstadt wendete sie auf der engen, kurz darauf stillgelegten Talschleife. Triebwagen 775 wurde zum Vorbild für die zwischen 1954 und 1959 abgelieferten Unterbauarten M3.64 und M4.65 (Nr. 776–876 bzw. 877–974). Ab M4.65-Triebwagen 927 wurden die charakteristischen „Bullaugenlampen" im Innenraum durch Leuchtstoffröhren abgelöst.
Die Stadt tätigte erhebliche Investitionen: So wurden für die 1954/55 beschafften 182 Fahrzeuge der Typen M3.64 bzw. m3.65 insgesamt 23 Millionen DM veranschlagt. Ein Triebwagen kostete 148 000 Mark, ein Beiwagen 87 500 Mark. Die traditionsbewußten Münchner gewöhnten sich erst allmählich an die neuen Wagen: „Man schimpfte zunächst auch über diese neuen Großraumwagen, denn immer wenn man einsteigen wollte, stand man gerade an der vorderen oder mittleren Türe, und wer will sich schon daran gewöhnen, h i n t e n einzusteigen, wenn er 20 oder 30 Jahre lang durch alle Türen einsteigen konnte?"[139]
Anfang der 50er Jahre untersuchten die Verkehrsbetriebe eine alternative Beschaffung von vierachsigen DÜWAG-Großraumwagen mit dem kostengünstigen, zweimotorigen Tandemantrieb. Obwohl Dreiachser vertikale und horizontale Gleisunebenheiten weniger gut als ein Drehgestellwagen abfedern und infolge der nicht angetriebenen Mittelachse ein um 10 Prozent reduziertes Adhäsionsgewicht aufweisen, hielten die Stadtwerke am bewährten M-Wagen fest. Denn für die Münchner Verhältnisse hätte der DÜWAG-Großraumwagen modifiziert werden müssen (Verringerung des Radstands im Drehgestell sowie der Wagenkastenlänge). Ein Weiterbau der bewährten Dreiachser war billiger und bescherte dem Betrieb zudem eine wartungsgünstige Großserie.
Die M1.62-Triebwagen 764–767 wurden der Serienausführung weitgehend angeglichen. Die M2.63-Triebwagen 768–774 erhielten den nach vorne versetzten Stromabnehmer und einen Liniennummerkasten auf dem Dach, behielten jedoch die gerade

M3-Triebwagen 833 mit m3-Beiwagen (schiefgestellte Stirnscheibe, Gummizugfenster) in der äußeren Rosenheimer Straße auf Linie 1. Ein Schaffner sitzt 1970 nur noch im Beiwagen

M5-Triebwagen 2659 (nach vorne versetzter Mittelausstieg, Außenschwingtüren, Einholmstromabnehmer) mit m5-Beiwagen. Der auf Einmannbetrieb umgebaute und neulackierte Triebwagen zeigt sich 1997 im Letztzustand

Auf Linie 8 verkehrten von 1965-72 M5+M5+m5-Dreiwagenzüge. Der bereits auf Einmannbetrieb umgebaute Zug wurde Anfang der 70er beim Ausrücken auf der Ganghoferbrücke fotografiert

stehende Stirnscheibe und die Einfachschiebetüren im Mittelausstieg. Ab 1953/54 wurden knüppel- statt kurbelbediente Fahrschalter eingebaut.

Bei den zuletzt abgelieferten M5.65-Triebwagen wurden verschiedene Verbesserungen verwirklicht: Anstelle der Teleskopschiebetüren erhielten sie bündig abschließende Außenschwingtüren. Die mittlere Tür wurde nach vorne verlegt, um den Auffangraum am Heck großzügiger zu gestalten. In die Konstruktion des Wagenkastens und Untergestelles flossen verschiedene Verbesserungen ein. Auf dem Dach wurde ein leichterer Einholmstromabnehmer anstelle des gewohnten Scherenstromabnehmers vorgesehen. Ursprünglich sollten auch die Altwagen mit Laternendach diese Stromabnehmer erhalten, um in den geplanten Tiefbahntunnels verkehren zu können. Diese Maßnahme unterblieb jedoch.

Die elektrische Ausrüstung wurde von AEG und BBC, später auch von Siemens bezogen. Zunächst kamen zwei 60-kW-Motoren, ab Tw 767 zwei 75-kW-Motoren, ab Tw 909 zwei 100-kW-Motoren zum Einbau. Ein Teil der schwächer motorisierten Triebwagen wurde nachträglich mit stärkeren Motoren versehen. Wegen Beiwagenmangels erhielten die M3-Triebwagen 774–810 ab 1953 elektropneumatische Schützensteuerungen der Firma Kiepe, die einen problemlosen Einsatz in Zugsteuerung ermöglichten. Wegen der damaligen Weichensteuerung über Stromabnehmerkontakt lag der Stromabnehmer des hinteren Triebwagens nicht am Fahrdraht an. Die Doppeltraktionen fuhren auf Linie 7. Auf der Außenlinie 25 wurden an Sommersonntagen sogar Dreiwagenzüge (zwei Triebwagen mit Beiwagen) eingesetzt. In den 60er Jahren wurden die Kiepe-Steuerungen ausgebaut.

In den 1963–65 ausgelieferten M5.65-Triebwagen wurden erstmals serienmäßig elektronische GEAMATIC-Steuerungen der Firma AEG eingebaut. Fahr- und Bremsbefehle wurden lediglich mit einem kleinen Hebel gegeben. Bei Ausfall der Elektronik konnten die Fahrzeuge weiterhin mit Hand gesteuert werden. Die GEAMATIC-Steuerung ermöglichte ebenfalls die Bildung von Doppeltraktionen. Wegen der inzwischen verwendeten Weichenfrequenzsteuerung konnte der Stromabnehmer des zweiten Triebwagens nun am Fahrdraht bleiben.
Da sich die Auslieferung fassungsstarker Gelenkzüge bis Ende 1967 verzögerte, beschlossen die Verkehrsbetriebe, auf der beschleunigten Hauptlinie 8 ab November 1965 Dreiwagenzüge einzusetzen. Hierfür wurden 20 zusätzliche M5.65-Triebwagen mit Frontkupplungen in Auftrag gegeben. Solche Dreiwagenzüge wurden bis 1972 eingesetzt. Doppeltraktionen wurden letztmals im Sommerfahrplan 1982 verwendet. Die M-Triebwagen gehören folgenden Unterbauarten an:

schema eingereiht. Als erste wurde ab 17. Mai 1970 die Linie 9 auf völlig schaffnerlosen Betrieb umgestellt, als letzte zum 30. Mai 1975 die Stoßzeitlinie 29. Anders als geplant, wurden nicht mehr alle M/m-Züge umgebaut. 1974 begann die Ausmusterung dieser Wagentype.

Eine Besonderheit war von 1972–75 der Einsatz von M1.62-, M2.63- und M3.64-Triebwagen mit schaffnerbesetzten Beiwagen des Typs i4.34. Denn infolge des Umbaues von m-Beiwagen auf Einmannbetrieb herrschte ein vorübergehender Anhängermangel. Die zweiachsigen Beiwagen wurden hierfür mit automatischen Kompaktkupplungen ausgestattet.
Die M4.65-Triebwagen wurden in den 90er Jahren nicht mehr mit IMU-Weichensteuerungen und IBIS-Bordrechnern ausgestattet. In ihren letzten Einatzjahren konnte sie daher nur noch auf bestimmten Linien verkehren. Letzter Linieneinsatz des Typs M war der baustellenbedingte Kurzbetrieb Westend-

Nummern	Typ	Baujahr	Ausmusterung	Bemerkungen
764– 767	M1.62	1950	1975	
768– 775	M2.63	1952/53	1975	775 abweichend
776– 876 (=2301–2379)	M3.64	1953–55	1975–95	
877– 974 (=2401–2498)	M4.65	1957–59	1975–97	
975–1049 (=2501–2535, 2601–2620, 2651–2670)	M5.65	1963–65	ab 1989	

Tabelle der m-Beiwagen auf S. 174.

Insgesamt 286 M-Triebwagen und 246 m-Beiwagen wurden ausgeliefert. Ab Mitte der 50er Jahre prägte dieses Fahrzeug mit seiner zeitlos eleganten Form das Münchner Stadtbild. Nach dem Umbau der engen Kurve an der Theatiner-/Perusastraße konnte als letzte Hauptlinie die 4 auf M/m-Züge umgestellt werden. Triebwagen 927 und Beiwagen 1751 der Typen M4.65/m4.65 führten am 21. April 1968 den letzten Kurswagen der Linie 19 auf der „klassischen Trasse" durch die Altstadt. Die Fahrgäste erhielten eine Urkunde.
Von 1961–66 wurden alle M-Triebwagen auf schaffnerlosen Betrieb umgerüstet. Sukzessive wurden die nicht mehr benötigten Schaffnersitze ausgebaut und durch eine doppelsitzige Längsbank ersetzt. Von 1970–75 wurden die M/m-Züge auf ausschließlichen Einmannbetrieb umgebaut. Dabei wurden sie in das neue vierstellige Nummern-

straße – Gondrellplatz (Linie 18) vom 6. Oktober bis 16. November 1997. Die eingesetzten M5.65-Triebwagen fuhren dort kurioserweise solo – diese Betriebsform hatte es zuletzt im April 1968 auf den Linien 2, 12 und 30 (mit den Typen M3.64/M4.65) gegeben. Die am 1.1.2000 noch vorhandenen zwei Züge kommen nur noch bei privaten Vermietungen zum Einsatz.

Zahlreiche gut erhaltene M/m-Züge wurden in den 90er Jahren nach Bukarest und Brasov (Kronstadt) abgegeben. Nur die Transportkosten mußten entrichtet werden. Per Eisenbahn wurden die Fahrzeuge über Österreich und Ungarn nach Rumänien transportiert. Sie verkehren dort in ihrer gewohnten weiß/blauen Lackierung. In Bukarest werden die M-Triebwagen skuzessive mit rumänischen Drehgestellen ausgerüstet, da in die

In Bukarest werden die M-Triebwagen in Vierachser umgebaut. Der weiterhin dreiachsige m-Beiwagen ist erkennbar niedriger! (Juli 1998)

dreiachsigen Lenkgestelle keine rumänischen Ersatzmotoren eingebaut werden können. Sie werden damit von Dreiachsern zu Vierachsern. Der Wagenkasten des Triebwagens ist durch diesen Umbau deutlich höher als derjenige des Beiwagens.

Eine Reihe M- bzw. m-Wagen wurden an auswärtige Museen abgegeben. Am weitesten verschlug es die M5.65-Triebwagen 2656 und 2666: Sie traten 1999 die Schiffsreise zum Straßenbahnmuseum Sidney (Australien) an.

Nummern	Typ
Verkehrsbetrieb Bukarest	
2410, 2411, 2413, 2414, 2416, 2424, 2425, 2428, 2433, 2458, 2461, 2466, 2473, 2475, 2478, 2484, 2490, 2493–2495, 2497, 2985 (ex 2471)	M4.65
2506, 2507, 2509, 2510, 2513, 2515, 2517, 2518, 2520–2526, 2535, 2601, 2603, 2606, 2608, 2610, 2612, 2614, 2620, 2663, 2670, 2988 (ex 2611)	M5.65
3409, 3411, 3414, 3417, 3439, 3441, 3450–3452, 3458, 3460, 3462, 3465–3467, 3474–3476, 3484–3487, 3489–3497	m4.65
3503, 3505, 3506, 3511, 3513–3516, 3518, 3522, 3523, 3525, 3526, 3529, 3533, 3536–3538, 3540, 3542–3544	m5.65
Verkehrsbetriebe Brasov (Kronstadt)	
21–26 (ex 2618, 2661, 2613, 2660, 2512, 2519)	M5.65
27–32 (ex 3510, 3527, 3508, 3521, 3532, 3504)	m5.65

Über die beiden Versuchswagen 101–102 kam der Typ P1.65 nicht hinaus

P1.65-Gelenktriebwagen 101, 102

Auf dem geplanten Tiefbahnnetz sollten personalsparende Gelenkwagen eingesetzt werden. Die Verkehrsbetriebe interessierten sich für den 1957 entwickelten, achtachsigen Drehgestell-Gelenktriebwagen der DÜWAG. Doch wegen der schwierigen Münchner Gleisgeometrie (Kurvenradien ab 14,5 m statt 18–20 m wie in Düsseldorf) und des komplizierten Tarifsystems wurde von der Erprobung dieses Fahrzeugtyps Abstand genommen. Die Verkehrsbetriebe entschieden sich dafür, zusammen mit Rathgeber auf der Basis des M/m-Zuges einen Doppelgelenktriebwagen zu entwickeln. Trieb- und Beiwagenteil wurden über zwei Gelenke und ein schwebendes Mittelteil miteinander verbunden.

Eine Neuerung stellten die bündig schließenden Außenschwingtüren dar. Der Stückpreis betrug DM 268 000. Beide Probewagen wurden mit elektropneumatischen Kiepe-Steuerungen ausgerüstet, die einen Einsatz in Zugsteuerung ermöglichten. Diese Betriebsform kam aber über Versuchsfahrten nicht hinaus. Tw 102 erhielt 1968 nach einem Unfall einen konventionellen, handbedienten Plattformfahrschalter.

Die ersten Münchner Gelenkwagen starteten mit großen Erwartungen. Sie wurden nacheinander auf den Linien 12, 25, 3, 8 und 29 vorgestellt. Eine rote Liniennummer auf weißem Grund machte die Fahrgäste auf das neuartige Fahrzeug und dessen veränderten Fahrgastfluß aufmerksam. Die beabsichtigte Einsparung von Personal ließ sich allerdings nicht verwirklichen, da auf Hauptlinien ein einziger Schaffner für den 26,35 Meter langen Zug nicht ausreichte. Daraufhin wurden vorne und hinten Schaffnersitze eingebaut. Ein weiterer Nachteil war die gegenüber dem M/m-Zug geringere Türzahl (fünf statt sechs). Außerdem war der „Tatzelwurm" in Kauf und Unterhalt teurer. Die Verkehrsbetriebe sahen daher von einer Serienbestellung ab

Der Kurzgelenkwagen-Prototyp 2001+3001 (Typ P2/p2) am Harras auf Linie 8, noch mit Zierspitz

und kauften weitere M/m-Züge in verbesserter Ausführung (siehe oben).

Stammlinie der P1.65-Gelenktriebwagen 101 und 102 wurde die 25 nach Grünwald. Dort verkehrten sie vom Dezember 1960 bis zum August 1972. Danach liefen sie auf den Linien 27, E27 und 29. Zur Unterscheidung von den Kurzgelenkwagen der Typen P2.12 bzw. P2.13 erhielten sie 1965 die interne Bezeichnung „MG". Entgegen ursprünglicher Planungen wurden die beiden Einzelstücke nicht mehr auf Einmannbetrieb umgebaut. Tw 101 wurde ab 1973 als Personalwagen 2901 verwendet und 1975 ausgemustert. Tw 102 wurde 1975 abgestellt und an das Straßenbahnmuseum Wehmingen bei Hannover verkauft.

P2.12-Gelenktriebwagen 201 (= 2001), P2.13-Gelenktriebwagen 202 (=2002)

Am 7. Juni 1963 unternahm die Stadt einen neuen Anlauf: Bei Rathgeber wurden zwei Gelenkzüge bestellt. Eher per Zufall wurde der Kurzgelenkwagen der Bremer Straßenbahn von München übernommen: Professor W. Petzold, Chefkonstrukteur der Bremer Firma Hansa Waggon, war zu Rathgeber gewechselt. Die Münchner Verkehrsbetriebe wollten das Fahrzeug ursprünglich mit dem gewohnten dreiachsigen Lenkgestell (Radstand Treibachsen 7,50 m) ausrüsten, doch wegen der zu großen Radsatzlasten (über 10 t) mußte dieser Plan aufgegeben werden. Das Fahrzeug wurde daher in der Bremer Version als Drehgestellfahrzeug geliefert.

Der Gelenkzug besteht aus einem vierachsigen Gelenktriebwagen und einem baugleichen Gelenkbeiwagen. Jedes Einzelfahrzeug verfügt über zwei symmetrischen Wagenhälften, die über ein Mittelgelenk miteinander verbunden sind. Beide Wagenhälften sind im Fußboden- und Dachbereich scharnierartig miteinander verbunden, so daß die Gelenke nur Bewegungen um die vertikale Achse (z-Achse), nicht um die horizontale Achse (y-Achse) ausführen können. Die Position des Mittelgelenks wird durch die beiden Verdrehwinkel der Enddrehgestelle mittels Deichseln und Laschen relativ zur Gleismittenachse bestimmt. Durch die Lage der Drehgestelle in Wagenkastenteilmitte sind für die Kurvenfahrt nur kleine Ausschlagwinkel notwendig. Dadurch kann die gegebene Hüllkurve besser als beim Jacobsdrehgestellwagen ausgenutzt und auf einen Einzug im Türbereich verzichtet werden. Die Fahrzeuge erhalten dadurch ein bulliges Aussehen. Infolge ihrer mechanischen Gelenkpunktsteuerung ermöglichen sie eine optimale Ausnutzung der Hüllkurve und sind aufgrund des fehlenden Mitteldrehgestelles leichter als ein Sechsachser gleicher Wagenlänge.
Die Drehgestelle sind mittig unter dem vorderen bzw. hinteren Wagenteil angeordnet. Sie sind nach dem Vorbild des Minden-Deutz-Drehgestelles der DB konzipert und werden mit Doppelschraubenfedern und Stoßdämpfern abgefedert. Aufgrund der von 2,20 auf 2,35 Meter erweiterten Wagenbreite konnten großzügige Auffangräume im Türbereich und ein breiter Mittelgang vorgesehen werden. Die Quersitze in Anordnung 2+1 sind in Fahrtrichtung angebracht. Die Fahrerkabine ist teilweise vom Fahrgastraum abgeschlossen. Die Triebwagen waren bereits für schaffnerlosen Betrieb ausgerüstet, in den Beiwagen war ursprünglich noch ein Schaffnersitz.

Der im Juni 1965 ausgelieferte P2.12-Probewagen 201 wurde zunächst auf der Internationalen Verkehrsausstellung (IVA) in München präsentiert. Er war mit einer elektomagnetischen SIMATIC-Steuerung der Firma Siemens ausgerüstet, während der P2.13-Probewagen 202 mit einer elektrohydraulischen GEAMATIC-Steuerung der Firma AEG fuhr. Wie bei den M5.65-Triebwagen wurden Einholm-Stromabnehmer eingebaut. Da erstmals alle Türen in der Gerade lagen, konnten die neuen Fahrzeuge problemlos an erhöhten Bahnsteigen halten und waren damit voll tiefbahntauglich. Auch die hohe Motorleistung von 4x81 kW, die eine Höchstgeschwindigkeit von 80 km/h ermöglichte, war im Hinblick auf die Tiefbahn vorgesehen worden.
In München hatte die Betriebsabteilung noch umfangreiche Entwicklungsarbeit zu leisten, um die Fahrzeugkonstruktion zu optimieren. Auch mußten im Gleisnetz mehr Umbauten erfolgen, als ursprünglich erwartet. Die beiden Prototypzüge wurden 1968/69 weitgehend den Serienfahrzeugen angeglichen und umnumeriert. Ihren weißen Zierspitz an der Stirn und die umlaufende weiße Zierlinie behielten sie noch viele Jahre lang. 1982 wurden die Triebwagen ausgemustert, 1989 die Beiwagen.

P3.16-Gelenktriebwagen 2003–2044

Trotz der Entscheidung für eine vollwertige U-Bahn entschied sich der Stadtrat 1966 für die Bestellung neuer Straßenbahnwagen. Zur Debatte stand der Dreiachser M5/m5 (ca. 60 Züge) oder der Kurzgelenkwagen der Serienausführung P3/p3 (ca. 40 Züge). Da die Personaleinsparung bei Gelenkwagen noch größer war, wurden 42 P3.17-Triebwagen und 38 p3.16-Beiwagen in zwei Baulosen bei Rathgeber bestellt, das ein günstigeres Angebot als Hansa Waggon abgegeben hatte. Damit konnten die Altwagenzüge der Typen E, e und h bis 1969 komplett ersetzt werden. Ein P3/p3-Zug faßte 330 Fahrgäste (2 Mann Personal), ein E/e/e-Zug 212 Fahrgäste (4 Mann Personal). Ab 1972 sollten die Kurzgelenkzüge einen leistungsfähigen „Oberflächenschnellbahnbetrieb“[140] auf den auf eigenem Bahnkörper trassierten U- und S-Bahn-Zulaufstrecken ermöglichen.
Der Einsatz der Großraumgelenkwagen erhöhte die Wirtschaftlichkeit erheblich: Pro Jahr wurden 3,6 Mio. DM eingespart. Diesem Vorteil standen Anschaffungskosten in Höhe von 27 Mio. DM sowie einmalige Kosten für Betriebshofumbauten und Gleiskorrekturen in Höhe von 1,6 Mio DM entgegen. Die Serienfahrzeuge unterschieden sich in kleineren Details von den Prototypen. Die weiße Zierlinie nebst Zierspitz war entfallen. Aus Kostengründen wurden die ersten 22 P3.16-Gelenktriebwagen zunächst mit handbedienten Plattformfahrschaltern ausgeliefert. Erst 1969/70 wurden nachträglich GEAMATIC-Steuerungen eingebaut.
Zwischen 1967 und 1972 kamen die „Gelenkgroßraumwagen“ auf den Hauptlinien 8, 19 und 29 zum Einsatz. Mit MVV-Beginn im Mai 1972 wurden

sie vermehrt auf U- und S-Bahn-Anschlußlinien im Außenbereich eingesetzt. Zwischen 1975 und 1980 gelangten sie fahrplanmäßig nicht mehr ins Stadtzentrum. Danach fuhren sie wieder auf Durchmesserlinien. Die noch vorhandenen Züge werden heute auf den Linien 19, 20, 21 sowie an Wochenenden auf Linie 25 eingesetzt, fallweise auch auf allen anderen Linien.
Anders als in Bremen wurden die Gelenktriebwagen im Liniendienst nie ohne dazugehörige Gelenkbeiwagen eingesetzt. Zum Jahresende 2000 werden sich die P3/p3-Wagen weitgehend aus dem Liniendienst verabschieden. Ca. 15 Züge sollen bis zum Fristablauf 2004 als Betriebsreserve erhalten bleiben. Aus Kostengründen zurückgestellt, doch weiterhin vorgesehen ist der Umbau der P3/p3-Garnitur 2011+3017 in einen Partyzug. Die Triebwagen 2008 und 2033 sowie die Beiwagen 3006 und 3018 wurden nach Bukarest abgegeben.

Ein Kurzgelenkzug der Serienausführung P3/p3 am Leonrodplatz vor dem Olympiaturm

Der sechsachsige Nürnberger N6S-Gelenktriebwagen 365 am Karolinenplatz, Dezember 1985. Glücklicherweise wurde nicht die verlängerte Version N8S-NF mit Niederflurmittelteil bestellt, sondern ein 100-%-Niederflurwagen

N-Gelenktriebwagen 363, 365

Von Oktober bis Dezember 1985 fuhren auf den Tramlinien 18 und 27 zwei rot/weiße Gelenktriebwagen aus Nürnberg, um den Münchnern den aktuellen Stand der Straßenbahntechnik vorzuführen. Außerdem sollten Erfahrungen für künftige Neubestellungen gewonnen werden. Der Testbetrieb ging auf AAN-Angehörige und Stadträte zurück, die über gute Verbindungen zu Siemens, Erlangen, verfügten. Die Verkehrsbetriebe hatten sich zunächst reserviert gezeigt und erst eine politische Grundsatzentscheidung über die Zukunft der Münchner Straßenbahn abwarten wollen.

Im Unterschied zum vierachsigen Kurzgelenktriebwagen Typ P3.16 handelte es sich um einen sechsachsigen Gelenktriebwagen. Unter dem Mittelgelenk war ein sog. Jacobsdrehgestell angeordnet, das die Führung des Gelenks übernimmt. Wegen der größeren Ausschläge des Wagenkastens in Kurven konnten die „Nürnberger" das Münchner Gleisnetz nicht frei befahren. Auf den zugelassenen Strecken mußten Begegnungsverbote verhängt werden. Im Unterschied zum Münchner Standard handelte es sich um Zweirichtungsfahrzeuge mit zwei Führerständen sowie Türen auf beiden Seiten. In München wurden die Einstiegstufen auf der linken Seite abgedeckt und alle Einrichtungen für Zweirichtungsbetrieb abgeschaltet. Die Typenbezeichnung N paßte zufällig in das Münchner Schema, stammt jedoch von den Herstellern DUEWAG/MAN. N stand für „Stadtbahnwagen Normalspur".

Die für München zu kleinen Fahrzeuge waren stark überfüllt und häufig verspätet. Akribisch beantworteten die Fahrgäste die ausliegenden Fragebögen. Die abweichende Farbgebung zählte zu den am häufigsten genannten Kritikpunkten. Großes Lob fand das ruckfreie und leise Anfahren bzw. Bremsen.

R1.1-Gelenktriebwagen 2701–2703

Die Schienenfahrzeugabteilung der MAN in Nürnberg hoffte auf einen Kurswechsel der Münchner Verkehrspolitik zugunsten der Straßenbahn nach den Rathauswahlen 1984. Man sah in München die Chance, einen eigenen Straßenbahnwagentyp zu entwickeln, der als Referenz für den sich abzeichnenden Boom auf dem Straßenbahnwagenmarkt dienen sollte. Die MAN hatte seit 1960 keine eigenständigen Entwicklungen mehr betrieben und war nur noch als Lizenznehmer der alles beherrschenden DUEWAG für den bayerischen Markt aufgetreten.

Ein junges Entwicklungsteam unter Leitung von Lutz Uebel, der sich während seines Ingenieurstudiums in München durch aktive Mitarbeit beim AAN für den Erhalt der Straßenbahn engagiert hatte, begann schon Ende 1983 die ersten Vorüberlegungen für einen neuen Typ. Unterstützt wurden die Aktivitäten bei Siemens von ihrem damaligen Abteilungsdirektor Gerhard Scholtis sowie von Karl Nerb, ebenfalls ein früherer AAN-Aktivist.

Erste Analysen zeigten, daß der P3/p3-Zug im Vergleich mit anderen Gelenkwagen das niedrigste Gewicht pro Nutzfläche besaß. Deshalb wurde ein moderner vierachsiger Kurzgelenkwagen mit rund 600 mm Fußbodenhöhe (Niederflurigkeit war noch nicht im Gespräch) und moderner elektronischer Ausrüstung projektiert. Dabei kamen MAN die Erfahrungen zugute, die das Unternehmen in Bremen mit diesem Fahrzeugtyp gemacht hatte: 1961 mußte MAN eine Bürgschaft für Hansa Waggon übernehmen, damit ein Auftrag für die Bremer Straßenbahn AG ausgeführt werden konnte. Als Gegenleistung wurden 18 Kurzgelenkbeiwagen von der MAN gebaut. 1982/83 wurde die Gelenkpunktsteuerung der Bremer Wegmann-Kurzgelenkzüge erfolgreich überarbeitet. Die Führung relativ zur der Gleisachse erfolgte nun ausschließlich über die Gummi- oder Luftsekundärfederung anstatt über eine hydraulische oder mechanische Anlenkung.

1984 bot die MAN den Münchner Verkehrsbetrieben auf dieser Basis einen überarbeiteten Kurzgelenkzug im kantigen Design der Zeit an. Doch tendierten diese eher zum bewährten DUEWAG-Stadtbahnwagen mit Jacobsdrehgestellen, evtl. ausgerüstet mit einem Niederflurmittelteil (Typ N8-NF). Sie zeigten damals noch wenig Neigung, sich an der Entwicklung eines neuen Fahrzeugtyps zu beteiligen.

Daraufhin verfolgte die MAN ihr Projekt in Zusammenarbeit mit der Bremer Straßenbahn weiter. Da die allgemeine Tendenz vom Beiwagen wegführte, entstand 1986 in Bremen durch Umbau eines Kurzgelenkzuges ein dreiteiliger Gelenktriebwagen („Roland der Riese"). Mitarbeiter der Stadtwerke München überzeugten sich in Bremen bei Probefahrten, daß die Gelenkpunktsteuerung mittels Gummi-Sekundärfederung gut funktionierte. Außerdem bot dieser Fahrzeugtyp die Möglichkeit einer durchgehenden Absenkung des Fußbodens (100prozentige Niederflurbauweise). Gegenüber dem Stadtbahnwagen N8-NF war der von MAN konzipierte Niederflurwagen klar im Vorteil:

MAN-Entwurf eines überarbeiteten Kurzgelenktriebwagens von 1984

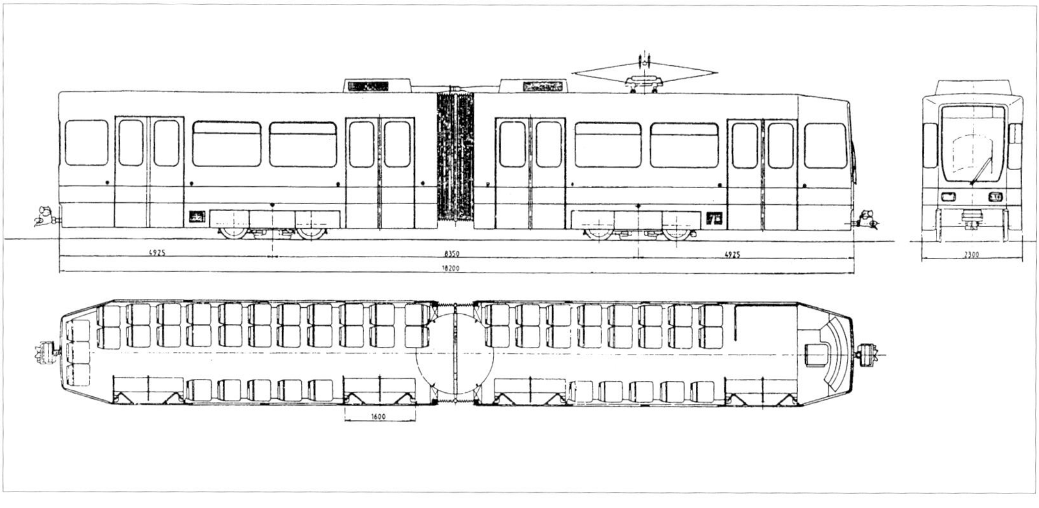

Der Niederflur-Prototyp 2701 (Typ R1.1; Broseband-Beschilderung), aufgenommen 1991 am Karlsplatz

Das DUEWAG-Produkt hätte einen kostspieligen Umbau des Münchner Gleisnetzes erfordert und war schwerer. Außerdem wäre ein nur zu 10 Prozent niederfluriges Fahrzeug auf die Dauer nicht attraktiv gewesen. Werkdirektor Dieter Buhmann setzte sich tatkräftig für die Beschaffung des MAN-Typs ein.

Aufgrund enger Kontakte zwischen der Rheinbahn und den Stadtwerken München (der Betriebsleiter der Rheinbahn, Dipl.-Ing. Georg Püttner, war von München nach Düsseldorf gekommen) wurde ab 1987 die „VÖV-Niederflur-Stadtbahn 2000" als mögliche Alternative verfolgt. Die Stadtwerke München traten der von DUEWAG und Siemens dominierten Entwicklergemeinschaft bei. Doch gelangte das ehrgeizige Projekt eines ultraleichten Niederflurwagens mit selbstlenkenden Einzelrad-Einzelfahrwerken (EEF) nicht zur Serienreife. Die neuentwickelten EEF konnten in motorisierter Form nicht überzeugen. München gab glücklicherweise keinen Prototyp in Auftrag und zog sich vorzeitig aus der Entwicklergemeinschaft zurück. Die drei mit großer Verspätung nach Bonn, Düsseldorf, Mannheim/Ludwigshafen ausgelieferten Prototypen gelangten nicht einmal in den Fahrgastbetrieb!

1988 bestellte München bei MAN drei Prototypen des dreiteiligen, zu 100 Prozent niederflurigen Gelenkwagens. Zehn Monate nach Vorstellung des Bremer Prototyps startete am 7. Dezember 1990 der erste Münchner Niederflurwagen im Betriebshof 2 zu seiner Jungfernfahrt. 22 Jahre lang war in der Landeshauptstadt kein neuer Straßenbahnwagen in Dienst gestellt worden! Die technische Abteilung der Verkehrsbetriebe (Helmut Fiedler, Max Bayer, Rainer Kirschner) beteiligte sich tatkräftig an der Entwicklung des Fahrzeuges und optimierte verschiedene Details gegenüber dem Bremer Vorbild. Der eingeschlagene Weg war richtig: Nach Überwindung anfänglicher Probleme gelangte der R-Wagen zur Serienreife und wurde von insgesamt zehn deutschen und einem japanischen Betrieb beschafft (Stand 1.1.2000).

Im Unterschied zum zweiteiligen P3.16-Gelenktriebwagen ist der R-Wagen dreiteilig. Unter dem Mittelteil ist ein weiteres Drehgestell angeordnet. Die Luftfedern sind oben mit dem Wagenkastenuntergestell und unten mit dem Drehgestellrahmen verschraubt. Die horizontalen Federkräfte halten das Fahrzeug gestreckt. Durch diese torsionselastische Verbindung zwischen Drehgestell und Wagenkasten tritt in Kurven beim Ausschwenken eines Drehgestelles ein Rückstellmoment auf, das sich über die Federung des oder der nachlaufenden Drehgestelle abstützt. Dadurch wird der Gelenkpunkt relativ zur Gleisachse geführt. Die Gelenkpunktsteuerung über Sekundärfederung hat gegenüber der mechanischen Steuerung über Deichseln und Laschen (wie beim Typ P3/p3) den Vorteil, daß sie keinen Mehraufwand und kein zusätzliches Gewicht beinhaltet. Außerdem arbeitet sie wartungs- und verschleißlos. Bogenhalbmesser bis zu 14,5 m können befahren werden.

Die drei Wagenkastenteile in selbttragender Stahlleichtbauweise sind so weit als möglich baugleich ausgeführt. Die Schürzen sind herabgezogen und verdecken die Drehgestelle. An Bug und Heck sind Stoßverzehreinrichtungen angebracht. Die drei angetriebenen Drehgestelle werden asymmetrisch belastet, womit ein Adhäsionsgewicht von 66 Prozent erreicht wird. In jedem Drehgestell ist ein nicht angetriebenes Losradpaar und ein torsionssteif verbundenes, angetriebenes Radpaar eingebaut.
Die vier doppelten Außenschwenktüren liegen ausschließlich in der Geraden. Die Einstiegshöhe beträgt 300 mm, die Fußbodenhöhe 350 mm. Die Fahrgäste sitzen auf zwei- bzw. dreireihigen, gepolsterten Quersitzen, die überwiegend in Abteilform angeordnet sind. Gegenüber der Tür im Mittelteil sind vier Längssitze angebracht. Die in den Wagenkasten hineinragenden Radkästen dienen als Sitzträger. Die Sitze mußten teilweise auf Podesten angebracht werden. Der Führerstand ist weitgehend vom Fahrgastraum abgeschirmt. Die Bedienelemente sind nach modernsten ergonomischen Gesichtspunkten angeordnet.
Jedes der baugleich ausgeführten Drehgestelle wird von einem längsliegenden, am Wagenkastenuntergestell elastisch befestigten Drehstrom-Asynchronmotor über eine torisonssteife Welle und außenliegende Getriebe angetrieben. Die Radreifen haben einen Durchmesser von 680 mm (neu). Für die drei Motoren sind zwei luftgekühlte, mikroprozessorgesteuerte GTO-Direktpulsumrichter auf dem Dach installiert. Die Antriebsausrüstung wird über ein SIBAS-16-Antriebssteuergerät geregelt. Dadurch erfolgt das Beschleunigen und Bremsen stufenlos. Die Motoren sind umschaltbar, so daß bei Ausfall eines Stromrichters noch mit zwei Motoren gefahren werden kann. Als Betriebsbremse dient die generatorische Bremse, als Anhalte- und Ergänzungsbremse die elektrohydraulische Federspeicher-Scheibenbremse, als Notbremse die Magnetschienenbremse. Die Münchner Straßenbahn ging damit von der seit der Jahrhundertwende üblichen Druckluftbremse ab. Auf dem Dach sind Leistungselektronik, Heizung und Belüftung in geschlossenen Containern untergebracht. Die Steuerelektronik wurde in Schaltschränken im Wagenkasten und den Dachvouten untergebracht.
In den drei Prototypen wurden unterschiedliche Getriebe, Umrichter, Motoren und Radbauarten eingebaut. Während des Probeeinsatzes wurde bei Tw 2703 die Rollbandbeschilderung entfernt und durch eine gelb / schwarze Matrixanzeige ersetzt. Da die Prototypen sehr schnell zur Verfügung stehen sollten, konnten sie noch nicht freizügig auf dem Gleisnetz eingesetzt werden. Betriebshofeinfahrten und S-Bögen ohne Zwischengerade mit Radien unter 20 Metern, z.B. am Maxmonument, stellten den Hersteller in München vor besondere Herausforderungen. Die Prototypen liefen ausschließlich auf Linie 19 (St.-Veit-Straße – Pasing / Marienplatz). Wegen des „Eilzuschlages" belief sich ihr Stückpreis auf stolze 4 Mio. DM.

Zusammen erreichten die Tw 2701–2703 eine Laufleistung von knapp 600 000 km. Der Testeinsatz brachte wertvolle Erfahrungen für den Bau der Serienfahrzeuge. Die wegen ihrer abweichenden Ausstattung wartungsaufwendigen Prototypen wurden 1997 ausgemustert und an Adtranz zurückgegeben. Dafür räumte der Hersteller einen Rabatt bei der Bestellung von drei weiteren R3.3-Fahrzeugen ein. 1999 erwarb die Straßenbahn Norrköping die Fahrzeuge. Zunächst wurden Tw 2701 und 2702 für den Einsatz in Schweden umgerüstet. Tw 2703 wird evtl. mit einer neuen elektrischen Antriebsausrüstung versehen, da Wagenkasten und Drehgestelle in einem sehr guten Zustand sind.

R2.2-Gelenktriebwagen 2101–2170

In den Jahren 1994–97 wurden 70 Niederflurwagen der Serienbauart R2.2 von Adtranz ausgeliefert. Verschiedene Verbesserungen wurden vorgenommen: An Bug und Heck wurden stärkere Energieverzehreinrichtungen angebracht. Die Linien- und Zielanzeige wurde nun in Matrixform ausgeführt. Bei den Sitzen konnten jegliche Podeste entfallen. Dafür mußte der Sitzabstand verringert werden. Im

Die Serienausführung der Niederflurwagen: Triebwagen 2101 (Typ R2.2; Matrixanzeige) in der Geiselgasteigstraße, Januar 1996

Führerstand wurden verschiedene Bedienelemente übersichtlicher gestaltet. Die Raddurchmesser wurden von 680 auf 650 mm (neu) verringert, die Radreifen wurden von 85 auf 105 mm verbreitert (heute einheitlich 95 mm). Damit ist ein zügigeres Befahren von Weichen im Kreuzungsbereich möglich. Um die Fahrzeuge auf dem gesamten Münchner Gleisnetz einsetzbar zu machen, wurde der Drehgestellausschlag um 1 Grad vergrößert. Die helle, schmutzintensive Farbgebung des Fußbodens wurde ab Tw 2135 durch ein Violett ersetzt. Die eckigen Gerätecontainer auf dem Fahrzeugdach sind inzwischen bei vielen Fahrzeugen von nachträglich angebrachten Reklametafeln verdeckt. Die R2.2-Wagen erreichten bereits in den Anfangsjahren Laufleistungen von an die 100 000 km pro Jahr. Im Gegensatz zu anderen Betrieben hatte München kaum mit „Kinderkrankheiten" zu kämpfen. Bei den Fahrgästen wurde der neue Fahrzeugtyp gut angenommen. Auf Kritik stießen lediglich die geringe Beinfreiheit, die gering dosierte Heizungsleistung und die schlecht lesbare Matrixanzeige. Seit 1997 stellen die R2.2-Wagen auf allen Linien zumindest einen Teil der Kurse. Denn auf dem gesamten Tramnetz soll ein niederfluriger Zugang ermöglicht werden.

R3.3-Gelenktriebwagen 2201–2220

Der dreiteilige R2.2-Gelenktriebwagen entspricht hinsichtlich seines Fassungsvermögens einem M/m-Zug. Zur Ablösung der P3/p3-Gelenkzüge wurden im Februar 1996 vierteilige Gelenktriebwagen des Typs R3.3 in Auftrag gegeben. Die ursprüngliche Bestellung von 17 Fahrzeugen wurde auf 20 aufgestockt, da die drei R1.1-Prototypen vom Hersteller in Zahlung genommen wurden. Baugleiche Fahrzeuge lieferte Adtranz an Nürnberg.
Der Typ R3.3 wurde im Baukastensystem aus dem Typ R2.2 entwickelt. Darüber hinaus zeichnet er sich durch verschiedene Neuerungen aus: Der Wagenkasten wurde nicht mehr in Leichtstahlbauweise, sondern in geschweißter Aluminumhybridbauweise erstellt. Er besteht aus Strangpreßprofilen und einem verleimten Alu-Sandwich-Dach, das die Heizungs- und Lüftungskanäle trägt. Die Verwendung von Aluminium reduziert die Eigenmasse und mindert die Herstellungskosten. Völlig neu ist der mittlere Doppelgelenkübergang mit Schubgelenkstange, womit das Fahrzeug de facto zum fest verbundenen Trieb- und Beiwagen mit begehbarem

Münchens neuer Tatzelwurm: R3.3-Triebwagen 2201 bei der ersten Ausfahrt am 13. Dezember 1999, Haidenauplatz

Übergang wird – eine Rückkehr zum Konstruktionsprinzip des P3/p3-Zuges! Der Z-Versatz von ca. 800 mm der Längsmittenachsen der verbundenen Wagenkästen erleichtert das Befahren von engen Kurvenradien mit S-Kurven ohne Zwischengerade. Außerdem ermöglicht er eine schnelle Fahrzeugtrennung in zwei Hälften. Der Portalabstand beträgt im Mittelgelenk 1500, ansonsten 920 mm. Ein elektronisch gesteuerter, hydraulischer Knickschutz von Liebherr stabilisiert das Fahrzeug und soll bei Abschleppfahrten ein Ausknicken in der Geraden verhindern. Die GFK-verkleidete Front weist kein rundes, sondern vielmehr ein kantiges Design auf. Anstelle der einteiligen Rundumverglasung ist sie nun dreiteilig ausgeführt. Die schlecht lesbare Nummern-/ Zielanzeige hinter der Stirnscheibe wurde durch einen separaten, nach unten geneigten Kasten ersetzt. Ursprünglich hatten die Stadtwerke beabsichtigt, die von Neumeister-Design entwickelte Kopfform der neuen U-Bahn-Wagen für die Straßenbahn zu übernehmen. Doch wegen der erforderlichen Mehrkosten blieb man bei der Herstellerversion.

Infolge des Wegfalls der Dachvouten konnten die Seitenscheiben nach oben verlängert werden. Der Radabstand im Drehgestell wurde von 1850 auf 2000 mm erweitert, um den Sitzabstand von 475 auf 600 mm vergrößern zu können. Die Lauf- und Triebräder sind nicht mehr einheitlich ausgerichtet. Sechs statt vier doppelflügelige Außen-Schwenkschiebetüren (1250 mm lichte Weite) verbessern den Fahrgastwechsel. Die Einstiegshöhe beträgt 300, die Fußbodenhöhe 350 mm. Die ersten zehn Fahrzeuge erhalten Polstersitze, die zweiten zehn Holzschalensitze. Die endgültige Wahl sollen die Fahrgäste treffen. Siemens liefert die elektrische Ausrüstung mit Drehstromanstriebstechnik (Umrichter mit konventionellen GTO-Thyristoren). Auf Durchbrüche für Kabel im Rohbau wird nun weitgehend verzichtet. Sie werden in vorkonfektionierten Kanälen, Schränken und Containern zusammengefaßt. Entsprechend den neuen U-Bahn-Wagen wurde den R3.3-Gelenktriebwagen ein neuer Anstrich verpaßt: „Taubenblau" kombiniert mit „Weißaluminium". Dies führte zu heftigen Diskussionen. Straßenbahnfreunde begannen, Unterschriften für die Durchführung eines Bürgerbegehrens zu sammeln.

Wegen permanenter Umstrukturierungen beim Hersteller Adtranz traf der erste Wagen erst nach fast vierjähriger Bauzeit im Dezember 1999 ein. Nach Eintreffen der 20 bestellten Fahrzeuge (Herbst 2000) kann der werktägliche Grundauslauf von ca. 80 Kursen mit den insgesamt 90 Niederflurwagen bestritten werden. Die Vierteiler sollen auf den Linien 19, 20, 21 sowie 25 (Wochenenden) zum Einsatz kommen. Ca. 15 P3/p3-Züge bleiben vorerst als Betriebsreserve im Bestand. Wenn in den nächsten Jahren Neubaustrecken eröffnet werden, könnten kurzfristig P3/p3-Züge in den Liniendienst zurückkehren. Spätestens bis zu deren Fristablauf (2004) müßten in diesem Fall neue Fahrzeuge beschafft werden. Wahrscheinlich würde dann die Entscheidung für einen neuen Wagentyp fallen. Möglicherweise steht dann auch der Übergang zu einer größeren Wagenbreite (2,40 m) zur Debatte.

Beiwagen

Von den Sommerbeiwagen 351–355 (=1027–1031; „Amerikaner") des Typs ö1.25 und dem aus Kostengründen nicht in Serie gegangenen e1.47-Beiwagen 164 (= 754; neue Typenbezeichnung x1.47) abgesehen, wurden im Zeitraum von 1895–1910 keine fabrikneuen Anhänger gekauft. Die Trambahn behalf sich mit ehemaligen Pferde- und Dampfbahnwagen. Für den Einsatz hinter elektrischen Triebwagen erhielten sie Schraubkupplungen.

Ab 1910 wurden Beiwagen fabrikneu in Dienst gestellt. Bis 1945 wurden ausnahmslos zweiachsige Anhänger mit starren Achsen geliefert. In der Regel waren sie kürzer als die gleichzeitig angeschafften Triebwagen. Ab dem Typ e1.48 (MAN 1925) wurden die Einstiege nicht mehr von Gittern, sondern von Schiebetüren verschlossen. Zahlreiche ältere Beiwagen der Typen e, f, g, h, k, l wurden in den 50er Jahren entsprechend den Triebwagen modernisiert. Die Fahrzeuge des Typs i4.34 erhielten 1972 automatische Kompaktkupplungen, um bis 1975 hinter dreiachsigen M-Triebwagen eingesetzt werden zu können.

Alte Dreiwagenzüge, bestehend aus einem Trieb- und zwei Beiwagen, wurden von 1906 bis 1972 im Linienbetrieb verwendet. Bis zum Einbau durchgehender Druckluftbremsen mußte auf dem zweiten Beiwagen ein Bremser mitfahren.

Weitgehend baugleich mit den dazugehörigen Triebwagentypen waren die Beiwagentypen i1.56, i2.56, i3.33, L1.61, m1.62 (= m1.65), m2.63, m3.64, m4.65, m5.65, p2.14, p2.15 und p3.17. Mit den 1966–68 abgelieferten Gelenkbeiwagen 3003–3040 des Typs p3.17 ist die Ära der Anhänger in München zum Abschluß gekommen. Wegen des höheren Kriminalitäts- und Beschädigungsrisikos in Beiwagen geben heute die meisten Verkehrsbetriebe mehrteiligen Gelenktriebwagen den Vorzug.

Nur einmal in der Geschichte der Münchner Straßenbahn stahl ein Anhänger dem Triebwagen die Schau: Der dreiachsige m5.65-Beiwagen 3524 wurde 1996 von Münchner Schülern bunt bemalt. Einige Monate lang war die „Kunterbahn" auf Linie 27 eingesetzt. Danach wurde sie in der Grundschule an der Senftenauerstraße aufgestellt.

Übersicht über die Beiwagen

Nummern	Typ	Hersteller	Baujahr	Bemerkungen	Ausmusterung
1...150 (= 601–732)	a1.41 (tlw.= a1.42), a1.43	diverse	1876–95	1896–1904 ex Pferdebahn	1910/11, 1926–32
733–740	b1.43	diverse	1876–95	1896–1904 ex Pferdebahn Rahmen verlängert	1928–38
151–163 (= 741–753)	b2.44	Rathgeber	1883–91	1900/01 ex Dampfbahn	1932/38
356–375	–	Rathgeber	1883–91	1900/01 ex Dampfbahn, offen	1907
203...339 (= 901–1026, 1032–1034 = 901–1029 = 1901–1999, 11000–11029)	o1.41, o2.42, o3.43	diverse	1876–95	1896–1904 ex Pferdebahn, offen	1911–31
351–355 (= 1027–1031 = 1030–1034 = 930–934)	ö1.25	Rathgeber	1897	offen; „Amerikaner"	1940
351, 352, 355–362 (= 353–362)	z1.22	Union	1895	bis 1921 ex Z1.22-Tw	1928/29
363–364, 366–368	z1.23	Union	1895	bis 1921 ex Z1.23-Tw	1928/38

Nummern	Typ	Hersteller	Baujahr	Bemerkungen	Ausmusterung
369–370	z2.23	Union	1895	bis 1921 ex Z2.23-Tw	1938
371–373	z3.24	Breslau	1897/98	bis 1921 ex Z3.24-Tw	1931/38
374	z-.-	Kummer	1897/98	1901–03 ex Z-.—Tw	1921
755–824 (= 935–1004)	c1.26	Rathgeber	1910/11		1946–59
825–854 (= 1005–1034)	c2.26	Bremen	1911		1947–58
855 (= 1135), 1035–1134	c3.27	Rathgeber	1912/13		1946–58
891–900 (=920–929)	d1.45	Eigenbau	1913	halboffen, ab 1929/30 geschlossen	1943/53
164 (= 754)	e1.47 (= x1.47)	Rathgeber	1902/03	passend zu Typ A, Lenkachsen	1938
1136–1205	e1.48	MAN	1925		1964/66
1206–1255	e2.48	Rathgeber	1925		1964/68
1256–1295	e3.48	Rathgeber	1926		1964/68
1296–1325	e4.49	Rathgeber	1927		1963/68
1326–1335	e5.49	MAN	1927		1964/66
1336–1375	f1.54	HAWA	1929		1971/72
1376–1435	f2.54	Rathgeber	1929/30		1971/72
1436–1464	g1.48	Rathgeber	1944	Wiederaufbau auf e1.48, e2.48. e3.48	1969–72
1465–1473	g1.49	Rathgeber	1944	Wiederaufbau auf e4.49, e5.49	1969
1474–1493	h1.54	Rathgeber	1944	Wiederaufbau auf f1.54, f2.54	1968
1500–1511	i1.56	Uerdingen	1944	KSW	1973
1549–1578	i2.56	Uerdingen	1948/49	KSW	1967/73
1579–1584	i3.33	Uerdingen	1949/50	KSW	1967, 1972/73
1585–1600 (= 3101–3115)	i4.34	Uerdingen	1952	VÖV-Typ I	1976
1512–1524	k1.48	Rathgeber	1946	Wiederaufbau auf e1.48, e2.48. e3.48	1965
1526–1528	k1.49	Rathgeber	1946	Wiederaufbau auf e4.49	1965
1529–1548	l1.54	Rathgeber	1946	Wiederaufbau auf f1.54, f2.54	1965
747 (= 761)	L1.61	HAWA	1947/48	Lenkdreiachser, ex F2.10-Tw 630	1949 = L1.61-Tw 761
1601–1602 (= 3201–3202)	m1.62 (= m1.65)	Rathgeber	1950	Lenkdreiachser	1977–81
1603–1610	m2.63	Rathgeber	1952	Lenkdreiachser	1975
1611–1703 (= 3301–3393)	m3.64	Rathgeber	1953–55	Lenkdreiachser	1975–90
1704–1801 (= 3401–3498)	m4.65	Rathgeber	1957–59	Lenkdreiachser	1983–95
1802–1846 (= 3501–3545)	m5.65	Rathgeber	1963/64	Lenkdreiachser	ab 1994
2001 (= 3001)	p2.14	Rathgeber	1964/65	vierachsiger Kurzgelenkwagen	1989
2002 (= 3002)	p2.15	Rathgeber	1964/65	vierachsiger Kurzgelenkwagen	1989
3003–3040	p3.17	Rathgeber	1966–68	vierachsiger Kurzgelenkwagen	ab 1997

Wenn nicht anders angegeben, handelt es sich um zweiachsige Fahrzeuge mit starrem Fahrgestell. Kriegsverluste sind nicht berücksichtigt.

Arbeitswagen

Im Lauf ihrer Geschichte hat die Münchner Tram über eine Fülle von schienengebundenen Arbeitsfahrzeugen verfügt. Früher wurden sie zumeist grün gestrichen. Heute machen sie mit einem leuchtenden Orange auf sich aufmerksam. Zu den Sonderfahrzeugen zählten u.a. Akku-Lokomotiven, Fahrschul-, Post-, Wanderbücherei-, Transport-, Schienenschleif- und Reinigungs-, Salzstreu-, Fahrdrahttrommel-, Fahrdrahtkontroll-, Turm-, Werkstatt- und Bahnhofswagen. Als Beiwagen wurden Post-, Salz-, Schneepflug-, Transport-, Turm- und Werkstattwagen vorgehalten. In den letzten Jahren hat die Zahl der schienengebundenen Arbeitswagen stark abgenommen. Heute bevorzugt man Zwei-Wege-Fahrzeuge, damit auf den beschleunigten Linien die Arbeitsfahrzeuge den Kurswagen Platz machen können. Folgende Fahrzeuge waren am 1.1.2000 im Bestand:

Nummern	Typ	Hersteller	Baujahr	Bemerkungen
2924	Sch2.64	Rathgeber	1959/76	Fahrschulwagen, ex M4.65 2498
2930–31	SA2.30	Uerdingen	1948–50/74	Salzwagen, ex J2.30 748, 743
2942	FK1.8	MAN	1926/61	Fahrdrahtkontrollwagen, ex 42 ex Postwagen P2.8 Nr. 7
2973	G1.8	RAW Neuaubing	1944	Werkstattwagen Hauptwerkstätte (mit Eisenbahnkupplung), ex 680
2991–2992	M5.65	Rathgeber	1965/99	Rangierwagen, ex 2662, 2669
3998	me1.8	Eigenbau	1970	Meßbeiwagen

Heute der interessanteste Arbeitswagen: Hinter dem Fahrdrahtkontrollwagen 2942 verbirgt sich der ehemalige Posttriebwagen 7 von 1926. Aufgenommen im November 1999 in der Ismaninger Straße vor dem Bundesfinanzhof

Triebwagen Z1.22, 1.23, 2.22, 2.23

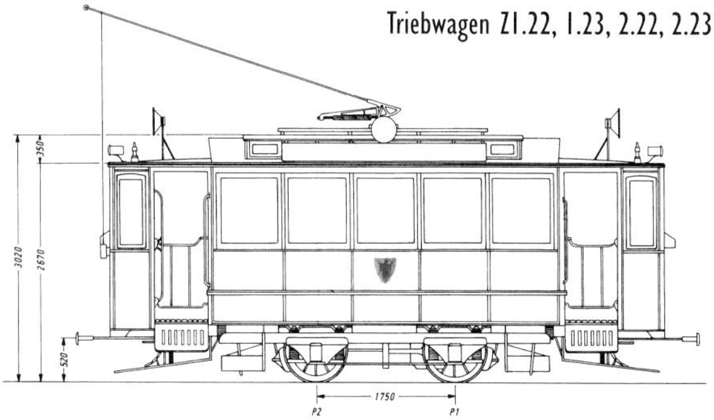

Triebwagen A1.1

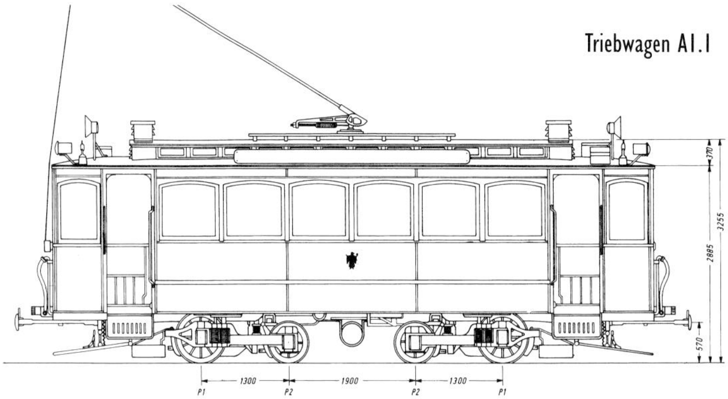

Triebwagen E1.8, 2.8, 3.8

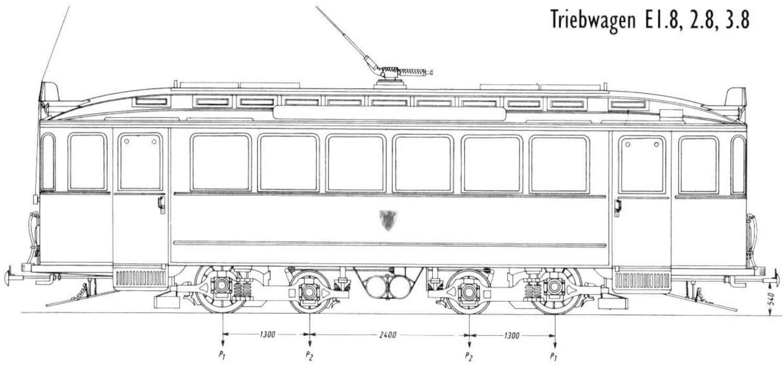

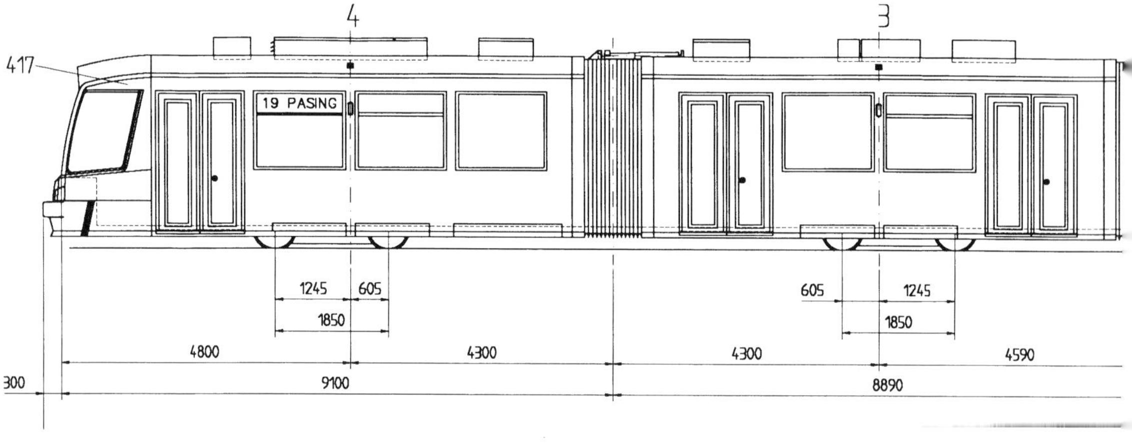

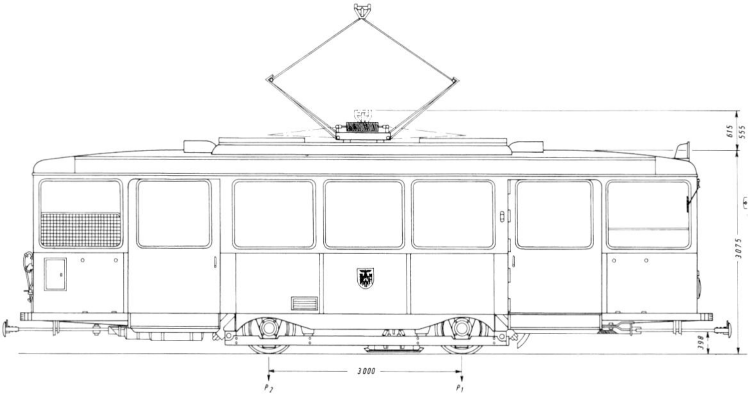

Triebwagen M3.64, 4.65

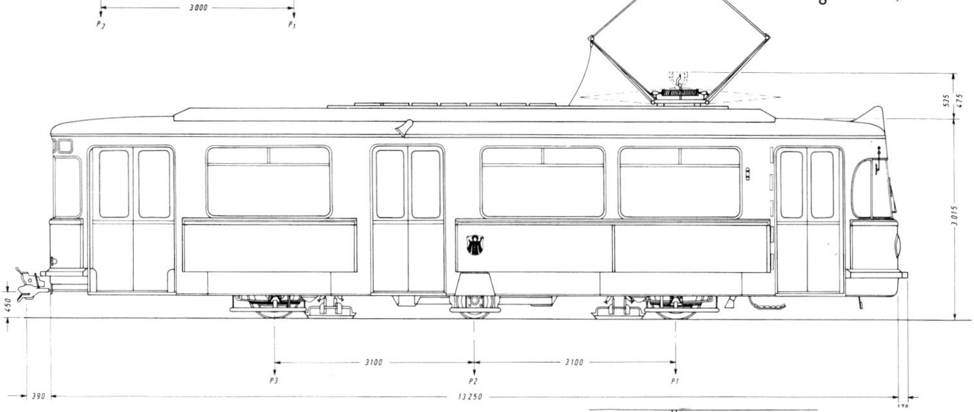

Triebwagen P3.16

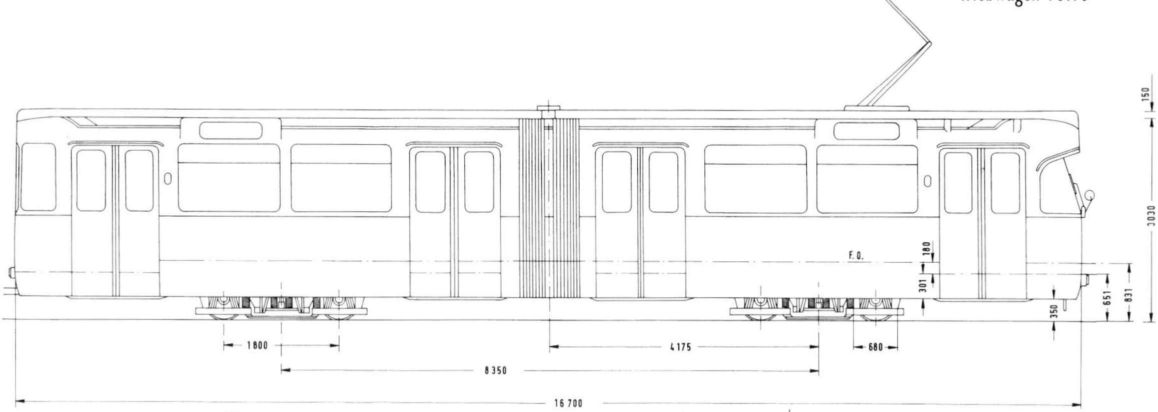

Typ R3.3

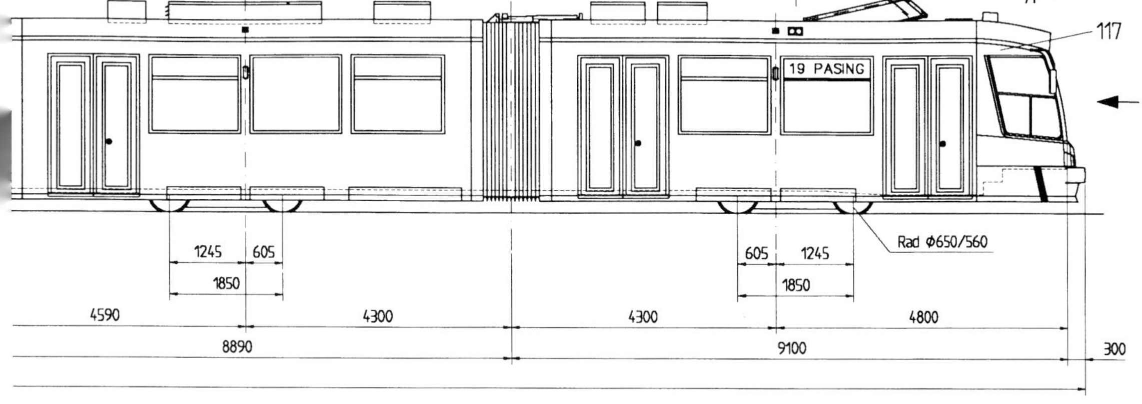

Der orangefarbene Fahrschultriebwagen 2924 (ex M4-Triebwagen 2498) am Leonrodplatz. Als einer der letzten Lenkdreiachser ist er noch häufig zu sehen. Links ist der noch vorhandene Schaffnersitz zu erkennen

Auch im Winter zuverlässig: Ein Schneepflug- und Salzzug räumt das Ausweichgleis in Moosach, Januar 1985

15. Die Münchner Betriebshöfe

Depots und Werkstätten sind das Herzstück des Straßenbahnbetriebes. Dem täglichen Blick des Fahrgastes verborgen, sorgen sie für den erforderlichen technischen Zustand und reibungslosen Einsatz der Fahrzeuge. Als erster Betriebshof war am 21. Oktober 1876 das Pferdebahndepot in der Nymphenburger Straße 81 gegenüber der Lazarettstraße eröffnet worden. Es wurde noch für den elektrischen Betrieb umgebaut. Hingen wurden die Depots an der Fabrikstraße 20 (heute Thierschstraße), Türkenstraße 22 und Plinganserstraße 40 schon vor der Jahrhundertwende aufgegeben.

Nach dem Ersten Weltkrieg wurde ein Programm zum Ersatz veralteter Depot- und Werkstattanlagen beschlossen. Zunächst entstand von 1920–24 auf dem Gelände einer ehemaligen Kriegsmetallfabrik an der Ständlerstraße in Giesing die neue Hauptwerkstätte. Die Gebäude wurden weiterverwendet. Kaum ein anderer deutscher Straßenbahnbetrieb konnte sich einer solch geräumigen Werkstatt rühmen: Das gesamte Gelände hatte ursprünglich eine Größe von 27 000 m^2! Zuvor war die „Centralwerkstätte" auf beengtem Raum im Betriebshof 1 an der Schäftlarnstraße beheimatet gewesen.

Im Jahr 1926 wurde ein neuer Betriebshof an der Äußeren Wienerstraße 54–58 (heute Einsteinstraße) eröffnet. Er ersetzte den nur wenige hundert Meter entfernten Betriebshof an der Äußeren Wiener Straße 28. Die dreischiffige Wagenhalle bot auf 21 Gleisen Platz für 80 Dreiwagenzüge. Fenster und Oberlichter sorgten für eine helle, freundliche Arbeitsatmosphäre. Es war der erste Münchner Betriebshof mit durchgehenden Gleisen, wodurch der Rangieraufwand vermindert wurde. Aus ästhetischen Gründen hatte man vor den Betriebshof ein Wohnhaus gebaut. Noch heute sind an den Tordurchfahrten Gleisreste erkennbar.

Von 1926–28 entstand auf einem ehemaligem Rüstungsgelände an der Dachauer Straße 104 ein weiterer Durchgangsbetriebshof. In der vierschiffigen Wagenhalle nahmen 28 Gleise 95 Dreiwagenzüge

Vor dem 1926 eröffneten Betriebshof 2 an der Äußeren Wiener Straße (heute Einsteinstraße) 54–58 stand ein Wohnhaus. 1963 wurde er durch den neuen Betriebshof 2 ersetzt

auf. Eine weitere Halle beherbergte auf sieben Gleisen 45 Fahrzeuge. Der Betriebshof ersetzte die veraltete, aus der Pferdebahnzeit stammende Anlage an der Nymphenburger Straße. 1928 wurden die Hauptwerkstatt und die sieben Betriebshöfe numeriert:

Nr.	Betriebshof	Eröffnungsjahr
1	Hauptwerkstätte	1923/24
2	Äußere Wiener Straße (heute Einsteinstraße) 54-58	1926
3	Barthstraße 6, später 25	1889
4	Wilhelmstraße 19	1877
5	Dachauer Straße 104	1928
6	Hofmannstraße 38	1912
7	Schlierseestraße 43-45	1913
8	Soxlethstraße 14	1913

Zwischen 1930 und 1934 wurde ein weiterer moderner Durchgangsbetriebshof an der Westendstraße 200 angelegt. Die beiden Wagenhallen boten auf 26 Gleisen Raum für 104 Dreiwagenzüge. Der neue „3er Bahnhof" ersetzte seinen Vorgänger an der Barthstraße. Im Zweiten Weltkrieg wurden insbesondere die Hauptwerkstätte und die Betriebshöfe 3 und 5 beschädigt.

Beginnend mit dem Betriebshof 5, wurden ab 1956/57 moderne Wasch- und Wartungshallen eingerichtet. Außerdem wurde 1963 der Betriebshof 2 ein weiteres Mal nach Osten verlagert: An der Einsteinstraße 148 entstand ein modernes Depot mit 18 durchgehenden Gleisen für 72 Großraumzüge und fünf Abstellgleisen für Sonderfahrzeuge. Erstmals wurden die Gleisharfen innerhalb der Halle angeordnet, um im Winter die Weichen nicht enteisen zu müssen. Südlich der Werkstatthalle wurde eine Gleisschleife angelegt, auf der die Züge wenden können. Östlich neben der Halle wurde eine großzügige

Aufstellanlage vorgesehen. Bei Bedarf kann hier eine zweite Wagenhalle gebaut werden.
In den 70er Jahren schlossen die Verkehrsbetriebe zur Rationalisierung zahlreiche Betriebshöfe: 1970 den Bahnhof 4 (Soxlethstraße; ehemals Nr. 8), 1971 den Bahnhof 6 (Hofmannstraße), 1972 den Bahnhof 7 (Schlierseestraße), 1977 den Bahnhof 5 (Dachauer Straße) und 1993 den Bahnhof 3 (Westendstraße). Verwendet wird nur noch der modernste Betriebshof 2 an der Einsteinstraße. Die Aus- und Einrückfahrten haben damit allerdings stark zugenommen. Im stillgelegten Betriebshof 3 werden ausgemusterte und historische Fahrzeuge hinterstellt. Bei Kapazitätsengpässen wurde er wiederholt reaktiviert.
Mitte der 90er Jahre wurde über die Aufgabe der mittlerweile überdimensionierten Hauptwerkstätte nachgedacht. Als Alternativen wurden die Vergabe größerer Arbeiten an Dritte (z.B. an Waggonfirmen oder an andere Verkehrsbetriebe), die Mitbenutzung der Technischen Basis der U-Bahn am Kieferngarten und der Neubau einer Straßenbahnhauptwerkstätte in Nachbarschaft des Betriebshofes 2 untersucht. Schließlich fiel die Entscheidung zugunsten des Status Quo. Die „HW" an der Ständlerstraße wurde für die Aufnahme von Niederflurwagen grundlegend modernisiert. Hier werden größere Arbeiten wie Hauptuntersuchungen durchgeführt. Kleinere Überholungen und Reparaturen finden im Betriebshof statt.
In den denkmalgeschützten Gebäuden des 1926 aufgegebenen Betriebshofes Äußere Wiener Straße 28 (heute Einsteinstraße), einer ehemaligen Gastwirtschaft, befinden sich die Direktions- und Büroräume sowie die Leitstelle für den Oberflächenverkehr. Im Jahr 2002 werden alle Unternehmensbereiche der Stadtwerke nach Moosach in einen Neubau umziehen.

1972 wurde der Bahnhof 7 an der Schlierseestraße stillgelegt. Nach dem Abriß wurde eine Volkshochschule errichtet

Für den Pendelbetrieb mit alleinfahrenden M5-Triebwagen zum Gondrellplatz wurde der Betriebshof 3 an der Westendstraße reaktiviert (Oktober 1997)

Als einziger Betriebshof blieb die Nr. 2 an der Einsteinstraße übrig, im Bild die Aufstellanlage

16. Der lange Weg zu einem Münchner Trambahnmuseum

Ende der 60er Jahre wollte der Straßenbahnfreund Hans Pollitzer ein überregionales Verkehrsmuseum im Raum München errichten. Leider übernahm er sich und konnte seine umfangreiche Sammlung nicht halten. In den 80er Jahren verschrieb sich eine neue Generation von Tramliebhabern der Erhaltung historischer Fahrzeuge. Die 1984 gegründeten „Straßenbahnfreunde München e.V." erwarben die beiden Züge 2401+3404 (M4/m4) und 2653+3530 (M5/m5). Letzterer Zug ist derzeit in Schwerte (Westfalen) hinterstellt. Bei diesem Verein stehen museale Bestrebungen aber nicht im Vordergrund. Ausschließlich historisch orientiert ist der 1989 gegründete Verein „Freunde des Münchner Trambahnmusems e.V." (FMT). Erklärtes Ziel ist der Aufbau eines öffentlich zugänglichen Straßenbahnmuseums und die fahrbereite Aufarbeitung der Exponate. Schließlich erteilten die Verkehrsbetriebe den FMT die Genehmigung zur Betreuung der historischen Fahrzeuge der Verkehrsbetriebe im ehemaligen Betriebshof 3. Folgende Museumswagen sind dort beheimatet:

Nummer	Typ	Hersteller	Baujahr	Bemerkungen
Triebwagen				
256	A2.2	Rathgeber	1901	fahrfähig
490	D6.3	Rathgeber	1911 (55)	fahrfähig
539	E2.8	Linke-Hofmann-Lauchhammer	1925	
624	E3.8	Schöndorff	1926	
642	F2.10	HAWA	1929/30	
670	G1.8	RAW Neuaubing	1943	Wiederaufbau
721	J1.30	Fuchs	1944	Kriegsstraßenbahnwagen
2412	M4.65	Rathgeber	1957	fahrfähig
2448	M4.65	Rathgeber	1958	
2616	M5.65	Rathgeber	1965	
2668	M5.65	Rathgeber	1965	
Beiwagen				
„273"	–	Eigenbau	1951	Nachbau eines offenen Pferdebahnwagens
1334	e5.49	MAN	1927	
1351	f1.54	HAWA	1929	
1401	f2.54	Rathgeber	1930	
1456	g1.48	Rathgeber	1944	Wiederaufbau
1472	g1.49	Rathgeber	1944	Wiederaufbau
1509	i1.56	Uerdingen	1944	Kriegsstraßenbahnwagen
3113	i4.34	Uerdingen	1952	VÖV-Typ I; Eigentum FMT
3390	m3.64	Rathgeber	1953	
3407	m4.65	Rathgeber	1957	fahrfähig
3463	m4.65	Rathgeber	1958	
3545	m5.65	Rathgeber	1964	
Arbeitswagen				
2903	SSR2.59	Schörling	1958	Schienenschleif- und -reinigungswagen
2946	Tu1.8	MAN (Eigenbau)	1926 (66)	Turmwagen
3901	s4.48	MAN	1926 (60)	Salzbeiwagen
3908	s3.50	Rathgeber	1928	Salzbeiwagen
3921	q5.50	Rathgeber	1929	Unkrautvertilgungsbeiwagen
3922	q5.50	Rathgeber	1929	Transportbeiwagen; Eigentum FMT
3942	sp2.55	Rathgeber	1940	Schneepflug

A-Triebwagen 256 mit den einst typischen Längsbänken. In historischer Uniform: Der 1. FMT-Vorsitzende Bernd Helbig, rechts Werkdirektor Buhmann (1990)

Die Sammlung ist umfangreich, aber nicht lückenlos. Die FMT planen, den Wanderbüchereiwagen 24 und den Gelenkwagen-Prototyp 102 (Typ P1.65) aus aus dem Hannoverschen Straßenbahnmuseum zurückzukaufen. Außerdem wurden Kontakte mit dem Verkehrsbetrieb Mailand aufgenommen, wo noch Arbeitstriebwagen vorhanden sind, die den einstigen „Mailändern" ähneln. Im Gedächtnis der älteren Münchner sind auch die Wiederaufbauwagen des Typs K geblieben. Vielleicht wird es einmal möglich sein, ein derartiges Fahrzeug im Nachkriegszustand mit Holzlatten und verschalten Fenstern zu rekonstruieren.
In den nächsten Jahren werden die FMT ihre verdienstvolle Arbeit im Betriebshof 3 fortführen können. Zwar wird die nördliche Halle abgerissen und bebaut werden, doch soll die südliche Halle nebst Werkstatt erhalten bleiben. Ob daraus ein lebendiges Museumsdepot nach dem Vorbild von Nürnberg, Stuttgart und Wien werden wird, wird die Zukunft zeigen. Der jetzige Standort hat den großen Vorteil, daß Werkstatteinrichtungen und Gleisanschluß bereits vorhanden sind. Außerdem sind im Betriebshof 3 sechs Jahrzehnte Straßenbahngeschichte spürbar.
Im Mai 2001 wird als Zweigmuseum des Deutschen Museums ein Verkehrsmuseum auf dem ehemaligen Messegelände an der Theresienhöhe eingerichtet. Die dem Stadtverkehr gewidmeten Halle soll auch Straßenbahnwagen zeigten. Es sollen wesentliche Entwicklungsschritte im deutschen und europäischen Straßenbahnwagenbau dokumentiert werden. Das Verkehrsmuseum wird dem Projekt eines Münchner Trambahnmuseums also keine Konkurrenz machen.
Wiederholt wurde vorgeschlagen, historische Tramwagen auf einer regelmäßigen Linie einzusetzen. Bereits 1970 war in der SZ angeregt worden, zwischen Karlsplatz, Marienplatz und Isartor eine Nostalgiestraßenbahn einzurichten. Das Fremdenverkehrsamt steht dem Projekt einer bewirtschafteten Stadtrundfahrtenlinie nach dem Vorbild von Frankfurt a.M. oder Zürich aufgeschlossen gegenüber. Verhandlungen mit einem privaten Investor laufen seit einigen Jahren und werden möglicherweise bald zur Vertragsunterzeichnung führen. München ist ein Touristenmagnet, und die Linie wäre Attraktion und Beförderungsmittel zugleich. Der Erfolg der alljährlich an den Adventswochenenden von den Stadtwerken und der Aktion Münchner Fahrgäste auf dem Altstadtring betriebenen „Christkindltram" spricht für sich.

Verschiedene Fahrzeuge wurden in München und Umgebung von Privat erworben und haben in mehr oder weniger gut erhaltenem Zustand überlebt:

Nummer	Typ	Hersteller	Baujahr	Standort
532	E2.8	Linke-Hofmann-Lauchhammer	1925	Industriegebiet Wolfratshausen
2371 (Kopf)	M3.64	Rathgeber	1955	Jugendherberge, Wendl-Dietrich-Straße
2464	M4.65	Rathgeber	1958	Gaststätte „Entenalm", Straßlach
2472	M4.65	Rathgeber	1958	Augsburger Zoo
2476	M4.65	Rathgeber	1959	Kinderspielplatz Schweitenkirchen
3519	m5.65	Rathgeber	1964	Römerbad Moosburg
3524	m5.65	Rathgeber	1964	Kindergarten Senftenauerstraße (ehem. „Kunterbahn")

Historische Fahrzeuge: A-Triebwagen 256 und der rekonstruierte Pferdebahnwagen „273"

Im ehem. Betriebshof 3 werden die historischen Fahrzeuge aufgearbeitet, hier G-Triebwagen 670, J-Triebwagen 721

Bibliographie

Ungedruckte Quellen

Archiv der Freunde des Münchner Trambahnmusems e.V. (FMT): Dienstanweisungen, Zeitungsausschnitte

Bayerisches Hauptstaatsarchiv: Bestand Generalbaurat der Bewegung

Stadtarchiv München: Bestände Bürgermeister und Rat, Generalbaurat, Hochbauamt, Planungssammlung, Ratssitzungsprotokolle, Rechtsamt, Verkehr, Verkehrsbetriebe sowie Archiv Hanffstengel

Stadtwerke-Verkehrsbetriebe: Dokumentation Überleitung Straßenbahn auf U-Bahn, April 1979

Auskünfte der Zeitzeugen Peter Engelbrecht, Karl Klühspies, Herbert König, Walter Layritz, Lutz Uebel, Dr. Hans-Jochen Vogel, Peter Wagner

Gedruckte Quellen

a) Fachbliteratur

Bäumler, Klaus: Planfeststellungsverfahren Neubau einer Straßenbahn durch den Englischen Garten (sog. Nordtangente Abschnitt II). Einspruchsschrift der Freunde der Residenz München e.V. zur Regierung von Oberbayern vom 1. Januar 1999

Bry, Carel Christian: Der Hitler-Putsch. Berichte und Kommentare eines Deutschland-Korrespondenten (1922-1924) für das „Argentinische Wochen- und Tagblatt". Hrsg. von Martin Gregor-Dellin, Nördlingen 1987

Chronik der Stadt München 1945-1948. Hrsg. vom Stadtarchiv, München 1980

Fiehler, Karl (Hrsg.): München baut auf. Ein Tatsachen- und Bildbericht über den nationalsozialistischen Aufbau in der Hauptstadt der Bewegung, München 1937

Hoffmann, Rudolf: Die Linienführung einer Straßenbahn durch den Englischen Garten in München. Ein Beitrag zur Klärung einer städtebaulichen Streitfrage, München 1927

Kubisch, Hans-Dieter: Die Münchner Umland Bahn. Ein Stadtbahnsystem für die Region München. Hrsg. vom Bund Naturschutz, Kreisgruppe München, und dem Verkehrsclub Deutschland (VCD), München 1996

Liebig, X. B.: München die werdende Millionenstadt und seine Verkehrsverhältnisse, München 1896

Landeshauptstadt München, Referat für Stadtforschung und Stadtentwicklung (Hrsg.): Stadtentwicklungsplan 1975, München 1975

Landeshauptstadt München U-Bahn-Referat in Zusammenarbeit mit den Stadtwerken – Verkehrsbetrieben und der Deutschen Bundesbahn Direktion München (Hrsg.): U-Bahn für München. Eine Dokumentation, München 1971

Lauterbach, Edmund / Barth, Andreas: Stadtbahn. Ein ergänzende Verkehrssysteme für München und sein Umland. Hrsg. von PRO BAHN, Regionalverband Oberbayern e.V., München 1997

Meitinger, Karl: Das neue München, München 1946

Münchner Forum (Hrsg.): Du bleibst da – und zwar sofort! Zur Diskussion um die Zukunft der Münchener Trambahn (= Beiträge zum Stadtentwicklungsplan, Heft 19), München 1979

Picker, Henry: Hitlers Tischgespräche im Führerhauptquartier, Stuttgart 1977

Schattenhofer, Miachael (Hrsg.): Revolution und Räteherrschaft in München. Aus der Stadtchronik 1918 / 19 (= Neue Schriftenreihe des Stadtarchivs München, Band 29), München 1968

Städtische Straßenbahnen München (Hrsg.): 50 Jahre Münchener Straßenbahn 1876-1926, München 1926

Stadtwerke München (Hrsg.): Die Stadtwerke München im Jahr 1958. Ein Rechenschafts- und Geschäftsbericht für die Zeit nach 1948, München 1958

Stadtwerke München – Verkehrsbetriebe (Hrsg.): Die Stadtwerke München – Verkehrsbetriebe im Jahre 1946 nach einem Referat der Werkdirektion im Stadtrat am 18. März 1947, München 1947
– dies.: 75 Jahre Münchener Straßenbahn, Oktober 1951
– dies.: Fahrpläne, Geschäftsberichte, Linienpläne

Ulsamer, Julius: Fünf Jahre Wiederaufbau. Hrsg. von den Stadtwerken, München 1950

Vogel, Hans-Jochen: Die Amtskette. Meine 12 Münchner Jahre. Ein Erlebnisbericht, München 1972

Weber, Carl: München und seine Stadterweiterung. Bayerischer Baugewerbsanzeiger (1893) Nr. 3, S. 36-50 (Sonderdruck)

Zimniok, Klaus: Eine Stadt geht in den Untergrund. Die Geschichte derMünchner U- und S-Bahn im Spiegel der Zeit, München 1981

b) Literarische und künstlerische Quellen

Duvigneau, Volker: Münchner Stadtbilderbuch. (Hrsg.: Stadtmuseum), München 1994

Hartstein, Erich (Hrsg.): Münchner Notizbücherl, München 1960

Hösl, Hans / Richter, Trude: D'Stangerltrambahn, eine bayrische Bilderbogengschicht, München 1982

Hoferichter, Ernst: Das Ernst Hoferichter Buch. Erzähltes aus Bayern nebst anderen Erdteilen (hrsg. von Karl Ude), Rosenheim 1977

Huch, Ricarda: Erinnerungen an das eigene Leben, Köln 1980

Kreis, Julius: Ringelspiel des Alltags, München 1934

Thomas Mann: Sämtliche Erzählungen, Frankfurt a.M. 1963
– ders: Dr. Faustus. Das Leben des deutschen Tonsetzers Adrian Leverkühn erzählt von einem Freunde, Frankfurt am Main 1967

Roth, Eugen: Sämtliche Werke, Bd. 5. Ankedoten und Erinnerungen, München 1977

Schweiggert, Alfons / Eder, Franz: Ein Münchner in der Hölle, München 1998

Sommer, Siegfried: Karussell. Münchner Kalendergeschichten, München 1967
– ders.: Sommersprossen, München 1969

Thoma, Ludwig: Gesammelte Werke, Vierter Band, München 1968

Valentin, Karl: Gesammelte Werke, München 1961

Vierlinger, Emil: Das 1-2-3-4-linger Buch, München 1961

c) Periodika

Abendzeitung (AZ)

Frankfurter Allgemeine Zeitung (FAZ)

Münchner Neueste Nachrichten (MNN)
Münchner Merkur (MM)
Münchener Post (MP)
Münchener Zeitung (MZ)
Münchner Stadtanzeiger (MSt)
Süddeutsche Zeitung (SZ)
Völkischer Beobachter (VB)
Würmtalbote (WB)

Darstellungen

Badalec, Thomas / Onnich, Klaus: Münchens M-Wagen. 50 Jahre auf drei Achsen, München 1999

Bauer, Richard (Hrsg.): Thomas Wimmer und sein München. Eine Stadt im Aufbau, München 1989
-- ders. (Hrsg.): Geschichte der Stadt München, München 1992

Elsner, Henry: 3-axle Streetcars from Robinson to Rathgeber. Bd. 2, Hicksville, N.Y. 1995

Fisch, Stefan: Stadtplanung im 19. Jahrhundert. Das Beispiel München bis zur Ära Theodor Fischer, München 1988

Freunde des Münchner Trambahnmuseums e.V., Gesellschaft für Trambahngeschichte (Hrsg.): 100 Jahre elektrische Trambahn in München (= TRAM 7), München 1995

Geschichtswerkstatt Neuhausen e.V. (Hrsg.): Nymphenburg. 100 Jahre Münchner Ausflugsort und Vergnügungsviertel, München 1998

Korhammer, Klaus-Dieter / Franzke Armin / Rudolph, Ernst: Drehscheibe des Südens. Eisenbahnknoten München, Darmstadt 1991

Köhler, Günter H.: Post und Tram. Postbeförderung mit Straßenbahnen in Deutschland und im Ausland, Bühl 1998

Krauß, Thomas: Die Münchner Trambahnlinien. Eine Chronik von 1876 bis 1991, Berlin 1992

Large, David Clay: Hitlers München. Aufstieg und Fall der Hauptstadt der Bewegung, München 1998

Nahverkehr in München (= STRASSENBAHN Nahverkehr special, Nr. 2), München 1998

Pischek, Wolfgang / Junghardt, Holger: Die Münchner U-Bahn, München 1998

Pospischil, Reinhard / Rudolph, Ernst: S-Bahn München. Von den Anfängen des Vorortverkehrs zum modernen Hochleistungssystem. Ein Jahrhundert Planungsgeschichte. 25 Jahre im Dienst der Fahrgäste, Düsseldorf 1997

Preis, Kurt: München unterm Hakenkreuz, München 1989

Rasp, Hans-Peter: Eine Stadt für tausend Jahre. München – Bauten und Projekte für die Hauptstadt der Bewegung, München 1981

Reindl, Philipp / Stiletto, Mario: Bilder von der Münchner Trambahn. Straßenbahnatmosphäre in der Isar-Metropole, Schweinfurt 1999

Richardi, Hans-Günther: Bomber über München. Der Luftkrieg von 1939 bis 1945, dargestellt am Beispiel der „Hauptstadt der Bewegung", München 1992

Schattenhofer, Michael (Hrsg.): 100 Jahre Münchener Straßenbahn, 1876-1976.Vom Groschenwagen zur Untergrundbahn (= Neue Schriftenreihe des Stadtarchivs München, Band 60), 2. Aufl. 1976

Wasil, Heinrich: Münchner Tram. Eine Geschichte der Straßenbahn in München, Düsseldorf 1976

Anmerkungen

1 MNN, 22. Oktober 1876

2 Weiterentwicklung Münchens. MNN, 1. Juni 1888

3 MNN, 21. August 1877

4 MNN, 8. Juli 1890

5 MNN, 17. Juli 1894

6 Stadtarchiv München, Plansammlung

7 Liebig 1896, S. 46

8 Stadtarchiv München, Verkehrsbetriebe 14.

9 Fisch 1988, S. 243

10 Was müssen wir fordern? Generalanzeiger der MNN, 21. und 22. Nov. 1911

11 Archiv der FMT

12 hierzu Stadtarchiv, Verkehrsbetriebe 42 und 43

13 Sendling – Neuhausen, MZ, 9. Jan. 1912; Das Gemeindekollegium gegen den Verkehrsreferenten, MZ, 12. Januar 1912

14 hierzu Schattenhofer 1968, S. 22, 25, 50, 52, 71, 88

15 Huch 1980, S. 436

16 Bry 1987, S. 154

17 zit. nach SZ, 28. Feb. / 1. März 1970

18 1896 die Millionenstadt vorausgesagt. SZ, 2. Januar 1981

19 Preis 1987, S. 362

20 Fiehler 1937, S. 44

21 Auszug aus der Niederschrift über die 17. Sitzung der Ratsherren vom 16. September 1941. Stadtarchiv, Hochbauamt 897 / 5

22 hierzu Stadtarchiv, Bürgermeister und Rat 1691

23 Niederschrift über die Besprechung mit dem Führer auf dem Obersalzberg. 13. November 1937. Stadtarchiv, Bürgermeister und Rat 1692

24 ebenda

25 Referentenbesprechung vom 1. März 1937, Oberbürgermeister Fiehler. Stadtarchiv, Hochbauamt 897 / 3

26 Picker 1977, S. 282.

27 wie Anm. 23

28 Vormerkung über den Vortrag am 13. Dezember 1938 im Innenministerium. Stadtarchiv, Hochbauamt 897 / 5

29 Sonderbaubehörde Ausbau Hauptstadt der Bewegung. Niederschrift über die Spartenbesprechung am 4. Januar 1939. Stadtarchiv, Rechtsamt 110

30 Stadtwerke-Verkehrsbetriebe, Direktor Kellner an den Bürgermeister Dr. Tempel, München, 7. Dez. 1938. Stadtarchiv, Rechtsamt 110.

31 Direktor Kellner: Ausführung vor dem Herrn Generalbaurat Prof. Giessler [sic!] gehalten am 25. Januar 1939 in der Ehrenhalle des Hochhauses. Stadtarchiv, Hochbauamt 897 / 5

32 Generalbaurat der Bewegung, gez. Dr. Jobst (= Niederschrift der Unterredung vom 5. Juli 1940), München, 8. Juli 1940. Stadtarchiv, Rechtsamt 502.

33 Hanffstengel, Jahresbericht 1941, Planungsabteilung des Generalbaurats. Stadtarchiv, Archiv Hanffstengel

[34] Stadtarchiv, Generalbaurat der Bewegung GB 717, 1757, 1849, 1850

[35] Hanffstengel, Jahresbericht 1943, Planungsabteilung des Generalbaurats. Stadtarchiv, Archiv Hanffstengel

[36] So erklärte Hitler am 11. Februar 1933 zur Eröffnung der „Internationalen Automobil- und Motorrad-Austellung", daß der Kraftwagen und das Flugzeug die genialsten Verkehrsmittel der Menschheit seien. Hingegen hätte mit der Eisenbahn die individuelle Freiheit des Verkehrs infolge Schienenbindung und Fahrplanzwang aufgehört. In: Verkehrstechnik 1933, Nr. 5, S. 110f.

[37] Unterstaatssekretär Generalmajor von Schell über die Zukünftige Entwicklung des Nahverkehrs. In: Verkehrstechnik, 21 (1940) 13, S. 190 (Hervorhebungen im Original)

[38] Die „gut besetzte" Straßenbahn. MNN, 25. Okt. 1939

[39] zit. nach Preis 1987, S. 159

[40] Bericht von Gauamtsleiter A. Klessing, zit. nach Richardi 1992, 302f.

[41] Stadtwerke-Verkehrsbetriebe, Bekanntmachung Nr. 74 vom 11. Mai 1944. Archiv der FMT

[42] Stadtwerke-Verkehrsbetriebe, Bekanntmachung Nr. 126 vom 19. August 1943. Archiv der FMT

[43] Stadtwerke-Verkehrsbetriebe, Bekanntmachung Nr. 159 vom 2. Dez. 1943. Archiv der FMT

[44] Meitinger 1946

[45] Die Stadtwerke München – Verkehrsbetriebe im Jahre 1946

[46] SZ, 1. März 1947

[47] Ulsamer an Scharnagl, 8. März 1948. Stadtarchiv, Bürgermeister und Rat 2750

[48] Der Trassenstreit zwischen Stadt und Bundesbahn. MSt, 8. Januar 1960

[49] Hält die Trambahn den Verkehr auf? SZ, 9. Dez. 1951

[50] Verkehrschaos in München. AZ, 26. Feb. 1955

[51] ebenda

[52] Georg Wulfius in Bauer 1989, S. 156

[53] zit. nach Zimniok 1981, 12

[54] Trambahn auf dem falschen Gleis. SZ, 28. März 1953

[55] Kann man die Autos aus der Innenstadt verbannen? MM, 28. Nov. 1955

[56] Hält die Trambahn den Verkehr auf? SZ, 9. Dez. 1951

[57] Der einzige Ausweg liegt unter dem Pflaster. SZ, 7. Feb. 1958

[58] Münchens General-Verkehrsplan aufgestellt. MSt, 9. Dezember 1955

[59] Zimniok 1981, 14f.

[60] Die Stadt fährt mit der Tiefbahn besser... SZ, 16. Dez. 1959

[61] Leibbrand, Karl: Der Trassenstreit zwischen Stadt und Bundesbahn. MSt, 8. Januar 1960

[62] Trambahn geht unter die Erde. MSt, 17. Juli 1959

[63] Vogel 1972, S. 74. Die zu steile Rampe war in der Bayerstraße zwischen Schiller- und Zweigstraße geplant worden. Die vorgeshene Steigung betrug 7,7 %, als vertretbar wurden 5,5 % angesehen.

[64] Die Bahn in Münchens Zukunft. SZ, 14. Juli 1959

[65] Bauer 1992, S. 415f.

[66] Es war einmal die „Linie 5". AZ, 6. Juni 1960

[67] Weber 1893

[68] Pläne mit Einzeichnungen von 1895. Stadtarchiv, Plansammlung.

[69] Fisch 1988, S. 246

[70] Rasp 1981, S. 56

[71] Die Zukunft der Straßenbahn. MM, 7./8. Nov. 1964. – Ähnlich äußerte sich 1966 Werkreferent Dr. Oskar Vetter. (Die Trambahn kommt nicht aufs Abstellgleis. SZ, 10. Mai 1966)

[72] Wirtschaftsberatung Aktiengesellschaft: Gutachten über die Wirtschaftlichkeit der Stadtwerke München – Verkehrsbetriebe Nr. 5375 vom 17. September 1965, S. 34. Stadtarchiv, Bürgermeister und Rat 3704

[73] Der ADAC will nicht überfahren werden. SZ, 21. Mai 1964

[74] Der Weg in Münchens U-Bahn-Zeitalter. SZ, 26./27. Aug. 1967

[75] Viel Geld muß für die Trambahn rollen. SZ, 13. Dezember 1969

[76] Nagelneue Trambahnschienen müssen raus. SZ, 31. Januar 1968

[77] Ein neuer Trambahnvorschlag (Leserbrief von Dipl.-Ing. Helmut Ungerer). SZ, 20. Aug. 1968

[78] Baureferat, Beschluß des Stadtplanungsausschusses vom 26. Februar 1969. In: Stadtwerke-Verkehrsbetriebe: Dokumentation Überleitung Straßenbahn auf U-Bahn, April 1979

[79] „Straßenbahn quer durchs Ehebett" sorgt für Empörung. WB, 20. November 1973

[80] Im Dienst der Stadt bewährt: Hans Köhl. SZ, 14. Dez. 1972

[81] Die Trambahn wird nicht ausrangiert. SZ, 28. Sep. 1973

[82] Stadtwerke-Verkehrsbetriebe, Engelbrecht, an Werkreferat, 2. Juni 1975. In: Stadtwerke – Verkehrsbetriebe: Dokumentation Überleitung Straßenbahn auf U-Bahn, April 1979

[83] Institut für Verkehrsplanung und Verkehrswesen der TU München: Verkehrsuntersuchung Großraum München. In: Stadtwerke-Verkehrsbetriebe: Dokumentation Überleitung Straßenbahn auf U-Bahn, April 1979 – Prof. Schaechterle hatte für eine Reihe von Städten Gutachten erstellt, in denen er die Straßenbahn negativ bewertete.

[84] Konkurrenzfähige Arbeitsplätze nötig. MSt, 13. Aug. 1982

[85] Der OB: Die Tram wird nicht sterben. MM, 9. März 1979

[86] Stadtwerke-Verkehrsbetriebe: Dokumentation Überleitung Straßenbahn auf U-Bahn, April 1979

[87] So wird die Trambahn zur Strecke gebracht. SZ, 25. Nov. 1982

[88] Sie geben der Trambahn keine Zukunft. SZ, 16./17. Juni 1982

[89] Geister-Tram fährt weiter. BILD-Zeitung, 10. Juli 1986

[90] Auf alten Gleisen in die Zukunft. SZ, 20. Sep. 1987

[91] Abschied von den Trambahn-Träumen, SZ vom 15./16. Dezember 1990

[92] Man liebt die „Tram" und fährt mit der U-Bahn. FAZ, 26. Februar 1991

[93] ebenda

[94] ADAC Südbayern mobil, München, Jg. 1997, Nr. 2, S. 15

[95] OB-Kandidat Aribert Wolf (CSU) bei den Münchner Wochanzeigern: „Wo ein Wille, da ein Weg". Münchner Wochenanzeiger, 19. Mai 1999

[96] Kubisch 1996. – Eine ähnliche Regionalstadtbahnstudie wurde von PRO BAHN, Regionalverband Oberbayern, vorgelegt (Lauterbach / Barth 1997)

[97] zit. nach Mann 1963, S. 353

[98] Mann 1967, S. 447

[99] zit. nach FAZ (wie Anm.92)

[100] Thoma 1968, S. 149-154
[101] Kreis 1934, S. 14-19
[102] Roth 1977, S. 105-108
[103] Hartstein 1960, S. 29f.
[104] Hoferichter 1977, S. 105-111
[105] Sommer 1967, S. 42-45
[106] Sommer 1969, S. 18-20
[107] Schweiggert / Eder 1998
[108] Hösl 1982
[109] Valentin 1961, S. 65f.
[110] Vierlinger 1961, S. 41-43
[111] Die explizit erwähnten Bilder befinden sich im Bestand des Stadtmuseums München. Ein Teil davon hängt in der Dauerausstellung im 1. Stock. Siehe auch Duvigneau 1994
[112] Dr. Karl Koll: Fünf Jahre Straßenbahn München – Grünwald. MNN, 12. Aug. 1915
[113] Direktorium des Magistrats an Regierung von Oberbayern, München, 5. Okt. 1897. Stadtarchiv, Bürgermeister und Rat 341
[114] Elektrische Trambahn nach Harlaching und Menterschwaige. MNN, 15. Okt. 1898
[115] Magistrat, Dr. v. Borscht, Dr. Kühles, an Generaldirektion der Kgl. Staatseisenbahnen in München, 5. Feb. 1906. Stadtarchiv, Verkehrsbetriebe 13
[116] Magistrat, Nr. 21170 II, an Magistrat, Referat II a, Plenarbeschluss. 3. Jan. 1910. Stadtarchiv, Verkehrsbetriebe 13
[117] Dr. Karl Koll: Fünf Jahre Straßenbahn München – Grünwald. Teil 2. MNN, 14. Aug. 1915
[118] siehe Stadtarchiv, Rechtsamt 496
[119] So wird die Trambahn zur Strecke gebracht. SZ, 25. Nov. 1982
[120] Kgl. Civilliste, gez. Graf zu Castell, an das Staatsministerium des kgl.Hauses und des Äußeren, 12. Februar 1896 (Zeitungsausschnitt ohne Quellenangabe)
[121] Straßenbahnlinie durch den Englischen Garten. MZ, 15. / 16. Januar 1927
[122] Hoffmann 1927
[123] Zit. nach: Nur Ruhe und kein Geräusch gemacht! MP, 18. / 19. Dez. 1926
[124] ebenda
[125] Autobus durch den Englischen Garten. VB, 5. Oktober 1934
[126] Bäumler 1999
[127] ebenda
[128] Blick in den „Generallinienverkehrsplan". MM, 27. August 1952
[129] Münchens künftiges U-Bahn-Netz. MSt, 23. April 1965
[130] Bäumler 1999
[131] Leserbrief von Dietmar Mitschke. SZ, 22. Juni 1999
[132] Englischer Garten vor Tram gerettet. In: CSU Schwabing (Hrsg.): Schwabinger Kurier, Mai / Juni 1999
[133] „Die Münchner CSU startet voll durch". SZ, 19. Nov. 1996
[134] In der Tat hat die italienische Firma Ansaldo in den 90er Jahren ein unterirdisches Stromzuführungssystem entwickelt.
[135] „Die Tram würde den Park zerstören". SZ, 12. / 13. Mai 1999
[136] Technisches von der Münchner Straßenbahn. MZ, 8. Sep. 1908
[137] Reichsverkehrsblatt, 8. Juli 1942
[138] Dipl.Ing. Hans Köhl: Vergleichende Betrachtungen über den neuesten vierachsigen Züricher Strassenbahnwagen und den neuen dreiachsigen Münchener Strassenbahnwagen. 2. November 1950. Stadtarchiv, Bürgermeister und Rat 2750
[139] „...denn das ist billig und bequem". MSt, 31. Dezember 1954
[140] Stadtwerke – Verkehrsbetriebe: Bericht für die Verkehrsbetriebekommission, 25. April 1966. Stadtarchiv, Bürgermeister und Rat 3704
[141] Landeshauptstadt München, Referat für Stadtentwicklung und Bauordnung: Verkehrsentwicklungsplan, Vorentwurf, August 1999

1907 waren Tarife und Fahrpläne noch wenig arbeiterfreundlich. Dennoch benutzen nicht nur vornehme Herrschaften, wie der Fahrgast links, sondern auch zwei Arbeiter (rechts) die Straßenbahn. Der A-Triebwagen 223 steht an der Haltestelle Karlsplatz.

Bildnachweis

Bayerische Staatsbibliothek/Heinrich Hoffmann: 38

Deutsche Post (Slg. G. H. Köhler): 135u., 136

H. Dillmann: 143u.

M. Dörrbecker/M. Hanisch: hintere Umschlagzeichnung, 91

M. Dörrbecker/M. Hanisch/T. Krauß: 78

M. Dörrbecker/M. Hanisch/M. Pabst: vordere Umschlagzeichnung

H. Elsner: 155

Fliegende Blätter: 14u., 15

Archiv der Freunde des Münchner Trambahnmuseums (FMT): 37, 48, 51, 59, 60, 64o., 70, 75, 77u., 85, 88, 92

M. Hanisch: 16u.

K. Hierl: 82, 86o., 87u., 90, 94, 119, 123, 147u., 159o., 160, 180/181

Sammlung S. Hödl: 63

R. Hoffmann: 39, 127

Sammlung G. H. Köhler: 44, 45o., 64u., 150

W. Krug: 83o.

D. Kubisch: 86u., 87o., 95u., 98, 124, 164

Sammlung A. M.: 10, 21o., 21u., 22, 25o., 25u., 33, 40u., 120, 141u.

MAN GHH: 168

Sammlung H. Nitschke: 9, 11, 14o., 16o., 24, 28, 30/31, 32, 40o., 43, 45u., 52, 58, 142, 143o., 145, 148, 190

Sammlung H. Pollitzer: 41, 47

B. Rampp: 65, 67, 69

Sammlung R. Schulz: 187

A. Schweiggert: 5u., 116m., 116u.

Stadtarchiv München: 46, 54, 55o., 55u., 56o., 56u., 149

Stadtwerke München GmbH - Verkehrsbetriebe: 17, 18, 20, 23, 49, 53, 61, 71o., 71u., 77o., 80, 83u., 96, 118, 121, 122o., 128u., 133o., 133u., 135o., 137, 138, 140, 141o., 144, 146o., 146u., 151, 154, 156/157, 158, 176/177 (alle), 179, 191

Straßenbahnfreunde München e.V.: 73, 74, 76, 153

R. Wasche: 62, 122u.

Alle nicht genannten Bilder stammen vom Verfasser bzw. aus dessen Archiv.

Zum Schluß noch eine Rarität: 1854 wurde der aufsehenerregende Glaspalast im Alten Botanischen Garten errichtet, 1931 brannte er ab. Aus der Pacellistraße biegt um 1910 ein A-Triebwagen mit Sommerbeiwagen ein

Statistische Zahlen

Jahr	Streckenlänge	Linienzahl	Triebwagen	Beiwagen	Beförderungsfälle
1882/83	20,1 km	9	3*)	100+12**)	
1892/93	39,8 km	10	7*)	265+33**)	
1905/06	55,2 km	14	279	309	45,5 Mio.
1914***)	94,8 km	25	424	471	116,2 Mio.
1924	103,1 km	26	400	488	162,9 Mio.
1937	118,8 km	28	450	525	153,0 Mio.
1946	91 km	13	142	215	269 Mio. (!)
1957	119 km	21			240 Mio.
1964	134,6 km	21	399	505	216,4 Mio.
1973	112,1 km	18	330	301	155,9 Mio.
1985	87,4 km	11	199	181	89,1 Mio.
1993	64,7 km	8	137	127	73,3 Mio.
1999	71,2 km	10	97	26	ca. 75 Mio.

*) Dampftramlokomotiven **) Pferdebahnwagen + Dampftramanhänger ***) Angaben nun in der Regel zum 31.12.

Modal Split in München

Summe der Wege)[141]

	1982	1997
Pkw + Motorrad	39 %	41 %
ÖPNV	22 %	24 %
Fahrrad	10 %	13 %
Fußgänger	29 %	22 %

1990 erhielt München die ersten Niederflurwagen (Skizze des Typs R1.1)

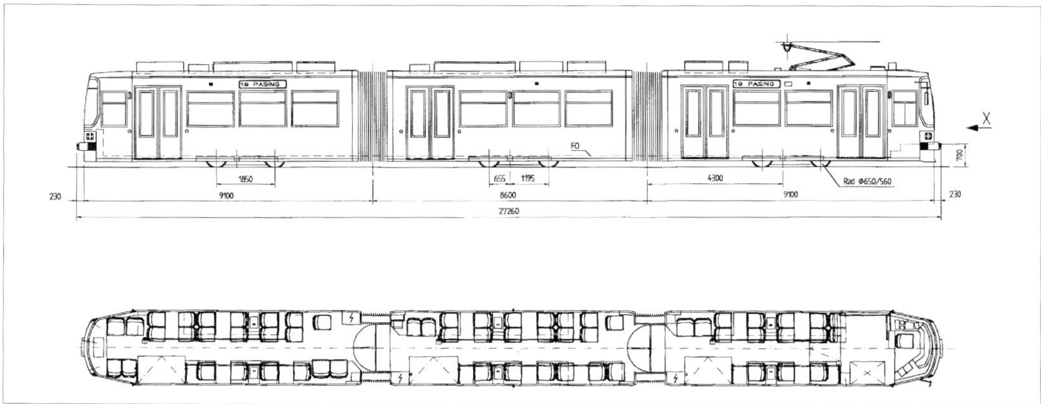

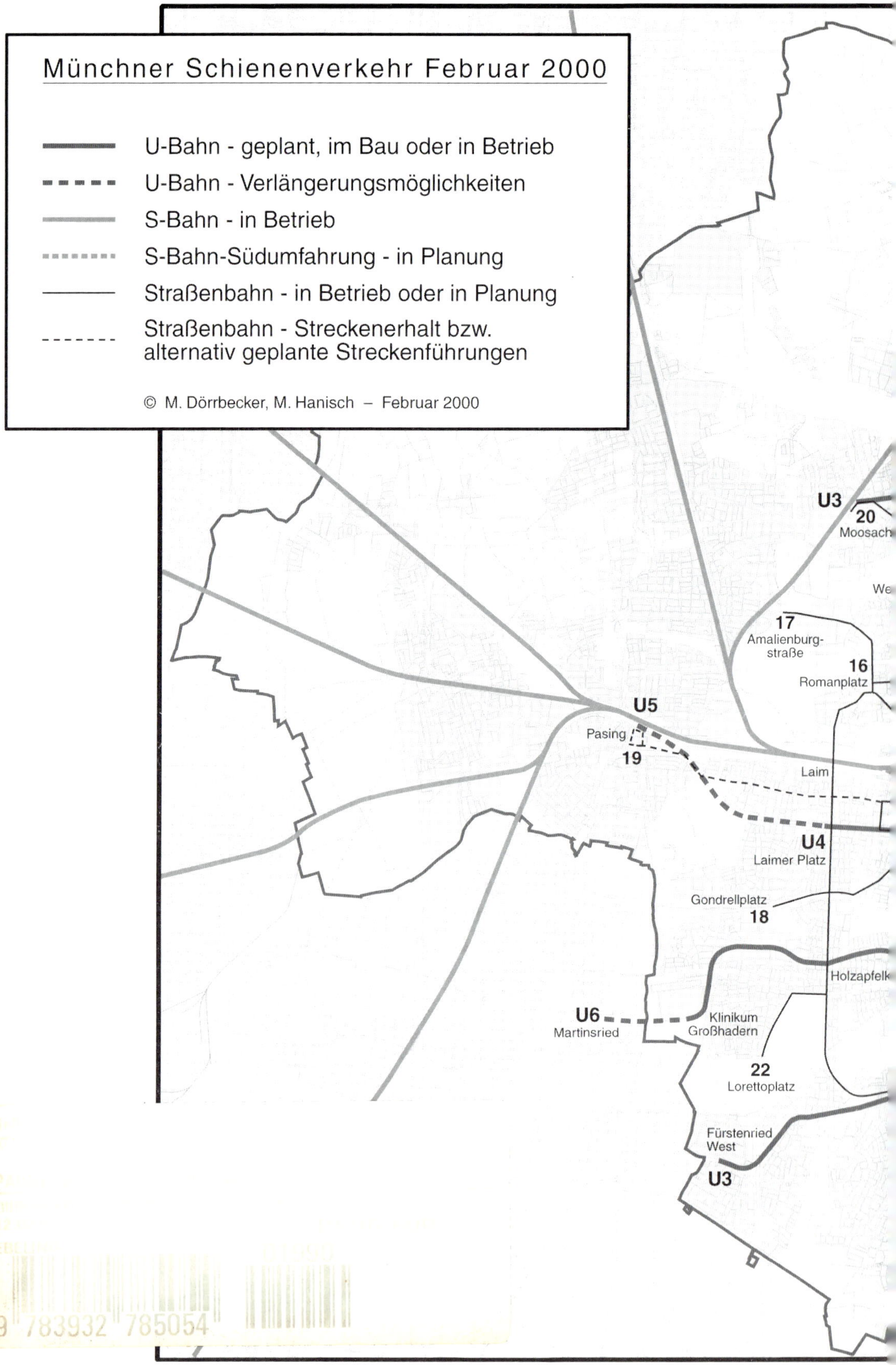

9 783932 785054